Elektricität und Optik.

Vorlesungen,

gehalten von

H. Poincaré

Professor und Mitglied der Akademie.

Redigirt von Bernard Brunhes, Privatdocent an der Universität zu Paris.

Autorisirte deutsche Ausgabe

von

Dr. W. Jaeger und **Dr. E. Gumlich**

Assistenten an der Phys.-Techn. Reichsanstalt.

ZWEITER BAND.

Die Theorien von Ampère und Weber — Die Theorie von Helmholtz und Die Versuche von Hertz.

Mit 15 in den Text gedruckten Figuren.

Springer-Verlag Berlin Heidelberg GmbH

1892

ISBN 978-3-642-51308-4 ISBN 978-3-642-51427-2 (eBook)
DOI 10.1007/978-3-642-51427-2

Softcover reprint of the hardcover 1st edition

Vorwort der Uebersetzer.

Da in neuerer Zeit besonders durch die Versuche von Hertz die Beziehung zwischen Elektricität und Optik ein hervorragendes Interesse für die gesammte physikalische Welt gewonnen hat, ein deutsches Originalwerk aber, das die hauptsächlichsten einschlägigen Theorien und Versuche zusammenfasst, bisher nicht existirt, so wird eine deutsche Ausgabe der vorzüglichen Vorlesungen von Poincaré über dies Thema gewiss in weiteren Kreisen mit Befriedigung aufgenommen werden.

Im ersten Theile ist die Maxwell'sche Theorie der Elektricität und im Anschlusse daran seine elektromagnetische Lichttheorie unter Berücksichtigung der neueren Versuchsergebnisse in übersichtlicher Form kritisch behandelt, so dass einerseits dem Leser das eingehende Studium des Maxwell'schen Originalwerkes bedeutend erleichtert werden dürfte, andererseits auch alle diejenigen, welchen die Zeit zu diesem Studium fehlt, wenigstens einen genügenden Ueberblick über die Hauptresultate und den Gedankengang der betreffenden Untersuchungen gewinnen.

Im zweiten Theile, dessen deutsche Ausgabe noch im Laufe dieses Jahres erscheinen soll, finden die Theorien von Ampère und Weber, namentlich aber diejenigen von Helmholtz, welche die Theorien von Neumann, Weber und Maxwell als Specialfälle enthalten, sowie die Experimente von Hertz eingehende Berücksichtigung.

Der Verfasser bezieht sich in diesen Vorlesungen öfters auf sein früheres Werk: Théorie mathématique de la lumière; im Laufe des nächsten Jahres wird auch hiervon eine deutsche Ausgabe in demselben Verlage erscheinen.

Die Uebersetzer hatten keine Veranlassung, an den meist recht übersichtlichen Ableitungen grössere Aenderungen vorzunehmen; nur an einigen Stellen wurden des leichteren Verständnisses halber kleinere, erläuternde Zusätze gemacht.

Charlottenburg, September 1891.

Inhaltsverzeichniss.

Kapitel VIII.

Elektrodynamik.

Kapitel IX.

Induktion.

Kapitel X.

Allgemeine Gleichungen des magnetischen Feldes.

Kapitel XI.

Elektromagnetische Theorie des Lichtes.

Kapitel XII.

Magnetische Drehung der Polarisationsebene.

Kapitel XIII.

Experimentelle Bestätigungen der Maxwell'schen Hypothesen.

Einleitung.

Wenn ein Nicht-Engländer zum ersten Male das Werk von Maxwell aufschlägt, so mischt sich in seine Bewunderung ein Gefühl des Unbehagens, ja oft sogar des Misstrauens, das nur bei eingehendem und angestrengtem Studium zu weichen pflegt; einige ganz hervorragende Männer der Wissenschaft werden sogar andauernd von demselben beherrscht.

Warum können sich die Gedanken des englischen Gelehrten so schwer bei uns einbürgern? Ohne Zweifel deshalb, weil bei dem grössten Theile der gebildeten Deutschen, Franzosen etc. in Folge ihrer Erziehung der Sinn für Präcision und Logik mehr als jeder andere entwickelt ist.

Die alten mathematischen Theorien konnten uns nach dieser Richtung hin vollkommen befriedigen. Alle unsere Lehrer, von Huyghens und Laplace bis auf Cauchy und Helmholtz haben denselben Weg eingeschlagen: Sie gingen aus von genau formulirten Hypothesen, zogen daraus mit mathematischer Schärfe alle Folgerungen und verglichen dieselben dann mit den beobachteten Thatsachen. Ihr Bestreben ist offenbar darauf gerichtet, jedem Zweige der Physik dieselbe Sicherheit zu verleihen, wie sie z. B. in der Mechanik des Himmels herrscht.

Einen Geist, der von jeher bewundernd zu solchen Vorbildern emporgeblickt hat, vermag eine blosse Theorie nur schwer zu befriedigen. Denn abgesehen davon, dass er innerhalb derselben auch nicht den geringsten Anschein eines Widerspruches dulden wird, verlangt er auch noch, dass die verschiedenen Theile der Theorie in einem logischen Zusammenhange unter einander stehen, und dass die Anzahl der verschiedenen Hypothesen eine möglichst geringe sei.

Doch das ist nicht alles! Er stellt noch andere Forderungen, die mir weniger vernünftig scheinen: Hinter der Materie, die wir mit unseren Sinnen erfassen und auf dem Wege des Experimentes kennen zu lernen vermögen, sucht er noch eine andere, in seinen Augen die einzig wirkliche Materie, die nur noch rein geometrische Eigenschaften besitzt und deren Atome rein geometrische Punkte sind, welche einzig und allein durch die Gesetze der Dynamik beherrscht werden. Und trotzdem diese Atome weder Ausdehnung noch Farbe besitzen, sucht er sich doch, in Folge eines unbewussten Widerspruches, ein Bild von ihnen zu machen und sie in seiner Vorstellung dem Wesen der gewöhnlichen Materie möglichst nahe zu bringen.

Erst wenn er dies erreicht hat, wird er vollkommen befriedigt sein und glauben, das Geheimniss des Weltalls vollständig ergründet zu haben. Ist auch diese Befriedigung nur eine trügerische, so ist es deshalb doch nicht leicht, darauf zu verzichten.

So erwartet denn derjenige, welcher das Werk von Maxwell aufschlägt, eine Theorie zu finden, die ebenso logisch und präcise ist, wie die auf der Hypothese vom Lichtäther beruhende physikalische Optik; er geht auf diese Weise einer Enttäuschung entgegen, vor welcher ich den Leser gerne bewahren möchte, indem ich ihn gleich von vorne herein darauf vorbereite, was er im Maxwell suchen darf und was er nicht dort finden wird.

Maxwell gibt nicht eine mechanische Erklärung der Elektricität und des Magnetismus; er beschränkt sich vielmehr darauf, nachzuweisen, dass solch' eine Erklärung möglich ist.

Ebenso zeigt er, dass die optischen Erscheinungen nur ein specieller Fall der elektromagnetischen Erscheinungen sind. Aus jeder Theorie der Elektricität wird man also unmittelbar eine Theorie des Lichtes ableiten können.

Das Umgekehrte ist leider nicht der Fall; es ist nicht immer möglich, aus einer vollständigen Erklärung des Lichtes eine vollständige Erklärung der elektrischen Erscheinungen herzuleiten. Insbesondere ist dies nicht leicht, wenn man von der Fresnel'schen Theorie ausgeht; unmöglich wäre es freilich sicherlich nicht, aber man würde doch vor die Frage gestellt werden, ob man dann nicht auf wunderbare Resultate verzichten müsste, die man längst für gesichert hielt. Dies würde einen Schritt zurück bedeuten, und so mancher hervorragende Geist könnte sich dazu nicht entschliessen.

Wenn nun der Leser sich auch zur Einschränkung seiner Erwartungen in diesen Beziehungen verstanden hat, wird er immerhin noch anderen Schwierigkeiten begegnen: Der englische Gelehrte sucht nicht ein einheitliches, wohl geordnetes und endgültiges Gebäude zu errichten, es scheint vielmehr, als wolle er eine ganze Anzahl von vorläufigen und unzusammenhängenden Konstruktionen geben, zwischen denen die Verbindung schwierig, ja bisweilen unmöglich ist.

Greifen wir beispielsweise das Kapitel heraus, in welchem die elektrostatischen Anziehungen erklärt werden durch Druck- und Spannungsverhältnisse, die in dem dielektrischen Medium herrschen sollen. Dies Kapitel könnte fortgelassen werden, ohne dass der Rest des Buches an Klarheit und Vollständigkeit einbüssen würde, und andrerseits enthält es eine in sich abgeschlossene Theorie, die man verstehen könnte, ohne auch nur eine einzige Zeile von dem, was vorhergeht oder folgt, gelesen zu haben. Aber es steht nicht allein ausser Zusammenhang mit dem Reste des Werkes, sondern es ist sogar schwer, es mit den grundlegenden Ideen des Buches in Einklang zu bringen, wie wir später durch eine eingehende Diskussion nachweisen werden. Maxwell versucht es auch nicht, diese Uebereinstimmung herzustellen, er beschränkt sich vielmehr auf die Bemerkung: „I have not been able to make the next step, namely, to account by mechanical considerations for these stresses in the dielectric.“ (2. Aufl. Bd. I. pg. 154.)

Dies Beispiel wird genügen, um meine Ansicht klarzulegen; ich könnte deren noch viele andere anführen. Wer würde beispielsweise beim Lesen der von der magnetischen Drehung der Polarisationsebene handelnden Stellen vermuthen, dass zwischen den optischen und magnetischen Erscheinungen Identität herrscht?

Man darf sich also nicht einbilden, jeden Widerspruch gelöst zu sehen. In der That kann von zwei sich widersprechenden Theorien, vorausgesetzt, dass man sie nicht durcheinander wirft und dass man darin nicht nach dem Ursprunge der Erscheinungen sucht, eine jede für sich betrachtet als nützliches Hülfsmittel für Untersuchungen dienen, und vielleicht wäre die Lectüre von Maxwell weniger anregend, wenn sie uns nicht so viele neue und verschiedenartige Ausblicke eröffnet hätte.

Die zu Grunde liegende Idee ist demgemäss verschleiert und zwar in so hohem Grade, dass dies in der Mehrzahl der populären Darstellungen der einzige Punkt ist, welcher vollkommen unberücksichtigt blieb.

Ich glaube deshalb in meiner Einleitung auseinandersetzen zu sollen, worin dieser Grundgedanke eigentlich besteht, um die Wichtigkeit desselben besser hervorheben zu können.

Bei jeder physikalischen Erscheinung gibt es eine Anzahl von Parametern, welche direkt der Untersuchung zugänglich sind und gemessen werden können.

Ich nenne sie:

$$q_1, q_2, \dots q_n.$$

Durch die Beobachtung lernen wir nun die Gesetze von den Veränderungen dieser Parameter kennen, und diese Gesetze können im Allgemeinen in der Form von Differentialgleichungen dargestellt werden, durch welche die q mit der Zeit verbunden sind. Was hat man also zu thun, um eine mechanische Erklärung einer derartigen Erscheinung zu geben?

Man wird sie zu erklären suchen als Bewegungserscheinungen entweder der gewöhnlichen Materie oder von einem oder mehreren hypothetischen Fluida.

Diese Fluida sollen, wie wir annehmen, aus einer sehr grossen Anzahl isolirter Moleküle bestehen; $m_1, m_2 \ldots . m_p$ seien die Massen dieser Moleküle; x_i, y_i, z_i die Koordinaten des Moleküls m_i.

Weiter wird man vorauszusetzen haben, dass der Satz von der Erhaltung der Energie gilt, und dass demnach eine gewisse Funktion $(-\mathrm{U})$ der $3p$ Koordinaten x_i, y_i, z_i existirt, welche die Rolle einer Kräftefunktion spielt. Die $3p$ Bewegungsgleichungen lassen sich dann schreiben:

$$
(1) \qquad \begin{aligned}
m_i \frac{d^2 x_i}{dt^2} &= - \frac{\partial \mathrm{U}}{\partial x_i}, \\
m_i \frac{d^2 y_i}{dt^2} &= - \frac{\partial \mathrm{U}}{\partial y_i}, \\
m_i \frac{d^2 z_i}{dt^2} &= - \frac{\partial \mathrm{U}}{\partial z_i}.
\end{aligned}
$$

Die kinetische Energie des Systems ist:

$$\mathrm{T} = \frac{1}{2} \Sigma m_i (x_i'^2 + y_i'^2 + z_i'^2).$$

Die potentielle Energie ist gleich U, und die Gleichung, welche die Erhaltung der Energie ausdrückt, lässt sich schreiben in der Form

$$\mathrm{T} + \mathrm{U} = \text{const.}$$

Man wird also zu einer vollständigen mechanischen Erklärung der Erscheinungen gelangen, wenn man einerseits die Kräftefunktion $(-\mathrm{U})$ kennt, und andererseits die $3p$ Koordinaten x_i, y_i, z_i mit Hülfe von n Parametern q auszudrücken vermag.

Ersetzen wir diese Koordinaten durch ihre Ausdrücke als Funktionen der q, so werden die Gleichungen (1) eine andere Form annehmen. Die potentielle Energie U wird eine Funktion der q werden; die kinetische Energie T aber wird nicht nur von den q abhängen, sondern auch von deren Differentialquotienten q', und sie wird homogen und vom zweiten Grade in Bezug auf diese Differentialquotienten sein. Die Bewegungsgesetze lassen sich dann durch die Gleichungen von Lagrange wiedergeben:

$$\frac{d}{dt}\frac{\partial T}{\partial q'_k} - \frac{\partial T}{\partial q_k} + \frac{\partial U}{\partial q_k} = 0. \tag{2}$$

Ist die Theorie richtig, dann müssen diese Gleichungen (2) identisch sein mit den direkt beobachteten experimentellen Gesetzen.

Damit also eine mechanische Erklärung einer Erscheinung möglich sei, muss man zwei Funktionen U und T finden können, von denen die erste nur von den Parametern q abhängt, die zweite von eben diesen Parametern und deren Differentialquotienten. Ausserdem muss T homogen und vom zweiten Grade sein in Bezug auf diese Differentialquotienten, und endlich müssen sich die aus dem Experimente hergeleiteten Differentialgleichungen unter der Form (2) darstellen lassen.

Auch das Umgekehrte ist gültig: Immer, wenn man diese zwei Funktionen T und U finden kann, darf man sicher sein, dass die Erscheinung eine mechanische Erklärung zulässt.

Es seien $U(q_1, q_2, \ldots. q_n)$ und $T(q'_1, q'_2, \ldots. q'_n; q_1, q_2, \ldots q_n)$ oder einfacher $U(q_k)$; $T(q'_k; q_k)$ diese beiden Funktionen. Was hat man noch zu thun, um die vollständige Erklärung zu erhalten?

Man hat noch p Konstanten zu finden, $m_1, m_2, \ldots m_p$; und $3p$ Funktionen der q:

$$\varphi_i(q_1, q_2, \ldots q_n);\ \psi_i(q_1, q_2, \ldots q_n);\ \vartheta_i(q_1, q_2, \ldots q_n),$$

wo $i = 1, 2, \ldots. p$, oder kürzer:

$$\varphi_i(q_k);\quad \psi_i(q_k);\quad \vartheta_i(q_k),$$

diese kann man ansehen als die Massen, und als die Koordinaten $x_i = \varphi_i$; $y_i = \psi_i$; $z_i = \vartheta_i$ der p Moleküle des Systems.

Hierzu haben diese Funktionen folgender Bedingung zu genügen: Es muss nämlich identisch sein:

$$T(q'_k, q_k) = \frac{1}{2}\Sigma m_i(x'^2_i + y'^2_i + z'^2_i) = \frac{1}{2}\Sigma m_i(\varphi'^2_i + \psi'^2_i + \vartheta'^2_i)$$

wo

$$\varphi'_i = q'_1\frac{\partial\varphi_i}{\partial q_1} + q'_2\frac{\partial\varphi_i}{\partial q_2} + \ldots. + q'_n\frac{\partial\varphi_i}{\partial q_n} \text{ etc.}$$

Da die Zahl p beliebig gross gewählt werden kann, so ist es immer möglich, dieser Bedingung zu genügen, und zwar auf unendlich viele Arten.

Vorausgesetzt also, dass die Funktionen $U(q_k)$, $T(q_k, q_k)$ existiren, kann man eine unendlich grosse Zahl von mechanischen Erklärungen der Erscheinung finden.

Wenn also eine Erscheinung eine vollständige mechanische Erklärung zulässt, so wird sie auch noch eine unbeschränkte Anzahl anderer Erklärungen zulassen, welche ebensogut von allen durch das Experiment enthüllten Einzelheiten Rechenschaft ablegen.

Das Obige wird durch die Geschichte aller Zweige der Physik bestätigt: In der Optik nimmt beispielsweise Fresnel an, dass die Schwingungen senkrecht zur Polarisationsebene vor sich gehen, Neumann dagegen hält sie für parallel der Polarisationsebene. Lange Zeit suchte man nach einem „experimentum crucis", das die Entscheidung für die eine der beiden Theorien liefern sollte, und konnte es nicht finden.

Ebenso sehen wir, ohne das Gebiet der Elektricität zu verlassen, dass die Theorie von den beiden Fluida und dem einen Fluidum in gleicher Weise vollkommen befriedigend den in der Elektrostatik beobachteten Gesetzen Rechnung tragen.

Alle diese Thatsachen lassen sich mit Hülfe der Eigenschaften der oben erwähnten Gleichungen von Lagrange ohne Schwierigkeit erklären.

Es ist nun leicht, den Grundgedanken von Maxwell zu verstehen:

Um die Möglichkeit einer mechanischen Erklärung der Elektricität nachzuweisen, brauchen wir uns nicht damit abzugeben, diese Erklärung selbst zu finden, sondern es genügt uns, zwei Funktionen T und U kennen zu lernen, welche die beiden Theile der Energie bilden, mit diesen Funktionen die Gleichungen von Lagrange aufzustellen und diese alsdann mit den experimentellen Gesetzen zu vergleichen.

Wie aber unter all diesen möglichen Erklärungen eine Wahl treffen, wenn das Experiment uns dabei seine Hülfe versagt? Vielleicht wird einmal eine Zeit kommen, wo die Physiker an der Lösung derartiger, den exakten Methoden nicht zugänglicher Fragen kein Interesse mehr empfinden und sie den Metaphysikern überlassen. Noch aber ist diese Zeit nicht da; der Mensch beruhigt sich nicht so leicht dabei, über den Urgrund der Dinge ewig im Dunkel zu bleiben.

Unsere Wahl kann also nur noch durch Betrachtungen geleitet werden, bei denen die persönliche Ansicht eine grosse Rolle spielt;

indessen gibt es Lösungen, welche Jedermann wegen ihrer Seltsamkeit verwerfen und andere, denen Jeder wegen ihrer Einfachheit den Vorzug geben wird.

Was die Elektricität und den Magnetismus anbelangt, so verzichtet Maxwell darauf, eine Entscheidung zu treffen. Nicht, als ob er grundsätzlich Alles verwürfe, was der exakten Wissenschaft nicht zugänglich ist, — das beweist zur Genüge die Zeit, die er auf den Ausbau der kinetischen Gastheorie verwendet hat. Und wenn er auch in seinem grossen Werke keine vollständige Erklärung gibt, so hat er doch früher eine solche in einem Artikel des Philosophical Magazine zu geben versucht. Aber die Seltsamkeit und Verwickelung der Hypothesen, zu denen er seine Zuflucht nehmen musste, hatten ihn später dazu veranlasst, vollständig darauf zu verzichten.

Im ganzen Werke finden wir das Wesentliche, d. h. das, was allen Theorien gemeinsam bleiben muss, besonders hervorgehoben; was sich dagegen nur mit einer speciellen Theorie vereinigen liesse, darüber geht er fast stets mit Stillschweigen hinweg. Der Leser sieht sich also einer von Materie fast leeren Form gegenüber, die er anfänglich für einen flüchtigen, wesenlosen Schatten zu halten geneigt ist. Aber die Anstrengungen, die er zu machen gezwungen ist, veranlassen ihn zum Nachdenken und er erkennt schliesslich, was bei den gesammten Theorien, die er früher bewundert hatte, einigermassen erkünstelt ist.

In der Elektrostatik wurde mir meine Aufgabe am schwersten, denn gerade hier lässt die Genauigkeit zu wünschen übrig. Einer der französischen Gelehrten, die sich am meisten in das Werk von Maxwell vertieft hatten, sagte mir eines Tages: „Ich begreife Alles in seinem Buche bis auf das, was er unter einer elektrisirten Kugel versteht“. So glaubte ich denn, reichlich lange bei diesem Abschnitte verweilen zu sollen, denn ich wollte bei der Definition der elektrischen Vertheilung diese Unbestimmtheit nicht bestehen lassen, in welcher die Ursache für diese ganze Unverständlichkeit zu suchen ist; ich wollte aber ebensowenig den Gedanken des Verfassers schärfer fassen und dabei vielleicht über das Ziel hinausschiessen.

Ich habe mich also dafür entschieden, zwei vollständige, aber gänzlich verschiedene Theorien auseinanderzusetzen, und hoffe, dass der Leser auf diese Weise ohne Mühe finden wird, was beiden Theorien gemeinsam ist, und was demnach ihren wesentlichen Bestandtheil bildet. Er wird ausserdem vor der Täuschung bewahrt bleiben, als ob eine der beiden Theorien der Sache vollkommen auf den Grund ginge. In der ersten setze ich die Existenz zweier Fluida voraus, der Elektricität und des Induktionsfluidum, die ebenso nützlich sein können, wie die beiden Fluida von Coulomb, die aber ebensowenig Realität besitzen. Ebenso ist die Hypothese, wonach die dielektrischen Substanzen aus Zellen bestehen, nur dazu bestimmt, uns die Idee von Maxwell durch die Beziehung zu Vorstellungen, die uns bereits geläufiger geworden sind, geistig näher zu bringen. Hierdurch füge ich zu den Gedanken des englischen Gelehrten nichts hinzu und nehme nichts davon hinweg, denn es ist wohl zu beachten, dass Maxwell dasjenige, „what we may call an electric displacement", niemals als wirkliche Bewegung eines wirklichen Fluidum aufgefasst hat.

Ich bin Herrn Blondin zu grossem Danke verpflichtet, dass er diese Vorlesungen, die ich während des Sommersemesters 1888 hielt, gesammelt und herausgegeben hat, wie er es bereits mit meinen Vorlesungen über die physikalische Optik gethan hatte.

Seine Aufgabe war diesmal weit schwieriger, denn die Wissenschaft ist mit einer solchen Geschwindigkeit fortgeschritten, wie man es beim Beginne dieser Vorlesungen durchaus nicht ahnen konnte. Die Theorie von Maxwell hat seitdem in wahrhaft überraschender Weise die experimentelle Bestätigung gefunden, die ihr bis dahin noch fehlte. Ich konnte in meinen Vorlesungen nur die ersten Versuche von Röntgen und Hertz auseinandersetzen, die seitdem durch die neueren und vollständigeren Untersuchungen dieses letzteren Gelehrten viel an Interesse verloren haben. Herr Blondin musste also diesen Theil der Vorlesungen umarbeiten und beträchtlich erweitern.

Das Kap. XIII, in welchem diese verschiedenen Versuche zur experimentellen Bestätigung der Theorie besprochen werden, ist sein eigenstes Werk.

Indessen glaubte ich, dass es richtiger sein würde, die wenigen Seiten, welche er den Versuchen von Hertz widmete, bis zur Herausgabe eines anderen Werkes aufzusparen. Dies Werk, welches die im Jahre 1890 gehaltenen Vorlesungen umfassen soll, wird nicht allein die elektrodynamischen Theorien von Helmholtz zum Gegenstande haben, sondern auch die mathematische Diskussion der Hertz'schen Versuche, und wird demnächst erscheinen. Es ist deshalb besser, erst dort eine vollständige Beschreibung dieser Versuche zu bringen[1]).

[1]) Dieser zweite Theil ist mittlerweile bereits erschienen, und die deutsche Ausgabe desselben wird bis gegen Ende d. J. folgen.

Kapitel I.

Formeln der Elektrostatik.

---

1. Bevor wir Clerk Maxwell's Gedankengang wiedergeben, wollen wir kurz die fundamentellen Hypothesen der augenblicklich herrschenden Theorien zusammenfassen und uns die hauptsächlichsten Grundsätze der statischen Elektricität vergegenwärtigen, wobei wir in die Formeln die Bezeichnungen von Maxwell einführen.

2. Theorie von den zwei Fluida. Bei der Theorie von den zwei Fluida nimmt man an, dass sich auf den nicht elektrisirten oder mit anderen Worten den in neutralem Zustande befindlichen Körpern gleiche Mengen positiver und negativer Elektricität befinden. Man setzt ausserdem voraus, diese Quantitäten seien hinreichend gross, dass kein Elektrisirungsvorgang einem Körper die ganze Elektricität der einen oder anderen Art entziehen kann.

3. Aus den Versuchen von Coulomb und der Definition der Elektricitätsmenge folgt, dass zwei mit den Quantitäten m und m' geladene Körper auf einander eine Kraft ausüben, die gegeben ist durch den Ausdruck

$$\text{(1)} \qquad \mathrm{F} = -f \frac{m\,m'}{r^2},$$

wo r die Entfernung der beiden elektrisirten Körper von einander bezeichnet, die im Vergleiche zu den Dimensionen dieser Körper sehr gross sein soll. Ein negativer Werth von F bedeutet eine Abstossung zwischen den Körpern, einem positiven Werthe entspricht eine Anziehung. f ist ein numerischer Koefficient, dessen Werth von der für die Messung der Elektricitätsmenge gewählten Einheit abhängt.

4. Theorie von einem einzigen Fluidum. Nach der Theorie von einem einzigen Fluidum, an welche die Theorie von

Maxwell wieder anknüpft, setzt man voraus, dass sich auf jedem Körper im neutralen Zustande eine gewisse Menge positiver Elektricität befindet. Einen Körper, der eine grössere Menge positiver Elektricität enthält, als er normaler Weise enthalten sollte, nennt man positiv geladen, im entgegengesetzten Falle ist er negativ geladen.

Zur Erklärung der elektrischen Anziehung und Abstossung in dieser Theorie nimmt man an, dass die elektrischen Moleküle untereinander ebenso wie die materiellen Moleküle untereinander sich abstossen, während umgekehrt zwischen den elektrischen und den materiellen Molekülen Anziehung herrscht. Diese Anziehung und Abstossung soll ausserdem in der Richtung der Verbindungslinie der Moleküle vor sich gehen und zwar umgekehrt proportional dem Quadrate der Entfernung.

Unter diesen Bedingungen muss die in einem neutralen Körper enthaltene Menge positiver Elektricität so gross sein, dass die Abstossung, welche sie auf ein elektrisches Molekül ausserhalb des Körpers ausübt, gleich ist der Anziehung, welche von der Materie des Körpers auf dies Molekül ausgeübt wird.

5. Der Ausdruck für die elektrische Kraft in der Theorie von einem einzigen Fluidum. Zwischen zwei elektrisirten Körpern treten dann vier Kräfte in Thätigkeit: Die Kraft, welche zwischen den beiden elektrischen Ladungen wirksam ist, die Abstossung der Materie, aus welcher die Körper bestehen, endlich die beiden Anziehungen, welche je zwischen der elektrischen Ladung des einen und der Materie des anderen Körpers stattfinden. Bezeichnen wir mit r die Entfernung zwischen beiden Körpern, mit μ und μ' ihre resp. elektrischen Ladungen, mit ν und ν' ihre materiellen Massen, so haben wir:

Für die Kraft zwischen den materiellen Massen:

$$-\alpha \frac{\nu \nu'}{r^2},$$

für die Anziehung zwischen der Elektricität und der Materie

$$\beta \frac{\nu \mu'}{r^2} \qquad \text{und} \qquad \beta \frac{\nu' \mu}{r^2},$$

für die Abstossung zwischen den elektrischen Ladungen

$$-\gamma \frac{\mu \mu'}{r^2}.$$

Die Resultante dieser Kräfte wird sein

$$F = \frac{1}{r^2}[-\alpha \nu\nu' + \beta(\nu\mu' + \nu'\mu) - \gamma\mu\mu']$$

oder

$$(2) \qquad F = -\frac{1}{r^2}\left[\gamma\left(\mu - \frac{\nu\beta}{\gamma}\right)\left(\mu' - \frac{\nu'\beta}{\gamma}\right) + \nu\nu'\left(\alpha - \frac{\beta^2}{\gamma}\right)\right].$$

Dieser allgemeine Ausdruck für die Kraft, welche zwischen zwei elektrisirten Körpern herrscht, muss sich auf die Newton'sche Anziehung reduciren, wenn sich die betrachteten Körper im neutralen Zustande befinden. Es wird dies aber der Fall sein, wenn die normale Elektrisirung eines Körpers im neutralen Zustande den Werth $\frac{\nu\beta}{\gamma}$ besitzt, und wenn $\alpha < \frac{\beta^2}{\gamma}$, da ja dann die Kraft in einer Anziehung bestehen muss.

6. Bezeichnen wir mit m den Ladungs-Ueberschuss eines elektrisirten Leiters über seine normale Ladung im neutralen Zustande, so wird die Formel (2)

$$F = -\gamma \frac{m\,m'}{r^2} + \left(\frac{\beta^2}{\gamma} - \alpha\right)\frac{\nu\nu'}{r^2}.$$

Sie reducirt sich auf die Formel (1), wenn man die Newton'sche Anziehung bei Seite lässt. Die Theorie von einem einzigen Fluidum führt also für die elektrischen Anziehungen und Abstossungen auf denselben Ausdruck, wie die Theorie der zwei Fluida. Demnach haben auch alle Folgerungen, die man aus Formel (1) ziehen kann, in der Theorie von einem einzigen Fluidum Geltung.

7. Elektrostatische Einheit der Elektricitätsmenge. Durch passende Wahl einer Einheit der Elektricitätsmenge kann man bewirken, dass der numerische Koefficient der Formel (1) = 1 wird. Die so bestimmte elektrostatische Einheit ist diejenige Elektricitätsmenge, welche auf eine ihr gleiche Elektricitätsmenge, die in der Luft um die Längeneinheit von ihr entfernt ist, mit der Einheit der Kraft wirkt.

Es ist demnach der Ausdruck für die Grösse der Kraft zwischen zwei elektrischen Massen m und m', die in der Luft in einer Entfernung r sich befinden:

$$(3) \qquad F = -\frac{m\,m'}{r^2}.$$

8. Potential, Komponenten der elektrischen Kraft. Das Potential in einem Punkte nennt man *die Arbeit einer elektrischen Kraft, welche auf die Einheit positiver Elektricität wirkt, wenn sich die letztere von dem betreffenden Punkte bis ins Unendliche entfernt.*

In dem speciellen Falle, wo die elektrischen Massen in der Luft vertheilt sind, hat das Potential den Werth $\sum \frac{m_i}{r_i}$, wobei r_i die Entfernung des betr. Punktes von der Masse m_i bedeutet und die Summation sich auf alle elektrischen Massen des Feldes erstreckt.

Wir bezeichnen in Uebereinstimmung mit den Benennungen von Maxwell mit ψ das Potential in einem Punkte P.

Befindet sich in P eine elektrische Masse m', so sind die Komponenten der elektrostatischen Wirkungen auf P nach den drei Koordinatenaxen resp.

$$-m' \frac{\partial \psi}{\partial x}; \qquad -m' \frac{\partial \psi}{\partial y}; \qquad -m' \frac{\partial \psi}{\partial z}.$$

9. Denkt man sich den Punkt P im Innern eines homogenen und im elektrischen Gleichgewichte befindlichen Körpers, so muss die Resultante der elektrostatischen Kräfte, welche auf diesen Punkt ausgeübt werden, gleich Null sein, denn sonst wäre ja das Gleichgewicht gestört. Die partiellen Differentialquotienten des Potentials $\frac{\partial \psi}{\partial x}, \frac{\partial \psi}{\partial y}, \frac{\partial \psi}{\partial z}$ sind also $= 0$, das Potential selbst ist demnach im Innern des Leiters konstant.

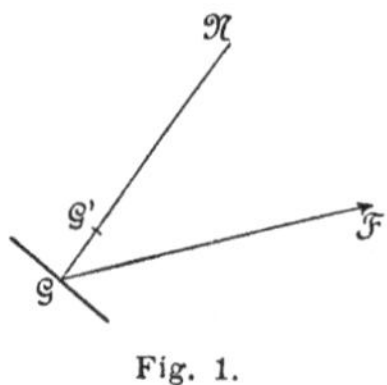

Fig. 1.

10. Kräftestrom. Wir fassen ein Oberflächen-Element $d\omega$ ins Auge und denken uns in dessen Schwerpunkt G (Fig. 1) die Normale GN nach einer Richtung hin gezogen, die wir als positiv betrachten. In G befinde sich ein elektrisches Molekül von der Masse m' und stehe unter dem Einflusse einer Kraft GF, deren Komponenten nach den drei Koordinatenaxen sind:

$$-m' \frac{\partial \psi}{\partial x}; \qquad -m' \frac{\partial \psi}{\partial y}; \qquad -m' \frac{\partial \psi}{\partial z},$$

wenn ψ den Werth des Potentials in G bezeichnet. Nennen wir α, β, γ die Richtungscosinus der Normale GN, so wird die Projektion der Kraft GF auf GN =

$$-m'\left(\alpha\frac{\partial\psi}{\partial x}+\beta\frac{\partial\psi}{\partial y}+\gamma\frac{\partial\psi}{\partial z}\right)=-m'\frac{\partial\psi}{\partial n},$$

wobei dn eine unendlich kleine Grösse GG' bedeutet, die auf der Normalen in positiver Richtung abgetragen ist, und $d\psi$ die Aenderung des Potentials, wenn man vom Punkte G zum Punkte G' übergeht.

Ist die im Punkte G' befindliche Elektricitätsmenge gleich der Einheit, so ist die normale Komponente der auf diese Elektricitätsmenge ausgeübten Kraft $= -\frac{\partial\psi}{\partial n}\cdot$ Das mit dem umgekehrten Vorzeichen versehene Produkt

$$\frac{\partial\psi}{\partial n}d\omega$$

aus dieser Kraft in das Flächen-Element $d\omega$ werden wir als Kräftestrom durch das Element $d\omega$ bezeichnen. Der Kräftestrom durch eine begrenzte Oberfläche wird gegeben durch den Werth des Integrals

$$\int\frac{\partial\psi}{\partial n}d\omega$$

ausgedehnt über alle Elemente der Oberfläche.

11. Theorem von Gauss. Für eine geschlossene Oberfläche ist der absolute Werth dieses Integrals gleich 4π M, wobei M die gesammte Menge freier Elektricität bedeutet, die sich im Innern des von der Oberfläche umschlossenen Raumes befindet; das Vorzeichen hängt davon ab, welche Richtung der Normalen man als positiv betrachtet. Man kann auch für den Kräftestrom den Werth -4π M wählen, was darauf hinauskommt, dass man als positiv die Richtung der in einem Punkte der Oberfläche nach Aussen gezogenen Normale annimmt, und man sagt alsdann, der Kräftestrom „trete in die Oberfläche ein". Demnach lässt sich das Theorem folgendermassen formuliren:

Der Kräftestrom, der in eine eingeschlossene Oberfläche eintritt, in deren Inneren sich eine Quantität M *von freier Elektricität befindet, ist gleich* -4π M.

12. Satz von Poisson. Zwischen der kubischen Dichtigkeit ϱ der Elektricität in einem Punkte eines elektrisirten Körpers und den zweiten Differentialquotienten des Potentials in diesem Punkte besteht eine wichtige Beziehung, deren Kenntniss wir Poisson verdanken. Man erhält sie auf einfache Weise aus dem vorigen

Theorem, wenn man bedenkt, dass der Kräftestrom, welcher durch ein unendlich kleines rechtwinkeliges Parallelepipedon eintritt, in dessen Innern sich der betrachtete Punkt befindet, gleich $-4\pi\varrho\,.\,dx\,dy\,dz$ ist, wobei dx, dy, dz die Längen der Seiten des Parallelepipedons bedeuten. Dann gilt:

$$\frac{\partial^2\psi}{\partial x^2}+\frac{\partial^2\psi}{\partial y^2}+\frac{\partial^2\psi}{\partial z^2}=-4\pi\varrho\,.$$

Maxwell bezeichnet die linke Seite dieser Gleichung mit $-\varDelta^2\psi$, und zwar im Anschlusse an die Theorie der Quaternionen, deren er sich beständig bedient. Wir wollen diese Summe von Differentialquotienten, dem allgemeinen Gebrauche entsprechend, $\varDelta\psi$ nennen.

Da das Potential im Innern eines Leiters konstant ist, so hat man in diesem Falle $\varDelta\psi=0$, und deshalb, nach dem Satze von Poisson, $\varrho=0$. Im Innern eines Leiters ist also keine freie Elektricität vorhanden.

Als weitere Folge des Satzes von Poisson ergibt sich, dass für jeden Punkt eines Dielektrikum, der keine freie Elektricität besitzt, $\varDelta\psi=0$ ist. Das Potential ist also eine im Innern eines Leiters konstante Funktion, die sich ausserhalb desselben im Unendlichen der Null nähert, und für welche in jedem nicht elektrisirten Punkte eines Dielektrikum $\varDelta\psi=0$ ist.

13. Induktionsstrom. Wenn das die Leiter trennende Dielektrikum nicht aus Luft besteht, so können die der Messung zugängichen elektrischen Erscheinungen je nach der Natur des Dielektrikum verschiedene Werthe besitzen. Dies war die Veranlassung dafür, in die Formeln einen Faktor einzuführen, den man das specifische Induktionsvermögen des Dielektrikum nennt. Maxwell bezeichnet dasselbe mit dem Buchstaben K.

Das Produkt aus dem Kräftestrom eines Flächenelements in diesen Faktor heisst: Induktionsstrom.

Der Induktionsstrom durch eine begrenzte Oberfläche wird gegeben durch das Integral

$$\int \mathrm{K}\frac{\partial\psi}{\partial n}\,d\omega\,,$$

das sich über alle Elemente der Oberfläche erstreckt. Ist die Oberfläche geschlossen, so können wir annehmen — das Experiment bestätigt es! — dass der Werth dieses Integrals $=-4\pi\mathrm{M}$ beträgt, wobei man die Richtung der Normale nach Aussen als positiv voraussetzt. In dem Falle, wo das specifische Induktionsvermögen konstant ist, hat man

$$K \int \frac{\partial \psi}{\partial n} d\omega = -4 \pi M .$$

14. Potential einer elektrischen Kugel in einem ausserhalb derselben gelegenen Punkt. Die Betrachtung des Kräftestromes gestattet leicht, den Werth des Potentials einer leitenden, elektrisirten Kugel S, die sich in der Luft befindet, in einem Punkt P (Fig. 2) zu ermitteln. Man findet hierfür $\frac{M}{r}$, wobei M die Ladung der Kugel bezeichnet und r die Entfernung des Punktes vom Kugelmittelpunkte. Ebenso gibt die Betrachtung des Induktionsstromes den Werth des Potentials in P, wenn sich die Kugel in einem homogenen Dielektrikum befindet, dessen specifisches Induktionsvermögen gleich K ist.

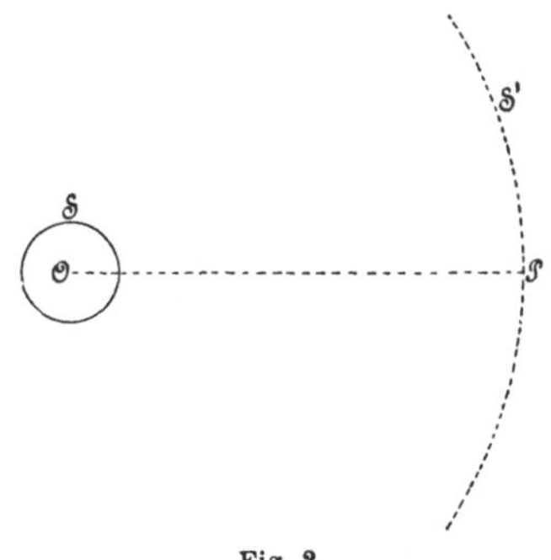

Fig. 2.

Wir beschreiben um O, den Mittelpunkt der Kugel, mit einem Radius = OP eine Kugel S'. Aus Gründen der Symmetrie hat das Potential in jedem Punkte von S' denselben Werth, in Folge dessen ist

$$\frac{\partial \psi}{\partial n} = \frac{\partial \psi}{\partial r} = \text{const.}$$

auf der ganzen Oberfläche. Für den Induktionsstrom durch S' gilt also:

$$\int K \frac{\partial \psi}{\partial n} d\omega = K \frac{\partial \psi}{\partial r} \int d\omega = K \frac{\partial \psi}{\partial r} 4 \pi r^2.$$

Da die Oberfläche geschlossen ist, so hat der Induktionsstrom den Werth $-4\pi M$, folglich:

$$K \frac{\partial \psi}{\partial r} 4 \pi r^2 = -4 \pi M$$

oder

$$\frac{\partial \psi}{\partial r} = -\frac{1}{K} \cdot \frac{M}{r^2}$$

und

$$\psi = \frac{1}{K} \cdot \frac{M}{r}.$$

Die Integrationskonstante ist Null, da das Integral für $r = \infty$ den Werth Null erhält.

Das Potential in einem Punkte eines Dielektrikum, dessen specifisches Induktionsvermögen $= K$ ist, wird also bei einer Kugel gleich $\frac{1}{K}$ von dem Werthe, den das Potential in dem betr. Punkte haben würde, wenn das Dielektrikum die Luft gewesen wäre. Dasselbe gilt auch noch für den Fall, dass das elektrische Feld, statt aus einer leitenden elektrisirten Kugel, aus irgend welchen elektrischen Massen besteht.

15. Anmerkung. Der letztere Schluss gestattet uns auch, den Ausdruck für die Kraft aufzustellen, mit der sich zwei elektrische Moleküle m und m' anziehen werden, die sich in den Punkten A und A′ eines homogenen Dielektrikums befinden. Der Werth des Potentials in dem Punkte, wo sich die Masse m' befindet, sei ψ; dann ist die elektrische Kraft, welche auf diese Masse ausgeübt wird $= -m' \frac{\partial \psi}{\partial r}$, wobei r die Entfernung der beiden Moleküle bedeutet, die wir als allein in dem Felde befindlich betrachten. Bestände das Dielektrikum aus Luft, so wäre das Potential in $A' = \frac{m}{r}$; der Werth dieses Potentials in einem Dielektrikum von dem specifischen Induktionsvermögen K ist also, nach dem Vorhergehenden, $= \frac{1}{K} \cdot \frac{m}{r}$ und der Differentialquotient dieser Grösse: $-\frac{1}{K} \cdot \frac{m}{r^2}$. Demnach erhalten wir für die elektrische Kraft:

$$-m' \frac{\partial \psi}{\partial r} = \frac{1}{K} \cdot \frac{mm'}{r^2},$$

sie ist also der K^{te} Theil der Kraft, welche zwischen denselben elektrischen Massen herrschen würde, wenn sich dieselben in der Luft befänden.

Die Beziehung zwischen den Werthen, welche das Potential in einem Punkte erhält, je nachdem das Dielektrikum aus Luft oder einer anderen Substanz besteht, lässt uns erkennen, wie die elektrischen Ladungen sich je nach der Beschaffenheit des Dielektrikum ändern müssen, damit das Potential in einem Punkte immer denselben Werth behält. In der That ist klar, dass, um in einem Punkte stets dasselbe Potential zu erhalten, die in dem Dielektrikum mit dem Induktionsvermögen K befindlichen Ladungen direkt proportional K sein müssen, da ja für die Ladungen gleicher Grösse das Potential umgekehrt proportional K ist.

Betrachten wir also zwei kleine elektrisirte Kugeln und setzen wir voraus, dass die Potentialdifferenz zwischen den beiden Kugeln konstant bleiben soll, dann wird die zwischen ihnen herrschende Anziehung proportional sein dem Induktionsvermögen des Dielektrikum, das sie trennt. In der That werden sich bei konstanten Potentialen die Ladungen m und m' der Kugeln direkt proportional K verhalten, und die Anziehung muss proportional $\frac{mm'}{\mathrm{K}}$ sein.

Sollen also die Potentiale konstant bleiben, so ändert sich die Anziehung direkt proportional K, *und sollen die Ladungen gleich bleiben, so ist die Anziehung umgekehrt proportional* K.

16. Erweiterung des Satzes von Poisson. Wie oben erwähnt, erhält man den Satz von Poisson, wenn man erwägt, dass der durch die Seitenflächen eines rechtwinkeligen Parallelepipedons eintretende Kräftestrom $= -4\pi\varrho\, dx\, dy\, dz$ ist. Da nun auch der Induktionsstrom durch eine geschlossene Oberfläche den Werth $-4\pi \mathrm{M}$ hat, so werden wir eine dem Poisson'schen Satze analoge Beziehung erhalten, wenn wir berücksichtigen, dass der durch die Seiten eines Elementar-Parallelepipedons eintretende Induktionsstrom $= -4\pi\varrho\, dx\, dy\, dz$ ist.

Uebrigens können wir auf sehr einfache Weise zu dieser Beziehung gelangen vermittelst eines Hülfssatzes, der gewöhnlich zum Beweis des Green'schen Satzes dient, und der analytisch durch folgende Gleichung wiedergegeben wird:

$$\int \alpha \mathrm{F}\, d\omega = \int \frac{\partial \mathrm{F}}{\partial x}\, d\tau .$$

Hierbei erstreckt sich die erste Integration über eine geschlossene Oberfläche, die zweite über das durch diese Oberfläche begrenzte Volumen; α bezeichnet den cos. des Winkels zwischen der X-Achse und der Normalen des Elements $d\omega$, und F eine beliebige, aber stetige Funktion der Koordinaten.

Wenden wir diesen Satz auf das Integral an, welches den Induktionsstrom durch eine geschlossene Oberfläche darstellt, so erhalten wir

$$\int \mathrm{K} \frac{\partial \psi}{\partial n} d\omega = \int \mathrm{K} \left(\alpha \frac{\partial \psi}{\partial x} + \beta \frac{\partial \psi}{\partial y} + \gamma \frac{\partial \psi}{\partial z} \right) d\omega = -4\pi \mathrm{M} .$$

Nun haben wir:

$$\int \alpha \, K \frac{\partial \psi}{\partial x} d\omega = \int \frac{\partial}{\partial x}\left(K \frac{\partial \psi}{\partial x}\right) d\tau,$$

$$\int \beta \, K \frac{\partial \psi}{\partial y} d\omega = \int \frac{\partial}{\partial y}\left(K \frac{\partial \psi}{\partial y}\right) d\tau,$$

$$\int \gamma \, K \frac{\partial \psi}{\partial z} d\omega = \int \frac{\partial}{\partial z}\left(K \frac{\partial \psi}{\partial z}\right) d\tau$$

und durch Einsetzen in die obige Gleichung:

$$\int \left[\frac{\partial}{\partial x}\left(K \frac{\partial \psi}{\partial x}\right) + \frac{\partial}{\partial y}\left(K \frac{\partial \psi}{\partial y}\right) + \frac{\partial}{\partial z}\left(K \frac{\partial \psi}{\partial z}\right)\right] d\tau = -4\pi M.$$

Bezeichnen wir durch ϱ die kubische Dichtigkeit in jedem Punkte, so ist $M = \int \varrho \, d\tau$, folglich:

$$\int \left[\frac{\partial}{\partial x}\left(K \frac{\partial \psi}{\partial x}\right) + \frac{\partial}{\partial y}\left(K \frac{\partial \psi}{\partial y}\right) + \frac{\partial}{\partial z}\left(K \frac{\partial \psi}{\partial z}\right)\right] d\tau = -4\pi \int \varrho \, d\tau.$$

Diese Gleichung gilt für jedes beliebige Volumen, also auch für ein unendlich kleines, und wir erhalten deshalb:

$$\sum \frac{\partial}{\partial x}\left(K \frac{\partial \psi}{\partial x}\right) = -4\pi\varrho.$$

In dem speciellen Falle, wo das Dielektrikum homogen ist, d. h. wo K keine Funktion der Koordinaten ist, reducirt sich diese Gleichung auf:

$$\sum K \frac{\partial}{\partial x} \frac{\partial \psi}{\partial x} = K \Delta \psi = -4\pi\varrho.$$

Kapitel II.

Hypothesen von Maxwell.

17. Induktionsfluidum. Das Charakteristische an der Maxwell'schen Theorie ist die hervorragende Rolle, welche die Dielektrika spielen. Maxwell nimmt an, dass die ganze Materie der Dielektrika von einem hypothetischen, elastischen Fluidum erfüllt sei, ebenso wie wir in der Optik voraussetzen, dass der Aether die durchsichtigen Körper durchdringe. Maxwell nennt dies Fluidum Elektricität, und wir werden in der Folge auch den Grund für diese Benennung kennen lernen; da dieselbe jedoch leicht eine für die Klarheit der Darstellung bedauerliche Verwirrung nach sich ziehen könnte, so wollen wir ihm den Namen „Induktionsfluidum" beilegen und das Wort „Elektricität" in seiner gewöhnlichen Bedeutung gebrauchen.

Befinden sich alle im Dielektrikum liegenden Leiter im neutralen Zustande, so ist das Induktionsfluidum im normalen Gleichgewichte. Sind dagegen die Leiter elektrisirt und befindet sich ihr System in einem Zustande, den man in der gewöhnlichen Theorie als elektrisches Gleichgewicht zu bezeichnen pflegt, so nimmt das Induktionsfluidum einen neuen Gleichgewichtszustand an, den Maxwell „Spannungs-Gleichgewicht" nennt.

18. Elektrische Verschiebung. Wenn ein Molekül des Induktionsfluidum aus seiner normalen Gleichgewichtslage entfernt wird, so sagt Maxwell, es finde eine „elektrische Verschiebung" statt. Die Komponenten dieser Verschiebung sind die Zuwachse, welche die Koordinaten des Moleküls erfahren; er bezeichnet dieselben mit den Buchstaben f, g, h und setzt voraus, dass sie resp. die Werthe

$$(1)\qquad f = -\frac{K\frac{\partial\psi}{\partial x}}{4\pi}; \qquad g = -\frac{K\frac{\partial\psi}{\partial y}}{4\pi}; \qquad h = -\frac{K\frac{\partial\psi}{\partial z}}{4\pi}$$

besitzen.

Aus dieser Hypothese, deren Begründung wir später geben werden, folgen Beziehungen einerseits zwischen den Komponenten der Verschiebung und der Masse freier Elektricität innerhalb einer geschlossenen Oberfläche, andrerseits zwischen den Differentialquotienten dieser Komponenten und der elektrischen Dichtigkeit in einem Punkte.

Setzen wir nämlich die Werthe der partiellen Differentialquotienten von ψ, die sich aus Gleichung (1) ergeben, in den Ausdruck für den Induktionsstrom durch eine geschlossene Oberfläche ein, so erhalten wir aus:

$$\int K \frac{\partial \psi}{\partial n} d\omega = \int K \left(\alpha \frac{\partial \psi}{\partial x} + \beta \frac{\partial \psi}{\partial y} + \gamma \frac{\partial \psi}{\partial z}\right) d\omega = -4\pi M,$$

$$\int (\alpha f + \beta g + \gamma h)\, d\omega = M. \tag{2}$$

Führen wir ferner diese Werthe in die Poisson'sche Gleichung ein, die sich auf irgend ein beliebiges Dielektrikum bezieht, so haben wir

$$\frac{\partial f}{\partial x} + \frac{\partial g}{\partial y} + \frac{\partial h}{\partial z} = \varrho. \tag{3}$$

19. Inkompressibilität des Induktionsfluidum und der Elektricität. Das Studium der Folgerungen der oben angegebenen Beziehungen veranlasst uns, das Induktionsfluidum und die Elektricität als zwei inkompressibele Fluida anzusehen.

Zunächst ergibt sich aus der Hypothese von Maxwell über die Grösse der Komponenten der Verschiebung in einem Punkte unmittelbar, dass, wenn die Elektricität in Bewegung ist, auch das Induktionsfluidum nicht in Ruhe sein kann. Aendern wir nämlich die elektrischen Ladungen der im Innern eines Dielektrikum befindlichen Leiter, so bringen wir gleichzeitig eine Veränderung des in irgend einem Punkte des Dielektrikum vorhandenen Potentials ψ hervor und demnach auch eine Aenderung der Werthe f, g, h der Komponenten der elektrischen Verschiebung, welche durch die Gleichungen (1) gegeben sind.

20. Wir betrachten nun eine geschlossene Oberfläche, deren Innenraum durch ein homogenes Dielektrikum und durch Leiter angefüllt ist, welche sich im elektrischen Gleichgewichte befinden und eine totale Ladung $= M$ besitzen. Wir nehmen an, dass dieser Ladung ein Zuwachs dM ertheilt werde und dass auch hiernach das System der Leiter im elektrischen Gleichgewichte bleiben möge.

Hierbei geht das Induktionsfluidum von einem Gleichgewichtszustand zu einem anderen über, und während dieses Ueberganges findet eine Verschiebung eines jeden seiner Moleküle statt, da ja eine Bewegung der Elektricität stattgefunden hat. Wir bestimmen nun die Menge des Fluidum, die hierbei durch die geschlossene Oberfläche gewandert ist. Bedeutet dt die unendlich kurze Zeit, während welcher der Uebergang von dem anfänglichen Zustande des Systems zum Endzustande sich abgespielt hat, so ist die Quantität des Induktionsfluidum, welche durch ein Element $d\omega$ der Oberfläche entwichen ist,

$$dq = d\omega\, dt\, V_n,$$

wobei V_n die Projektion der Geschwindigkeit der Verschiebung auf die äussere Normale der geschlossenen Oberfläche bedeutet. Die Menge des Induktionsfluidum, welche während dieser Zeit durch die ganze Oberfläche hindurchgeht, ist also

$$dQ = dt \int V_n\, d\omega.$$

Da nun f, g, h die Komponenten der Verschiebung bezeichnen, so sind $\frac{\partial f}{\partial t}$, $\frac{\partial g}{\partial t}$, $\frac{\partial h}{\partial t}$ die Komponenten der Geschwindigkeit, und in Folge dessen ist die normale Komponente V_n gegeben durch

$$V_n = \alpha \frac{\partial f}{\partial t} + \beta \frac{\partial g}{\partial t} + \gamma \frac{\partial h}{\partial t}.$$

Durch Einführung dieses Ausdruckes in dQ erhalten wir:

$$dQ = dt \int \left(\alpha \frac{\partial f}{\partial t} + \beta \frac{\partial g}{\partial t} + \gamma \frac{\partial h}{\partial t} \right) d\omega.$$

Das Integral auf der rechten Seite ist aber nichts anderes als der nach t genommene Differentialquotient des auf der linken Seite der Gleichung (2) stehenden Werthes. Wir erhalten also:

$$dQ = dt \frac{\partial M}{\partial t} = dM,$$

d. h.: Die Quantität des Induktionsfluidum, die durch die Oberfläche austritt, ist gleich der Quantität von Elektricität, welche dort eintritt. Der ganze Vorgang spielt sich also ab, wie wenn die Elektricität das Induktionsfluidum verdrängte, oder, in anderen Worten, als ob Induktionsfluidum und Elektricität zwei inkompressibele Fluida wären.

21. Uebrigens kann die Inkompressibilität des Induktionsfluidum auch unmittelbar aus der Gleichung (3) abgeleitet werden. Nehmen wir nämlich an, das Dielektrikum, welches einen zu betrachtenden Punkt des Induktionsfluidum enthält, befinde sich im neutralen Zustande, so geht die betr. Gleichung über in:

$$\frac{\partial f}{\partial x} + \frac{\partial g}{\partial y} + \frac{\partial h}{\partial z} = 0 .$$

Die linke Seite derselben ist nichts anderes, als die Quantität, die wir in einem anderen Werke[1]) mit θ bezeichneten, und wir wiesen nach, dass die Gleichung $\theta = 0$ die Inkompressibilität des Fluidum ausdrückte.

22. Bild für die Elasticität des Induktionsfluidum. Betrachten wir einerseits zwei Leiter A und B (Fig. 3), welche unter einander

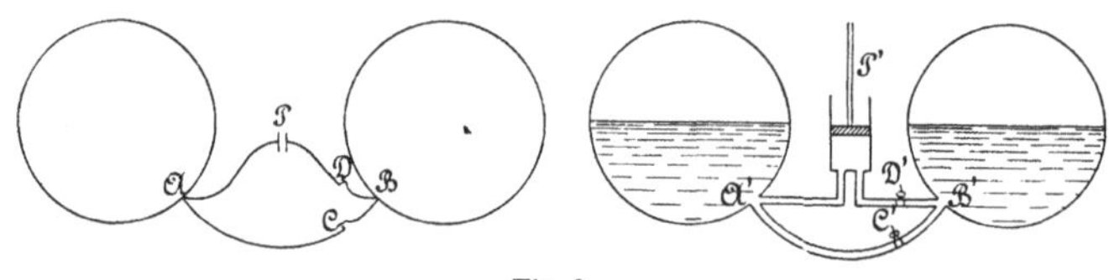

Fig. 3.

durch 2 Drähte verbunden sind, von denen der eine nur den Kommutator C trägt, der andere ausser dem Kommutator D noch die Säule P. Andrerseits denken wir uns zwei geschlossene, mit Luft und Wasser gefüllte Gefässe A′ und B′, die durch zwei Kanäle verbunden sind, von denen der erste den Hahn C′ enthält, der zweite ausser dem Hahne D′ noch das Pumpwerk P′.

Die Konduktoren A und B mögen sich zunächst im neutralen Zustande befinden. Oeffnet man nun den Kommutator C und schliesst den Kommutator D, dann entsteht in dem Drahte A D B ein Strom von kurzer Dauer, und bald haben wir einen Zustand elektrischen Gleichgewichts, bei welchem die Konduktoren mit Elektricität von verschiedenem Vorzeichen geladen sind, z. B. A positiv und B negativ. Oeffnen wir dann den Kommutator D und schliessen C, so vereinigen sich die Elektricitäten der Konduktoren durch den Draht A C B und die Konduktoren gelangen wieder zum neutralen Zustande.

---

[1]) cf. Théorie mathématique de la Lumière pg. 25—26.

23. Um die Rolle zu verstehen, welche das Induktionsfluidum bei diesem Experimente spielt, sehen wir zu, was in dem System der beiden Gefässe A' und B' vor sich geht, wenn man die Pumpe in Gang setzt und mit den Hähnen C' und D' die Verbindungen herstellt, die wir soeben durch die Kommutatoren C und D erreicht hatten. Wir nehmen an, dass die Oberfläche des Wassers in beiden Gefässen in derselben Horizontalebene liege, schliessen den Hahn C', öffnen D' und setzen die Pumpe in Gang; dann wird das Wasser z. B. vom Gefäss B' nach A' übergehen können. Hierdurch wird die elastische Kraft der Luft in B' vermindert, in A' vermehrt. Schliessen wir den Hahn D' und öffnen C', so bewirkt die Verschiedenheit der elastischen Kräfte der Luft in beiden Gefässen, dass das Wasser aus A' nach B' zurücksteigt, bis die Niveaus wieder gleich geworden sind. Das System ist also wie bei dem elektrischen Experiment zum Anfangszustande zurückgekehrt, und wir können das Wasser als materiellen Repräsentanten des elektrischen Fluidum betrachten. Die Volumenzunahme des Wassers in A' und die Verminderung in B', das Resultat der ersten Phase des hydrostatischen Versuches, können die positive und negative Ladung der Konduktoren A und B in der korrespondirenden Phase des elektrischen Versuchs versinnbildlichen. Die Rolle, welche die Luft in Folge ihrer elastischen Kraft spielt, lässt sich mit der Rolle des Induktionsfluidum beim elektrischen Experimente vergleichen. Die Elasticität des Induktionsfluidum also, welches in der die Konduktoren trennenden Luft vorhanden und durch die Ladungen der Konduktoren verschoben ist, wird die Ursache zur Vereinigung der Ladungen.

Allerdings müssen wir gleich hinzufügen, dass dies hydrostatische Bild, wenn es auch leicht begreiflich macht, wie sich in der Maxwell'schen Theorie das Induktionsfluidum verhält, doch nicht zu weit verfolgt werden darf, denn das Induktionsfluidum ist inkompressibel, nicht aber die Luft, mit der wir es verglichen haben. Das Bild dient also nur dazu, die eine der Eigenschaften dieses Fluidum verständlich zu machen, nämlich seine Elasticität.

24. Jeder Strom ist ein geschlossener Strom. Die hervorragende Rolle, welche Maxwell den Dielektrika zuertheilte, die in der gewöhnlichen Theorie nur eine passive Rolle spielen, bildet nicht den einzigen Unterschied zwischen beiden Theorien, — ein anderer Unterschied liegt in der Natur der Ströme.

In der gewöhnlichen Theorie nimmt man die Existenz zweier Arten von Strömen an: Geschlossene, im Allgemeinen dauernde, und im Gegensatze dazu offene Ströme, welche aufhören, wenn in

Folge der Ladung eine Potentialdifferenz auftritt, welche gleich ist der elektromotorischen Kraft der elektrischen Quelle. Diese offenen Ströme kommen beispielsweise zu Stande, wenn man die Pole einer Säule mit zwei Konduktoren oder den beiden Belegungen eines Kondensators in Verbindung setzt.

In der neuen Theorie kann es nur geschlossene Ströme geben. Betrachten wir nämlich den offenen Strom, der entsteht, wenn wir die Pole einer Säule mit zwei isolirten Konduktoren A und B verbinden: Der Konduktor, welcher sich nach gewöhnlicher Ausdrucksweise positiv ladet, muss nach Maxwell'scher Theorie eine grössere Menge des elektrischen Fluidum aufnehmen, als er im neutralen Zustande besitzt, im anderen Konduktor muss sich im Gegentheile die Menge des elektrischen Fluidum vermindern. Da jedoch das elektrische Fluidum inkompressibel sein soll, so bleibt die Dichte desselben konstant, und man kann also nicht annehmen, dass in einem Punkte eine Verdichtung desselben stattfindet, im anderen dagegen eine Verdünnung. Um diese Folgerung der Inkompressibilität des elektrischen Fluidum mit der experimentellen Thatsache des Vorhandenseins von Strömen in Uebereinstimmung zu bringen, führt Maxwell das Induktionsfluidum ein, welches das beide Konduktoren isolirende Dielektrikum erfüllt: Das elektrische Fluidum wandert von dem einen Konduktor fort, verdrängt im anderen einen Theil des Induktionsfluidum und bewirkt, dass in den ersten Konduktor ebenso viel Induktionsfluidum eintritt, als elektrisches Fluidum ausgetreten war. Wir erhalten also einen geschlossenen Strom durch das Dielektrikum hindurch, und da die Moleküle des Induktionsfluidum sich längs der Kraftlinien verschieben, wie sich auch unmittelbar aus den die Komponenten der Verschiebung darstellenden Gleichungen (1) ergibt, so können wir sagen, dass die offenen Ströme der gewöhnlichen Theorie sich in der Maxwell'schen Theorie längs der Kraftlinien des Dielektrikum schliessen.

Die momentanen Ströme, welche durch die Ladung oder Entladung eines Kondensators entstehen, können ebenso als geschlossene betrachtet werden, und zwar vollzieht sich der Schluss durch das die Belegungen trennende Dielektrikum. In der Maxwell'schen Theorie haben wir es also einzig und allein mit geschlossenen Strömen zu thun.

25. Die Verschiebungen des elektrischen Fluidum und des Induktionsfluidum im Falle eines momentanen Stromes lassen sich ebenfalls durch ein aus der Hydrostatik entnommenes Bild veranschaulichen. Es genügt zu diesem Zwecke, Luft und Wasser in unserem früheren Bilde durch Wasser und Quecksilber zu ersetzen

Haben wir dann (Fig. 3) den Hahn C′ geschlossen und D′ geöffnet und setzen die Pumpe in Gang, so können wir nicht das Quecksilber aus einem Gefässe in das andere übertreten lassen, da diese beiden Gefässe durch inkompressibele Flüssigkeiten angefüllt sind. Der Uebertritt des Quecksilbers kann nur unter der Bedingung stattfinden, dass beide Gefässe oben durch einen Kanal verbunden sind, welcher dem Wasser gestattet, im umgekehrten Sinne zu wandern. Das Quecksilber ist dann ein Bild des elektrischen Fluidum, das Wasser dasjenige des Induktionsfluidum, und der verbindende Kanal repräsentirt ein Kraftlinienbündel im Dielektrikum.

26. Leitungsströme und Verschiebungsströme. Die geschlossenen Ströme, welche durch einen Leiter verlaufen, heissen Leitungsströme, diejenigen, welche durch die Verschiebung des Induktionsfluidum entstehen, Verschiebungsströme. Wenn in einem und demselben Kreise gleichzeitig Leitungs- und Verschiebungsströme stattfinden, so wird der Kreis nichts anderes sein, als ein offener Kreis der gewöhnlichen Theorie. Aber ausser diesen Kreisen und denjenigen, welche nur Leitungsströme enthalten, — den einzigen, die man in der gewöhnlichen Theorie behandelt —, begegnen wir in der Maxwell'schen Theorie geschlossenen Strömen, welche nur Verschiebungsströme sind; diese letzteren spielen bei der Erklärung der Lichterscheinungen eine wesentliche Rolle.

Da man unter Leitungsströmen diejenigen versteht, welche in gut leitenden Stromkreisen verlaufen, so müssen sie, um mit dem Experiment im Einklang zu stehen, nothwendiger Weise den Gesetzen von Ohm, Joule und denjenigen von Ampère über die gegenseitige Wirkung zweier Stromelemente, sowie den Gesetzen der Induktion gehorchen. Ueber die Gesetze, welchen die Verschiebungsströme unterworfen sind, wissen wir nichts, dies Gebiet ist also den Hypothesen weit geöffnet. Maxwell nimmt an, dass sie dem Ampère'schen Gesetze und den Induktionsgesetzen folgen, dass aber das Ohm'sche und das Joule'sche Gesetz auf sie nicht anwendbar sind, da diese Ströme bei ihrem Entstehen nur den Widerstand zu überwinden haben, welcher aus der Elasticität des Induktionsfluidum hervorgeht, — ein Widerstand, dessen Art und Weise gänzlich von der Art des Widerstandes der Leiter abweicht.

27. Potentielle Energie eines elektrischen Systems. Wir fassen ein System von Leitern in's Auge, welche mit positiver und negativer Elektricität geladen sind. Diese Ladungen repräsentiren eine gewisse potentielle Energie. In der gewöhnlichen Theorie ist diese potentielle Energie zurückzuführen auf die Arbeit, welche durch die Anziehung und Abstossung der verschiedenen elektrischen

Massen unter einander geleistet wird; in der Maxwell'schen Theorie wird sie durch die Elasticität des Induktionsfluidum geliefert, welches in seiner normalen Gleichgewichtslage gestört worden ist. Diese Energie von messbarer Grösse muss nach beiden Theorien denselben Werth besitzen, und demnach müssen die Ausdrücke, welche ihren Werth zu bestimmen gestatten, identisch sein. Die Betrachtung dieser Identität wird uns neue Eigenschaften des Induktionsfluidum enthüllen.

28. Wir wollen zuerst einen Ausdruck für die potentielle Energie suchen, wie er sich aus der Arbeit der anziehenden und abstossenden Kräfte ergibt.

Es seit $d\tau$ irgend ein Volumenelement des Raumes, x, y, z seine Koordinaten und ϱ die Dichtigkeit der dort befindlichen freien Elektricität; dann wird die Menge der in dem Elemente vorhandenen Elektricität $= \varrho\, d\tau$ sein, und die Komponenten der auf diese Elektricitätsmenge ausgeübten elektrischen Kraft:

$$-\varrho\, d\tau \frac{\partial \psi}{\partial x}; \qquad -\varrho\, d\tau \frac{\partial \psi}{\partial y}; \qquad -\varrho\, d\tau \frac{\partial \psi}{\partial z}.$$

Wir nehmen an, die im Elemente $d\tau$ enthaltene Elektricitätsmenge erleide eine solche Verschiebung, dass die Koordinaten um δx, δy, δz wachsen. Dann wird die Arbeit der auf diese elektrische Masse wirkenden Kraft

$$= -\varrho\, d\tau \left[\frac{\partial \psi}{\partial x}\, \delta x + \frac{\partial \psi}{\partial y}\, \delta y + \frac{\partial \psi}{\partial z}\, \delta z\right]$$

sein.

Die gesammte Arbeit der Kräfte, welche auf die verschiedenen, im ganzen Raume vertheilten elektrischen Massen wirken, wird demnach wiedergegeben durch das Integral

$$-\int \varrho\, d\tau \left[\frac{\partial \psi}{\partial x}\, \delta x + \frac{\partial \psi}{\partial y}\, \delta y + \frac{\partial \psi}{\partial z}\, \delta z\right],$$

das über den ganzen Raum auszudehnen ist.

Nennen wir W die gesuchte potentielle Energie, so wird der Zuwachs dieser Energie dargestellt durch die Formel:

$$(4) \qquad \delta W = \int \varrho\, d\tau \left[\frac{\partial \psi}{\partial x}\, \delta x + \frac{\partial \psi}{\partial y}\, \delta y + \frac{\partial \psi}{\partial z}\, \delta z\right].$$

29. Wir wollen nun den Zuwachs $\delta\varrho$ der elektrischen Dichtigkeit ϱ im Innern des Elementes $d\tau$ bestimmen:

Das zu betrachtende Raumelement sei ein rechtwinkeliges Parallelepipedon, dessen drei den Koordinatenaxen parallele Kanten die Länge α, β, γ besitzen mögen; dann ist $d\tau = \alpha\beta\gamma$.

Die Menge Elektricität, welche in dies Parallelepipedon durch eine der auf der X-Axe senkrecht stehenden Seitenflächen eintritt, wird gegeben durch das Produkt aus der Dichtigkeit des Fluidum ϱ in die Projektion der Verschiebung des Fluidum auf die X-Axe, δx, und den Flächeninhalt $\beta\gamma$ der Parallelepipedonseite; sie ist also

$$= \varrho \, \delta x \, \beta \, \gamma.$$

Durch einen analogen Ausdruck erhalten wir die Elektricitätsmenge, welche in das Parallelepipedon durch die entgegengesetzte Seitenfläche eintritt. Nur $\varrho\,\delta x$ wird dort nicht denselben Werth besitzen, da beide Grössen, sowohl ϱ wie δx, Funktionen von x, y, z sind; wenn man nämlich von einer Seitenfläche zur entgegengesetzten übergeht, so wächst x um die sehr kleine Grösse α und $\varrho\,\delta x$ geht über in

$$\varrho\,\delta x + \frac{\partial\,(\varrho\,\delta x)}{\partial x}\,\alpha\,.$$

Die durch diese zweite Fläche eintretende Elektricitätsmenge wird also sein:

$$-\left[\varrho\,\delta x + \frac{\partial\,(\varrho\,\delta x)}{\partial x}\,\alpha\right]$$

und zwar ist hierfür das negative Zeichen zu wählen, weil die nach innen gerichtete Normale die Richtung der negativen x hat. Es wird somit die algebraische Summe der elektrischen Massen, welche durch die beiden senkrecht zur X-Axe stehenden Seitenflächen in das Parallelepipedon eintreten:

$$-\frac{\partial\,(\varrho\,\delta x)}{\partial x}\,\alpha\,.\,\beta\,\gamma = -\frac{\partial\,(\varrho\,\delta x)}{\partial x}\,d\tau\,.$$

In gleicher Weise werden die elektrischen Massen, welche durch die beiden auf der Y- resp. der Z-Axe senkrechten Flächenpaare eintreten, dargestellt durch

$$-\frac{\partial\,(\varrho\,\delta y)}{\partial y}\,d\tau \quad \text{und} \quad -\frac{\partial\,(\varrho\,\delta z)}{\partial z}\,d\tau\,.$$

Nun ist aber $d\tau\delta\varrho$ nichts anderes als die Summe der elektrischen Massen, welche durch die 6 Flächen in das Parallelepiped eintreten, wir erhalten also:

$$\delta\varrho = -\frac{\partial(\varrho\,\delta x)}{\partial x} - \frac{\partial(\varrho\,\delta y)}{\partial y} - \frac{\partial(\varrho\,\delta z)}{\partial z}. \tag{5}$$

Dies ist genau dieselbe Gleichung, welche in der Hydrodynamik unter dem Namen „Kontinuitätsgleichung“ bekannt ist.

30. Wir erinnern uns, dass nach einem Hülfssatz, von dem wir bereits Gebrauch machten,

$$\int \alpha\, \mathrm{F}\, d\omega = \int \frac{\partial \mathrm{F}}{\partial x}\, d\tau,$$

wobei F eine Funktion von x, y, z ist, während das erste der Integrale über alle Elemente $d\omega$ einer geschlossenen Oberfläche, das zweite über alle Elemente des durch diese Oberfläche begrenzten Raumes sich erstreckt. Wird diese Funktion F auf der Oberfläche Null, indem man z. B. als geschlossene Oberfläche eine Kugel mit unendlich grossem Radius wählt, so ist das erste Integral Null, da jedes seiner Elemente wegen des Verschwindens von F im Unendlichen = Null wird. Für eine derartige Funktion erhält man also:

$$\int \frac{\partial \mathrm{F}}{\partial x}\, d\tau = 0.$$

Besteht F aus einem Produkt von zwei Funktionen u und v, so geht obige Gleichung über in

$$\int u \frac{\partial v}{\partial x}\, d\tau + \int v \frac{\partial u}{\partial x}\, d\tau = 0,$$

und hieraus erhalten wir:

$$\int u \frac{\partial v}{\partial x}\, d\tau = -\int v \frac{\partial u}{\partial x}\, d\tau,$$

eine neue Gleichung, die uns bei der Umformung von $\delta \mathrm{W}$ gute Dienste leisten wird.

31. Durch Anwendung dieser Gleichung erhält man:

$$\int \varrho\,\delta x \frac{\partial \psi}{\partial x}\, d\tau = -\int \psi \frac{\partial}{\partial x}(\varrho\,\delta x)\, d\tau,$$

$$\int \varrho\,\delta y \frac{\partial \psi}{\partial y}\, d\tau = -\int \psi \frac{\partial}{\partial y}(\varrho\,\delta y)\, d\tau,$$

$$\int \varrho\,\delta z \frac{\partial \psi}{\partial z}\, d\tau = -\int \psi \frac{\partial}{\partial z}(\varrho\,\delta z)\, d\tau,$$

Addirt man diese Gleichungen und berücksichtigt dabei die Gleichungen (4) und (5), so folgt

$$\delta W = \int \psi \, \delta \varrho \, d\tau ,$$

oder mit Rücksicht auf die allgemeine Gleichung von Poisson (cf. pg. 18):

$$\delta W = -\frac{1}{4\pi} \int \psi \, \delta \left[\frac{\partial}{\partial x}\left(K \frac{\partial \psi}{\partial x}\right) + \frac{\partial}{\partial y}\left(K \frac{\partial \psi}{\partial y}\right) + \frac{\partial}{\partial z}\left(K \frac{\partial \psi}{\partial z}\right) \right] d\tau .$$

Durch Anwendung des oben erwähnten Hülfssatzes ergibt sich ferner:

$$\int \psi \, \delta \left[\frac{\partial}{\partial x}\left(K \frac{\partial \psi}{\partial x}\right) \right] d\tau = \int \psi \, d\tau \frac{\partial}{\partial x} \left[\delta \left(K \frac{\partial \psi}{\partial x}\right) \right]$$

$$= - \int d\tau \frac{\partial \psi}{\partial x} \, \delta \left(K \frac{\partial \psi}{\partial x}\right)$$

oder unter Berücksichtigung des Umstandes, dass das Induktionsvermögen K durch die Verschiebung der elektrischen Massen nicht geändert wird und δK deshalb $= 0$ ist,

$$\int \psi \, \delta \left[\frac{\partial}{\partial x}\left(K \frac{\partial \psi}{\partial x}\right) \right] d\tau = - \int K \, d\tau \frac{\partial \psi}{\partial x} \, \delta \left(\frac{\partial \psi}{\partial x}\right)$$

$$= - \int \frac{K \, d\tau}{2} \, \delta \left[\left(\frac{\partial \psi}{\partial x}\right)^2 \right].$$

Ganz analog erhält man noch zwei andere Gleichungen und findet schliesslich durch Addition und Division mit 4π:

$$\delta W = \delta \int \frac{K}{8\pi} \sum \left(\frac{\partial \psi}{\partial x}\right)^2 d\tau .$$

Die potentielle Energie des Systems wird also:

$$W = \int \frac{K}{8\pi} \sum \left(\frac{\partial \psi}{\partial x}\right)^2 d\tau . \tag{6}$$

Die Integrationskonstante ist Null, da die potentielle Energie verschwindet, wenn sich der ganze Raum im neutralen Zustande befindet, und da in diesem Falle das Potential in jedem Punkte denselben Werth hat, nämlich Null.

32. Das Integral auf der rechten Seite der Gleichung (6) muss auf den gesammten Raum ausgedehnt werden, es kommt jedoch auf dasselbe hinaus, wenn man es nur auf den durch das

Dielektrikum eingenommenen Raum sich erstrecken lässt, denn die Elemente des Integrals, welche den im Innern der Leiter liegenden Punkten entsprechen, sind = Null. In der That hat das Potential in jedem Punkte eines Leiters denselben Werth, und in Folge dessen sind die partiellen Derivirten $\frac{\partial\psi}{\partial x}, \frac{\partial\psi}{\partial y}, \frac{\partial\psi}{\partial z}$ sämmtlich Null.

Diese Bemerkung gestattet, den Ausdruck (6) umzuformen; es gilt nämlich für jeden Punkt eines Dielektrikum nach den Hypothesen von Maxwell (cf. § 18):

$$f = -\frac{K}{4\pi}\cdot\frac{\partial\psi}{\partial x}; \qquad g = -\frac{K}{4\pi}\cdot\frac{\partial\psi}{\partial y}; \qquad h = -\cdot\frac{K}{4\pi}\cdot\frac{\partial\psi}{\partial z}.$$

Führt man nun die hieraus gewonnenen Werthe der partiellen Differentialquotienten von ψ in die Gleichung (6) ein, so folgt:

$$\text{(7)} \qquad W = \int \frac{2\pi}{K}(f^2 + g^2 + h^2)\, d\tau.$$

Dies ist der Ausdruck für die potentielle Energie eines elektrisirten Systems mit Hülfe der Maxwell'schen Bezeichnungen.

33. Wir suchen nunmehr den Ausdruck für diese Energie, wenn man dieselbe als Folge der Gestaltänderung des Induktionsfluidum betrachtet.

Es seien $X\,d\tau$, $Y\,d\tau$, $Z\,d\tau$ die drei Komponenten der Kraft, welche auf ein Element $d\tau$ des Induktionsfluidum wirkt, wenn sich dies Fluidum in Folge der Ladung der im Dielektrikum lagernden Leiter im Spannungsgleichgewichte befindet. Erfahren die das System zusammensetzenden elektrischen Moleküle eine unendlich kleine Verschiebung, so wachsen die Verschiebungs-Komponenten f, g, h des Elementes $d\tau$ des Induktionsfluidum um δf, δg, δh. Die Arbeit der auf das Element ausgeübten Kraft wird demnach

$$[X\,\delta f + Y\,\delta g + Z\,\delta h]\, d\tau,$$

und die gesammte, bei allen Elementen des Induktionsfluidum auftretende Arbeit ist

$$\int [X\,\delta f + Y\,\delta g + Z\,\delta h]\, d\tau,$$

wobei das Integral sich über den ganzen, vom Dielektrikum eingenommenen Raum erstreckt. Die Variation der potentiellen Energie des Systems, die sich nur durch das Vorzeichen von der Variation der Arbeit unterscheidet, ist demnach

$$\delta W = -\int [X\,\delta f + Y\,\delta g + Z\,\delta h]\, d\tau.$$

34. Elasticität des Induktionsfluidum. Die Vergleichung dieses Ausdruckes mit dem folgenden:

$$\delta W = \int \frac{4\pi}{K} [f\delta f + g\delta g + h\delta h]\, d\tau,$$

der aus der Gleichung (7) abgeleitet ist, gibt uns also für die Komponenten X, Y, Z die Werthe:

$$X = -\frac{4\pi}{K} f; \qquad Y = -\frac{4\pi}{K} g; \qquad Z = -\frac{4\pi}{K} h.$$

Diese Gleichungen zeigen, dass die Komponenten der auf ein Element $d\tau$ des Induktionsfluidum ausgeübten Kraft proportional sind den Komponenten der elektrischen Verschiebung. Die elastische Kraft des Induktionsfluidum hat also die Richtung der Verschiebung, und das Verhältniss zwischen ihrer Grösse und derjenigen der Verschiebung ist gleich $\frac{4\pi}{K}$ Wir werden später sehen, dass die Richtung der elastischen Kraft nicht mehr mit der Richtung der Verschiebung zusammenfällt, wenn das Dielektrikum aus einem krystallinischen Mittel besteht; die soeben durchgeführten Entwickelungen gelten nur für isotrope dielektrische Medien.

35. Es ist kaum nöthig, darauf hinzuweisen, wie weit sich die Elasticität des Induktionsfluidum von der Elasticität der Gase oder des Lichtäthers unterscheidet. Bei den Gasen und dem Aether hängt die potentielle Energie nur von der relativen Lage der Moleküle ab und nicht von ihrer absoluten Lage im Raum; in Folge dessen tritt keine elastische Reaktion ein, wenn eines dieser Fluida sich verschiebt, ohne sich zu deformiren. Ganz anders bei dem Induktionsfluidum: hier verläuft der Vorgang so, als ob jedes der Moleküle des letzteren proportional zur Entfernung von seiner normalen Gleichgewichtslage durch diese angezogen würde. Hieraus würde folgern, dass, wenn man alle diese Moleküle um dieselbe Strecke verschöbe, ohne jedoch dabei ihre relative Lage zu verändern, die Elasticität nichtsdestoweniger zur Wirkung gelangen würde. Die Annahme einer so ganz besonderen Elasticität für das Induktionsfluidum scheint nur schwer zulässig zu sein. Man begreift nämlich nicht, wie der mathematische Punkt, in welchem sich im Zustande des normalen Gleichgewichts ein Molekül des Induktionsfluidum befindet, auf dies Molekül wirken kann, um es in seine Gleichgewichtslage zurückzuführen, wenn eine elektrische Ursache dasselbe daraus entfernt hat. Man würde es viel leichter verstehen, dass die materiellen Moleküle des Dielektrikum auf die Moleküle des Induktionsfluidum einwirkten, welche das ponderabele Medium durchsetzen. Aber diese Annahme würde nicht alle Schwierigkeiten beseitigen, denn sie würde nicht die Elasticität des in dem luftleeren Raum ausgebreiteten Induktionsfluidum erklären. Ausserdem würde die Wirkung der Materie auf dieses Induktionsfluidum nothwendiger Weise auch umgekehrt eine Gegenwirkung des Fluidum auf die Materie nach sich ziehen, hiervon aber kann man nicht die geringste Spur nachweisen.

36. Man könnte noch das Vorhandensein zweier sich durchdringenden Induktionsfluida annehmen und voraussetzen, dass die Moleküle des einen auf diejenigen des anderen wirkten, wenn sie aus ihren normalen Gleichgewichtslagen entfernt sind. Aber wenn auch diese Hypothese den Vortheil bietet, dass sie die dem Induktionsfluidum eigenthümliche Elasticität auf die unseren gewöhnlichen Begriffen geläufige Elasticität zurückführt, so hat sie doch den Nachtheil, komplicirter zu sein, als die Hypothese von einem einzigen Fluidum. Auch glauben wir, dass die Annahme von dem Maxwell'schen Induktionsfluidum nur eine vorübergehende ist, und dass sie durch eine verständlichere ersetzt werden wird, sobald die Fortschritte der Wissenschaft dies gestatten. Man kann uns einwerfen, dass Maxwell diese Annahme eines Induktionsfluidum gar nicht gemacht hat; aber wenn auch diese Bezeichnung, wie wir bereits im Anfange des Kapitels zugegeben haben, in dem Werke des Gelehrten nirgends vorkommt, die Sache selbst findet sich dort, nur dass er das, was wir Induktionsfluidum genannt haben, mit dem Ausdrucke Elektricität bezeichnet. In der Maxwell'schen Ausdrucksweise wird die Elektricität der Dielektrika als elastisch, diejenige der Leiter als unelastisch vorausgesetzt. Diese verschiedenen Eigenschaften, welche den zwei mit demselben Namen bezeichneten Fluida zugeschrieben werden, sind die Ursachen für den Mangel an Klarheit, unter dem gewisse Stellen des Maxwell'schen Werkes leiden. Nur um diese Unklarheit zu beseitigen, haben wir die Bezeichnung „Induktionsfluidum“ in die Darstellung der Maxwell'schen Ideen eingeführt.

37. Elektrische Vertheilung. Um die Berechtigung der Maxwell'schen Hypothesen vollständig nachzuweisen, müssen wir nun noch zeigen, dass die experimentellen Gesetze der elektrischen Vertheilung nothwendiger Weise aus derselben folgen.

Beginnen wir damit, diese Gesetze aufzuführen: Wir wissen, dass diese Vertheilung nur von einer gewissen Funktion ψ abhängt, welche verschiedenen Bedingungen unterworfen ist: Sie selbst, ebenso wie ihre Differentialquotienten, ist in der ganzen Ausdehnung des Dielektrikum stetig und genügt der Gleichung

$$\frac{\partial}{\partial x}\left(\mathrm{K}\frac{\partial \psi}{\partial x}\right)+\frac{\partial}{\partial y}\left(\mathrm{K}\frac{\partial \psi}{\partial y}\right)+\frac{\partial}{\partial z}\left(\mathrm{K}\frac{\partial \psi}{\partial z}\right)=0$$

(verallgemeinerte Poisson'sche Gleichung für $\varrho = 0$).

In jedem Punkte eines Leiters hat sie einen konstanten Werth, aber in einem Punkte der Oberfläche sind ihre Differentialquotienten nicht mehr stetig. Endlich wird diese Funktion für im Unendlichen gelegene Punkte = Null.

Das Studium der elektrischen Vertheilung auf einem Leiter veranlasst die Einführung einer neuen Grösse, nämlich der elektrischen Oberflächendichtigkeit. Bezeichnen wir mit q die Menge der auf einem Oberflächenelemente $d\omega$ ausgebreiteten Elektricität, so gibt die Poisson'sche Gleichung, wenn wir sie auf den Fall anwenden, wo das Dielektrikum nicht aus Luft besteht,

$$\mathrm{K}\frac{\partial \psi}{\partial n}\, d\omega = -4\pi q .$$

Die Dichtigkeit der Oberflächenbelegung $\frac{q}{d\omega}$ wird also

$$\sigma = -\frac{\mathrm{K}}{4\pi}\cdot\frac{\partial \psi}{\partial n}.$$

Man kann jedoch annehmen, dass die auf der Oberfläche ausgebreitete Lage der elektrischen Schicht eine konstante Dichtigkeit besitzt und dass ihre Dicke proportional σ ist; dieser letzten Erklärung wollen wir uns anschliessen.

38. Wir kommen nun wieder auf die Maxwell'sche Theorie: In dieser haben wir es mit zwei inkompressibeln Fluida zu thun, dem Induktionsfluidum und dem elektrischen Fluidum, auf welche man, wie wir annehmen, die Gesetze der Hydrostatik anwenden kann. Nun haben bekanntlich, wenn p den Druck in einem Punkte x, y, z eines solchen Fluidum bedeutet, die Komponenten X, Y, Z der aus der Verschiebung des Punktes entstehenden elastischen Kraft die Werthe:

$$\mathrm{X}=\frac{\partial p}{\partial x}; \qquad \mathrm{Y}=\frac{\partial p}{\partial y}; \qquad \mathrm{Z}=\frac{\partial p}{\partial z}.$$

Bezeichnen wir mit ψ den Druck in einem Punkte des Induktionsfluidum, so erhalten wir

$$\mathrm{X}=\frac{\partial \psi}{\partial x}; \qquad \mathrm{Y}=\frac{\partial \psi}{\partial y}; \qquad \mathrm{Z}=\frac{\partial \psi}{\partial z}.$$

Nun fanden wir aber früher, § 34, dass die Komponenten der elastischen Kraft gleich den Produkten aus den Komponenten der Verschiebung in $-\frac{4\pi}{K}$ sind.

Wir erhalten also:

$$(8) \qquad \frac{\partial\psi}{\partial x} = -\frac{4\pi}{K} f; \quad \frac{\partial\psi}{\partial y} = -\frac{4\pi}{K} g; \quad \frac{\partial\psi}{\partial z} = -\frac{4\pi}{K} h.$$

Aus diesen Gleichungen folgt:

$$f = -\frac{K}{4\pi} \cdot \frac{\partial\psi}{\partial x}; \quad g = -\frac{K}{4\pi} \cdot \frac{\partial\psi}{\partial y}; \quad h = -\frac{K}{4\pi} \cdot \frac{\partial\psi}{\partial z}.$$

Diese neuen Gleichungen aber stimmen vollkommen mit denjenigen überein, welche die Komponenten der Verschiebung definiren, wobei dann ψ das Potential bedeutet. Es bleibt uns nun noch übrig, nachzuweisen, dass der Druck ψ in einem Punkte des Induktionsfluidum nichts anderes ist als das Potential.

39. Da das Induktionsfluidum inkompressibel ist, so haben wir die Beziehung:

$$\frac{\partial f}{\partial x} + \frac{\partial g}{\partial y} + \frac{\partial h}{\partial z} = 0,$$

welche mit Berücksichtigung der Gleichung (8) in die folgende übergeht:

$$\frac{\partial}{\partial x}\left(K \frac{\partial\psi}{\partial x}\right) + \frac{\partial}{\partial y}\left(K \frac{\partial\psi}{\partial y}\right) + \frac{\partial}{\partial z}\left(K \frac{\partial\psi}{\partial z}\right) = 0;$$

die Funktion ψ genügt also einer der für das Potential gültigen Bedingungen. Sie ist auch, wie das Potential, im Innern eines Leiters konstant, denn die Elektricität, welche die Leiter erfüllt, ist nicht elastisch, also sind X, Y, Z = Null und dasselbe muss bei den Differentialquotienten von ψ stattfinden. Geht man von einem Punkte des Dielektrikum zu einem Punkte im Innern eines Leiters über, dann bleiben die Differentialquotienten der Funktion ψ nicht stetig, da sie von einem endlichen Werthe bis zu Null abnehmen; die Funktion selbst jedoch bleibt stetig. Wäre nämlich der Druck auf beiden Seiten der den Leiter begrenzenden Oberfläche nicht derselbe, so würde kein Gleichgewicht stattfinden können, da bei der unelastischen Natur des elektrischen Fluidum jeder Druckunterschied eine Bewegung dieses Fluidum zur Folge haben würde.

Die Funktion ψ besitzt also alle Eigenthümlichkeiten des Potentials; demnach ist der Druck des Induktionsfluidum in einem Punkte gerade das Potential in diesem Punkte.

40. Wir wollen nun noch nachweisen, dass die Maxwell'sche Theorie in Bezug auf die Dicke der auf der Oberfläche eines Leiters gelegenen Schicht zu demselben Ausdrucke gelangt, wie die gewöhnliche Theorie.

Es sei S (cf. Fig. 4) die Oberfläche, welche die Elektricität von dem Induktionsfluidum im Zustande des normalen Gleichgewichts trennt, und S′ die trennende Oberfläche für den Fall des Spannungsgleichgewichtes. Da die freie Elektricität den Ueberschuss der Quantität des elektrischen Fluidum bedeutet, den der Konduktor im Zustande des Spannungsgleichgewichtes enthält, über die Quantität, welche er im normalen Gleichgewichtszustande aufweist, so ist unter der Ladung des Leiters die Menge des Fluidum zu verstehen, welche zwischen den beiden Oberflächen S und S′ enthalten ist. Weil dieses Fluidum inkompressibel ist, so ist die Ladung in jedem Punkte proportional dem senkrechten Abstande zwischen den beiden Oberflächen. Wir fassen ein Molekül des Induktionsfluidum in's Auge, das im normalen Gleichgewichtszustande in einem Punkte m der Oberfläche S liegt; im Zustande des Spannungsgleichgewichtes ist dieses Molekül nach m' auf der Oberfläche S′ gelangt. Das Dreieck mnm', dessen Seite mn die senkrechte Entfernung zwischen beiden Oberflächen darstellt, kann im Punkte n als rechtwinkelig aufgefasst werden. Die Dicke der elektrischen Schicht ist also gleich der Projektion der Verschiebung auf die Normale der Fläche (in Wirklichkeit geht die Verschiebung senkrecht zur Oberfläche vor sich, wir brauchen aber hier diese Eigenschaft des Induktionsfluidum gar nicht zu Hülfe zu rufen). Die Projektion hat die Grösse

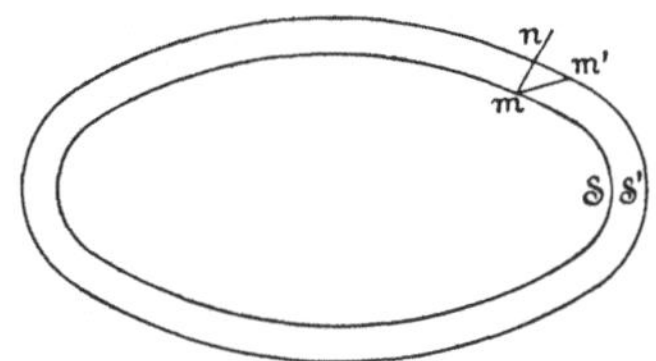

Fig. 4.

$$\alpha f + \beta g + \gamma h = -\frac{K}{4\pi}\left(\alpha \frac{\partial \psi}{\partial x} + \beta \frac{\partial \psi}{\partial y} + \gamma \frac{\partial \psi}{\partial z}\right) = -\frac{K}{4\pi} \cdot \frac{\partial \psi}{\partial n} \cdot$$

Dies ist aber gerade der Werth, den die gewöhnliche Theorie für die Dicke der elektrischen Schicht angibt.

41. In dem Vorhergehenden wurden wir zu der Annahme geführt, dass der Druck in dem Induktionsfluidum $= \psi$ ist. Wir finden uns dabei jedoch im Gegensatze mit einer anderen Theorie von Maxwell, nach welcher der Druck in einem Punkte des Dielektrikum nicht gleich dem Potential, sondern proportional $\sum\left(\frac{\partial\psi}{\partial x}\right)^2$ ist. Wir werden später auf diesen Widerspruch zurückkommen.

42. Die oben angegebene Methode ist nicht die einzige, welche man anwenden kann, um aus der Maxwell'schen Theorie die Gesetze der elektrischen Vertheilung herzuleiten. Sie hat ausserdem den Uebelstand, dass sie nicht bestehen kann, wenn das Induktionsfluidum nicht existirt, oder wenn in dem Fluidum kein Druck stattfindet. Nachdem wir bereits darauf hingewiesen haben, dass die Hypothese von einem Induktionsfluidum nur als vorübergehend zu betrachten sei, ist es nicht ohne Nutzen, noch eine andere Methode anzugeben, nach welcher man die Gesetze von der elektrischen Vertheilung erhält, ohne die Existenz dieses Fluidum voraussetzen zu müssen. Wir wollen dieselbe im Folgenden erörtern:

Damit ein System im Gleichgewichte sei, ist es nothwendig und hinreichend, dass seine potentielle Energie ein Minimum ist. Wir werden also die Bedingungen für das elektrische Gleichgewicht erhalten, indem wir ausdrücken, dass die potentielle Energie W ein Minimum ist, oder, was auf dasselbe hinauskommt, dass die Variation von W Null wird, wenn wir die f, g, h um irgend welche, mit den Bedingungsgleichungen verträgliche Grössen wachsen lassen. Was nun auch die gewählte Theorie sein möge, immer müssen f, g, h der Bedingung

$$\frac{\partial f}{\partial x}+\frac{\partial g}{\partial y}+\frac{\partial h}{\partial z}=0$$

genügen, welche die Inkompressibilität des Mediums ausdrückt.

Andrerseits betrachten wir einen beliebigen Leiter des Systems. Die Ladung M desselben muss bekannt sein; dann aber wird (cf. § 18)

$$\int(\alpha f+\beta g+\gamma h)\,d\omega=\mathrm{M}\,,$$

wobei das Integral über alle Elemente $d\omega$ der Oberfläche des Leiters auszudehnen ist; α, β, γ bezeichnen die Richtungskosinus der Normalen auf diesem Elemente und M eine gegebene Konstante.

Da die Variation der potentiellen Energie Null sein muss, so gilt (cf. § 34):

$$\delta\mathrm{W}=\int\frac{4\pi}{\mathrm{K}}(f\delta f+g\delta g+h\delta h)\,d\tau=0\,,$$

wobei das Integral über alle Volumenelemente $d\tau$ des Dielektrikum auszudehnen ist.

Aus den Bedingungsgleichungen folgt weiter:

$$\frac{\partial}{\partial x}\,\delta f + \frac{\partial}{\partial y}\,\delta g + \frac{\partial}{\partial z}\,\delta h = 0\,,$$

$$\int [\alpha\,\delta f + \beta\,\delta g + \gamma\,\delta h)\,d\omega = 0\,.$$

Die Variationsrechnung lehrt uns, dass eine Funktion ψ existirt, welche der Bedingung genügt, dass:

$$\int \left[\frac{4\pi}{\mathrm{K}}\sum f\,\delta f - \psi\sum\frac{\partial}{\partial x}\,\delta f\right] d\tau = 0\,.$$

Durch partielle Integration des zweiten Terms in der Klammer erhalten wir:

$$\int \left[\frac{4\pi}{\mathrm{K}}\sum f\delta f + \sum\frac{\partial\psi}{\partial x}\,\delta f\right] d\tau - \int (\alpha\psi\delta f + \beta\psi\delta g + \gamma\psi\delta h)\,d\omega = 0\,.$$

Soll diese Gleichung identisch erfüllt werden, so müssen alle Elemente des ersten Integrals Null sein, also:

$$\frac{4\pi}{\mathrm{K}}\,f + \frac{\partial\psi}{\partial x} = 0\,.$$

Dies ist aber genau die von Maxwell aufgestellte Beziehung. So bleibt schliesslich noch:

$$\int \psi\,(\alpha\delta f + \beta\delta g + \gamma\delta h)\,d\omega = 0\,,$$

wobei das Integral sich auf alle Elemente der Oberfläche von allen Leitern erstreckt.

Diese Gleichung muss für alle Werthe δf, δg, δh erfüllt werden, welche den Bedingungsgleichungen genügen, d. h. es muss für jeden der Leiter gelten:

$$\int (\alpha\delta f + \beta\delta g + \gamma\delta h)\,d\omega = 0\,.$$

Die Regeln der Variationsrechnung sagen aber aus, dass dies nur dann stattfinden kann, wenn ψ auf der Oberfläche eines jeden der Leiter konstant ist.

So besitzt denn das Potential ψ in allen Punkten der Oberfläche jedes Leiters einen konstanten Werth, dieser Werth aber kann von einem zum andern Konduktor schwanken.

Kapitel III.

Theorie der Dielektrika von Poisson. Wie lässt sich dieselbe auf die Maxwell'sche Theorie zurückführen?

---

43. Hypothesen von Poisson über die Zusammensetzung der Dielektrika. In der Poisson'schen Theorie spielen die Dielektrika eine weit weniger wichtige Rolle als bei Maxwell. Nach Poisson hat nämlich das Dielektrikum nur die Bewegung der Elektricität zu hindern. Aber um die Zunahme der Kapacität eines Kondensators zu erklären, wenn man in ihm die Luft durch eine andere, nicht leitende Substanz ersetzt, ist eine Hypothese nothwendig. Eine analoge Schwierigkeit, welche in der Theorie des Magnetismus entsteht, wurde von Poisson auf folgende Weise beseitigt.

Es handelte sich um die Erklärung des inducirten Magnetismus. Poisson nimmt an, dass ein durch Induktion magnetisirtes Stück weichen Eisens aus einer Menge magnetischer Elemente bestehe, welche von einander durch sehr kleine Zwischenräume getrennt seien, die dem Magnetismus „nicht zugänglich sind". In jedem dieser Elemente, denen Poisson der Einfachheit halber kugelige Gestalt zuschreibt, können die beiden magnetischen Fluida sich trennen und frei cirkuliren.

Mosotti hatte nur diese Theorie auf die Elektrostatik zu übertragen, um die in einem Dielektrikum beobachteten Erscheinungen zu erklären. In dieser Hypothese ist die Luft das einzige, homogene Dielektrikum; die anderen Dielektrika denkt er sich aus kleinen, leitenden Kugeln zusammengesetzt, die in einer nicht leitenden Substanz zerstreut liegen; die letztere hat dieselben Eigenschaften, wie die Luft. Die dem specifischen Induktionsvermögen zugeschriebenen Erscheinungen lassen sich dann durch die anziehenden und abstossenden Wirkungen der Elektricität erklären, welche durch Influenz in den leitenden Kugeln erzeugt wird.

44. In dieser Theorie wie in der Maxwell'schen gibt es Verschiebungsströme: Wir nehmen an, es befinde sich in der Umgebung der elektrisirten Leiter ein anderes Dielektrikum als Luft; dann wird die neutrale Elektricität der leitenden Kugeln im Dielektrikum vertheilt, und zwar wird eine Halbkugel positiv, die andere negativ geladen. Setzt man nun die Leiter in Verbindung mit dem Boden, so hört der Einfluss auf die Kugeln im Dielektrikum auf zu wirken, und diese Kugeln erlangen wiederum den neutralen Zustand. Die Elektricität verschiebt sich also von einer Halbkugel zur andern und es treten somit Verschiebungsströme auf.

Es ist wahrscheinlich, dass Maxwell durch die Ansicht von Poisson und Mosotti über die Natur der Dielektrika zu seiner Theorie geführt wurde. Er sagt zwar, er habe dieselbe aus den Arbeiten von Faraday geschöpft und die Gesichtspunkte dieses berühmten Physikers nur in ein mathematisches Gewand gekleidet; Faraday selbst aber hatte die Ideen von Mosotti übernommmn (cf. Experimental Researches, Faraday serie XIV, § 1679)[1]. Wir müssen hierbei noch bemerken, dass, wie sich bald zeigen wird, die Intensität der Verschiebungsströme nach der Theorie von Poisson und derjenigen von Maxwell nicht denselben Werth besitzt. Jedoch werden wir nachweisen, wie man beide Theorien zur Uebereinstimmung zu bringen vermag.

45. Man hat unglücklicher Weise gegen die Theorie des Magnetismus von Poisson schwerwiegende Einwände erhoben, und es ist allerdings sicher, dass die Ableitungen des gelehrten Mathematikers an Strenge zu wünschen übrig lassen. Die Einwürfe richten sich natürlich auch gegen die Theorie von Mosotti, welche sich von der ersteren, was den mathematischen Gesichtspunkt anbelangt, nicht unterscheidet.

Dieser Umstand bestimmt mich, Poisson's Ableitungen hier nicht wiederzugeben, ich beschränke mich vielmehr darauf, den Leser, welcher sich eingehender damit zu beschäftigen wünscht, auf folgende Quellen zu verweisen: Der Originalaufsatz von Poisson über die Theorie des Magnetismus ist im V. Bande der Mémoires de l'Académie des Sciences (1821—1822) erschienen. Eine mehr elementare Theorie, welche aber denselben Einwürfen unterliegt, enthält der erste Band der „Leçons sur l'Électricité et le Magnetisme“ von Mascart und Joubert (pag. 162—177)[2]. Es ist dies dieselbe, die ich in meinen Vorlesungen entwickelt hatte.

---

[1]) Deutsche Ausgabe von Kalischer. Berlin, Jul. Springer.

[2]) Deutsche Ausgabe von Levy. Berlin, Jul. Springer.

Ebenso verweise ich auf den Artikel 314 der zweiten Ausgabe des Maxwell[1]), in dem der englische Gelehrte in einer höchst originellen Weise eine Theorie entwickelt, welche dem mathematischen Gesichtspunkte nach mit derjenigen von Poisson und Mosotti übereinstimmt, die sich aber auf ein ganz anderes physikalisches Problem bezieht, nämlich auf das eines elektrischen Stromes durch einen anisotropen Leiter.

Endlich möchte ich noch ganz besonders die Lektüre des Aufsatzes von Duhem über die Magnetisirung durch Induktion empfehlen (Paris, Gauthier-Villars 1888 und Annales de la Faculté des Sciences de Toulouse), in welcher die Berechnungen von Poisson und die Einwände, welche man dagegen erheben kann, mit der grössten Klarheit auseinandergesetzt werden.

Ich gehe nunmehr dazu über, die Theorie zu entwickeln, wobei ich mich von diesen Einwürfen frei zu machen suchen will. Zu diesem Zwecke muss ich die Vertheilung der inducirten Elektricität durch eine in einem gleichförmigen Felde befindliche Kugel kennen.

46. Kugel in einem gleichförmigen Felde. Wir betrachten eine in einem gleichförmigen elektrischen Felde befindliche leitende Kugel und bezeichnen mit ψ den Werth des Potentials, das von den ausserhalb befindlichen elektrischen Massen in einem Punkte dieses Feldes hervorgerufen wird. Die elektrische Kraft, welche auf die Einheit der in irgend welchem Punkte befindlichen elektrischen Masse wirkt, hat zu Komponenten:

$$-\frac{\partial \psi}{\partial x}; \qquad -\frac{\partial \psi}{\partial y}; \qquad -\frac{\partial \psi}{\partial z}.$$

Legt man die X-Axe parallel zu den Kraftlinien des Feldes, so ist diese elektrostatische Kraft, welche wir mit φ bezeichnen wollen

$$\varphi = -\frac{\partial \psi}{\partial x}.$$

Die in dem Felde befindliche leitende Kugel wird durch Influenz elektrisirt, und das elektrische Gleichgewicht ist erreicht, wenn die durch die Vertheilung auf der Kugeloberfläche hervorgerufene elektrostatische Kraft in jedem Punkte des Innern φ gleich und entgegengesetzt gerichtet ist. Wir suchen nun den Ausdruck für diese Kraft.

---

[1]) Deutsche Ausgabe von Weinstein. Berlin, Jul. Springer.

47. Befindet sich die leitende Kugel im neutralen Zustande, so können wir uns vorstellen, dass sie aus zwei gleichen Kugeln mit demselben Mittelpunkte besteht, von denen die eine mit positiver, die andere mit einer gleichen Menge negativer Elektricität geladen ist; jede dieser Ladungen befinde sich nicht nur auf der Oberfläche, sondern sei auch im ganzen Innern der Kugel gleichförmig verbreitet. Die Resultante der durch diese Kugeln auf einen äusseren Punkt ausgeübten Wirkungen ist offenbar gleich Null. Verschieben wir die negative Kugel so, dass ihr Mittelpunkt in O' zu liegen kommt (Fig. 5), während der Mittelpunkt der positiven Kugel in O

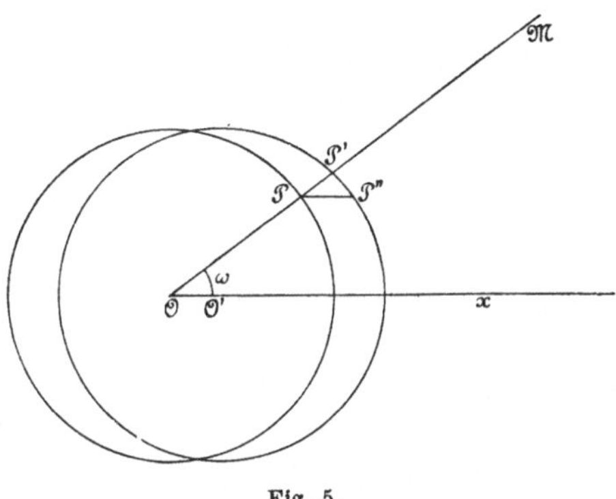

Fig. 5.

bleibt, so heben sich die Wirkungen dieser Kugeln nicht mehr auf. Wir können also die der Influenz unterworfene leitende Kugel als aus zwei Kugeln bestehend auffassen, die im entgegengesetzten Sinne elektrisirt sind und deren Centra nicht mehr zusammenfallen.

48. Bekanntlich ist die Anziehung einer homogenen Kugel auf einen in ihrem Innern in der Entfernung r vom Mittelpunkte befindlichen Punkt dieselbe, als wenn die in der Kugel vom Radius r vorhandene Masse im Mittelpunkte derselben vereinigt wäre. Nennt man ϱ die elektrische Dichtigkeit in jedem Punkte der Kugel, so erhält man für die elektrostatische Kraft, welche auf den betrachteten Punkt ausgeübt wird

$$\mathrm{F} = \frac{1}{r^2} \cdot \frac{4}{3} r^3 \pi \varrho = \frac{4}{3} r \pi \varrho .$$

Bezeichnet man mit x_0, y_0, z_0 die Koordinaten des Kugelmittelpunktes, mit x, y, z die Koordinaten des betrachteten Punktes, so sind die Komponenten der Anziehung, welche von der Kugel auf die in einem

Punkte ihres Innern befindliche elektrische Masseneinheit ausgeübt wird, resp.:

$$\frac{4}{3}\pi(x-x_0)\varrho; \qquad \frac{4}{3}\pi(y-y_0)\varrho; \qquad \frac{4}{3}\pi(z-z_0)\varrho.$$

49. Wir wollen diese Formeln auf zwei Kugeln anwenden, welche die durch Influenz elektrisirte leitende Kugel ersetzen. Wählen wir als Koordinatenanfang den Mittelpunkt O der positiven Kugel und als X-Axe die Verbindungslinie der beiden Mittelpunkte O—O′, dann erhalten wir für die X-Komponenten des Zusammenwirkens der Kräfte, welche die beiden Kugeln auf die in einem Punkte des Innern x, y, z befindliche Einheit elektrischer Masse ausüben,

$$\frac{4}{3}\pi\varrho x - \frac{4}{3}\pi\varrho(x-x_0) = \frac{4}{3}\pi\varrho x_0,$$

wobei x_0 die Abscisse von O′ bezeichnet. Die Komponenten nach den Y- und Z-Axen sind, wie man leicht sieht, gleich Null. Damit also ein im Innern der Kugel befindliches elektrisches Molekül unter der Wirkung des gleichförmigen Feldes φ und der durch Influenz auf der Kugel hervorgerufenen Elektricität im Gleichgewicht sei, muss die Verbindungslinie der Mittelpunkte der positiven und negativen Kugel dem Felde parallel sein und die Entfernung dieser Mittelpunkte der Gleichung

$$\varphi = -\frac{4}{3}\pi\varrho x_0$$

genügen.

Da ausserdem die Dichtigkeiten der Kugeln nur der Bedingung unterliegen, dass sie absolut genommen gleich sein müssen, so können wir annehmen, dass diese Dichtigkeiten $+1$ und -1 sind; dann erhalten wir:

$$\varphi = -\frac{4}{3}\pi x_0, \tag{1}$$

eine Gleichung, welche uns die Entfernung der Mittelpunkte beider Kugeln liefert.

50. Wir können leicht den Werth des Potentials finden, das von einer influenzirten Kugel herrührt und in einem Punkte M ausserhalb dieser Kugel gilt. Da die Anziehung einer homogenen Kugel auf einen Aussenpunkt dieselbe ist, als wenn die ganze elektrische Masse im Mittelpunkte vereinigt wäre, so erhalten wir für das Potential in M den Ausdruck:

$$\frac{4}{3}\pi R^3\left(\frac{1}{r}-\frac{1}{r'}\right)=\frac{4}{3}\pi R^3\frac{r'-r}{r\,r'},$$

worin R den Radius jeder der Kugeln bedeutet, r und r' die Entfernung des Punktes M von den Mittelpunkten O und O'. Wir nennen den Winkel zwischen der Richtung O M und der X-Axe $=\omega$ und vernachlässigen die unendlich kleinen Grössen zweiter Ordnung, indem wir x_0 als Grösse erster Ordnung betrachten. Dann lässt sich der vorhergehende Ausdruck folgendermaassen schreiben:

$$-\frac{4}{3}\pi R^3\frac{x_0\cos\omega}{r^2}$$

oder mit Berücksichtigung der Gleichung (1)

$$\varphi R^3\frac{\cos\omega}{r^2}. \tag{2}$$

51. Die elektrische Vertheilung auf der inducirten Kugel erhält man auf ebenso einfache Weise. Die Dicke der negativen Schicht in einem Punkte P ist

$$PP'=PP''\cos\omega=x_0\cos\omega=-\frac{3\varphi\cos\omega}{4\pi};$$

demnach ist die Dicke der elektrischen Oberflächenschicht der Grösse und dem Vorzeichen nach durch den Ausdruck $\frac{3\varphi\cos\omega}{4\pi}$ gegeben.

Man nennt eine leitende Kugel, auf welcher die elektrische Vertheilung dieselbe ist, als wenn sie sich innerhalb eines gleichförmigen Feldes befände, polarisirt.

52. Polarisation der Dielektrika. Wir betrachten nun ein Dielektrikum, das nach der Theorie von Mosotti zusammengesetzt sein soll und der Einwirkung von ausserhalb gelegenen elektrisirten Körpern unterworfen ist. Jede der Kugeln, die es enthält, wird sich polarisiren. In der That kann, da die Dimensionen der Kugeln sehr gering sind, das elektrische Feld in der Nachbarschaft einer jeden als gleichförmig betrachtet werden.

Es ist wahr, dass die elektrische Vertheilung auf der Oberfläche von einer dieser Kugeln durch den Einfluss der benachbarten Kugeln gestört werden kann; wir brauchen jedoch diese Störungen nicht in Rechnung zu ziehen, denn

1. haben bei der unregelmässigen Vertheilung der Kugeln diese Einwirkungen das Bestreben, sich gegenseitig zu neutralisiren.

2. Wenn man auch annimmt, dass die Vertheilung auf der Oberfläche einer Kugel nicht ebenso stattfindet, wie es in einem gleichförmigen Felde der Fall wäre, so werden doch diese Unregelmässigkeiten wiedergegeben durch Kugelfunktionen höherer Ordnung. Betrachtet man demnach das Potential in einem Punkte, welcher in einer Entfernung r vom Mittelpunkte der Kugel liegt, dann werden die Terme, welche von diesen Unregelmässigkeiten abhängen, eine höhere Potenz von $\frac{1}{r}$ enthalten, und zu vernachlässigen sein, wenn r im Verhältnisse zum Radius der Kugel sehr gross ist.

Wir können also sagen: Ein Dielektrikum, dessen sämmtliche Kugeln polarisirt sind, ist selbst polarisirt.

53. Wir haben jetzt die Komponenten der elektrischen Polarisation zu definiren, welche demjenigen entsprechen, was man in der Theorie des Magnetismus als Komponenten der Magnetisirung bezeichnet.

Weiter oben fanden wir, dass das Potential der Kugel auf einen äusseren Punkt war:

$$\varphi R^3 \frac{\cos \omega}{r^2} \qquad \text{oder} \qquad = -\frac{3}{4\pi} u \varphi \frac{\partial \frac{1}{r}}{\partial x},$$

wenn wir mit u das Volumen der Kugel bezeichnen.

Hätte man beliebige Koordinatenaxen gewählt, so würden wir für das Potential der polarisirten Kugel, deren Mittelpunkt die Koordinaten x, y, z besitzt, gefunden haben:

$$-\frac{3u}{4\pi}\left(\frac{\partial \psi}{\partial x} \cdot \frac{\partial \frac{1}{r}}{\partial x} + \frac{\partial \psi}{\partial y} \cdot \frac{\partial \frac{1}{r}}{\partial y} + \frac{\partial \psi}{\partial z} \cdot \frac{\partial \frac{1}{r}}{\partial z}\right).$$

Wir denken uns nun ein Volumenelement $d\tau$ des Dielektrikum, das eine sehr grosse Anzahl n von Kugeln enthält, die jedoch immerhin klein genug ist, um das Feld als gleichförmig ansehen zu können. Das Potential der n in diesem Elemente enthaltenen Kugeln wird dann sein:

$$-\frac{3nu}{4\pi}\left(\frac{\partial \psi}{\partial x} \cdot \frac{\partial \frac{1}{r}}{\partial x} + \frac{\partial \psi}{\partial y} \cdot \frac{\partial \frac{1}{r}}{\partial y} + \frac{\partial \psi}{\partial z} \cdot \frac{\partial \frac{1}{r}}{\partial z}\right).$$

Setzen wir $n u = h\, d\tau$, wobei h das Verhältniss zwischen dem Volumen der Kugeln und dem totalen Volumen des Dielektrikum bezeichnet, und führen ausserdem ein:

$$\mathrm{A} = -\frac{3h}{4\pi}\cdot\frac{\partial\psi}{\partial x}; \qquad \mathrm{B} = -\frac{3h}{4\pi}\cdot\frac{\partial\psi}{\partial y}; \qquad \mathrm{C} = -\frac{3h}{4\pi}\cdot\frac{\partial\psi}{\partial z},$$

dann erhalten wir für das Potential, das von dem polarisirten Elemente $d\tau$ herührt:

$$d\tau\left(\mathrm{A}\,\frac{\partial\frac{1}{r}}{\partial x} + \mathrm{B}\,\frac{\partial\frac{1}{r}}{\partial y} + \mathrm{C}\,\frac{\partial\frac{1}{r}}{\partial z}\right).$$

Die drei Grössen A, B, C sind die Komponenten der Polarisation, und das von dem gesammten Dielektrikum herrührende Potential lässt sich schreiben in der Form:

$$\mathrm{V} = \int d\tau\left(\mathrm{A}\,\frac{\partial\frac{1}{r}}{\partial x} + \mathrm{B}\,\frac{\partial\frac{1}{r}}{\partial y} + \mathrm{C}\,\frac{\partial\frac{1}{r}}{\partial z}\right),$$

wobei das Integral über das ganze Dielektrikum ausgedehnt werden muss; oder durch theilweise Integration:

$$(3) \qquad \mathrm{V} = \int\frac{d\omega}{r}\,(l\,\mathrm{A} + m\,\mathrm{B} + n\,\mathrm{C}) - \int\frac{d\tau}{r}\left(\frac{\partial\mathrm{A}}{\partial x} + \frac{\partial\mathrm{B}}{\partial y} + \frac{\partial\mathrm{C}}{\partial z}\right).$$

Das erste Integral erstreckt sich über alle Elemente $d\omega$ der Oberfläche, welche das Dielektrikum begrenzt; l, m und n bezeichnen die Richtungskosinus der Normalen auf dieser Oberfläche. Das zweite Integral ist über das ganze Volumen des Dielektrikum auszudehnen.

54. Es sei nun V_1 das von den ausserhalb befindlichen elektrisirten Körpern herrührende Potential und s eine der kleinen leitenden Kugeln, deren Mittelpunkt in einem beliebigen Punkte O liegen möge. Um die Bedingungen des elektrischen Gleichgewichts auf dieser Kugel zu finden, theilen wir das Volumen des Dielektrikum in zwei Theilvolumina v' und v''; das zweite dieser Volumina soll sehr klein sein und die Kugel s enthalten.

Ein in O befindliches elektrisches Molekül muss im Gleichgewichte sein unter dem Einflusse:

1. der äusseren, elektrisirten Körper,

2. des Volumen v' des Dielektrikum,

3. der übrigen, im Innern von v'' gelegenen Kugeln, abgesehen von s,

4. der Kugel s.

Wir setzen voraus, dass das Volumen v'', wenn es auch eine sehr grosse Anzahl von Kugeln enthält, doch genügend klein ist, um die Komponenten A, B, C als konstant betrachten zu dürfen, und wir wählen die Lage der Koordinatenaxen so, dass B und C, demnach auch $\frac{\partial \psi}{\partial y}$ und $\frac{\partial \psi}{\partial z}$ Null werden.

Es müssen sich nun die Komponenten aller dieser Wirkungen nach der X-Axe zerstören.

Um jede Verwirrung zu vermeiden, wollen wir für den Augenblick die Koordinaten des anziehenden Punktes x, y, z nennen, diejenigen des angezogenen Punktes ξ, η, ζ, so dass

$$r^2 = (x - \xi)^2 + (y - \eta)^2 + (z - \zeta)^2.$$

Wir bezeichnen mit ψ das Potential des gleichförmigen Feldes, welches auf jeder der leitenden Kugeln die augenblicklich herrschende Polarisation hervorbringen würde, und das gesammte vorhandene Potential mit $V + V_1 = U$. Die Komponenten der Wirkungen des gleichförmigen Feldes bezeichnen wir auch fernerhin mit $-\frac{\partial \psi}{\partial x}$; $-\frac{\partial \psi}{\partial y}$; $-\frac{\partial \psi}{\partial z}$.

Die von den äusseren Körpern herrührende Komponente wird $-\frac{\partial V_1}{\partial \xi}$ sein, die von der Kugel s herrührende: $+\frac{\partial \psi}{\partial x}$, da die Kugel nach unserer Voraussetzung so polarisirt ist, wie sie es unter der Wirkung eines gleichförmigen Feldes von der Intensität $-\frac{\partial \psi}{\partial x}$ sein würde.

55. Wenn die Oberfläche σ, welche die beiden Theilvolumina v' und v'' trennt, passend gewählt wird, so wird die Wirkung der Kugeln ausser s, welche noch innerhalb v'' liegen, Null.

Es seien a, b, c die Koordinaten des Mittelpunkts einer dieser Kugeln, während der Punkt O als Koordinatenanfang gewählt werden soll. Dann hat die elektrostatische Kraft, welche durch diese Kugel im Punkte O ausgeübt wird, als Komponente in der Richtung der X-Axe:

$$-\frac{3u}{4\pi}\cdot\frac{\partial\psi}{\partial x}\cdot\frac{\partial^2\frac{1}{r}}{\partial x^2}=\frac{3u}{4\pi}\cdot\frac{\partial\psi}{\partial x}\cdot\frac{a^2+b^2+c^2-3a^2}{(a^2+b^2+c^2)^{\frac{5}{2}}}.$$

Hieraus ergibt sich, dass die Wirkungen der drei Kugeln, deren Mittelpunkte durch die Koordinaten

$$(a, b, c);\ (b, c, a);\ (c, a, b)$$

bestimmt sind, sich gegenseitig zerstören.

Besitzt also die Oberfläche σ kubische Symmetrie und ändert sich dieselbe nicht, wenn man die drei Koordinatenaxen vertauscht, dann werden sich die Wirkungen der verschiedenen im Innern dieser Oberfläche enthaltenen Kugeln aufheben. *Nur weil Poisson diese Annahme nicht gemacht hatte, ist seine Ableitung nicht streng richtig.*

Wir wollen nun zur Fixirung der Vorstellung voraussetzen, dass die Oberfläche σ eine Kugel ist, deren Mittelpunkt in O liegt.

56. Es bleibt dann noch die Wirkung des Volumens v' zu bestimmen. Diese ist gleich

$$-\frac{\partial V'}{\partial\xi},$$

wenn wir unter V′ das Integral:

$$\int d\tau\left(A\frac{\partial\frac{1}{r}}{\partial x}+B\frac{\partial\frac{1}{r}}{\partial y}+C\frac{\partial\frac{1}{r}}{\partial z}\right),$$

ausgedehnt über das Volumen v', verstehen, und wir erhalten

$$V'=V-V'',$$

wobei V″ dasselbe Integral bedeutet, das über das Volumen v'' zu erstrecken ist. Hieraus folgt:

$$\frac{\partial V'}{\partial\xi}=\frac{\partial V}{\partial\xi}-\frac{\partial V''}{\partial\xi}.$$

Ausserdem aber gilt, wie wir weiter oben gesehen haben

$$V''=\int\frac{d\omega}{r}(lA+mB+nC)-\int\frac{d\tau}{r}\left(\frac{\partial A}{\partial x}+\frac{\partial B}{\partial y}+\frac{\partial C}{\partial z}\right),$$

wobei sich das erste Integral auf die Oberfläche σ und das zweite auf das Volumen v'' bezieht.

Hieraus ergibt sich:

$$\frac{\partial V''}{\partial \xi} = \int \frac{d\omega}{r^3} x (lA + mB + nC) - \int \frac{d\tau}{r^3} x \left(\frac{\partial A}{\partial x} + \frac{\partial B}{\partial y} + \frac{\partial C}{\partial z}\right).$$

Ist der Radius der Kugel unendlich klein, so ist dasselbe auch für den Werth des zweiten Integrals der Fall, nicht aber für denjenigen des ersten Integrals.

Ausserdem aber sind unter dieser Voraussetzung A, B und C als Konstante zu betrachten, und wir haben bereits angenommen, dass B und C Null sein sollen. Dann ergibt sich:

$$\frac{\partial V''}{\partial \xi} = A \int \frac{x\, l}{r^3}\, d\omega .$$

Nun ist aber l der Richtungskosinus der Normalen auf der Kugeloberfläche, $= \frac{x}{r}$, und somit:

$$\frac{\partial V''}{\partial \xi} = A \int \frac{x^2}{r^4}\, d\omega = \frac{4}{3} \pi A .$$

57. Die Gleichgewichtsbedingung lässt sich nun schreiben:

$$-\frac{\partial V_1}{\partial \xi} + \frac{\partial \psi}{\partial x} - \frac{\partial V}{\partial \xi} + \frac{4}{3} \pi A = 0$$

oder:

$$\frac{\partial (V + V_1)}{\partial \xi} = \frac{\partial U}{\partial \xi} = \frac{4}{3} \pi \left(1 - \frac{1}{h}\right) A .$$

Hätte man, anstatt die Polarisationsrichtung im betrachteten Punkte als Axe zu nehmen, ganz beliebige Axen gewählt, so würde man an Stelle der einzigen Gleichung, die wir soeben abgeleitet haben, folgende Gleichungen erhalten haben:

$$(1 - K) \frac{\partial U}{\partial x} = 4 \pi A ,$$

$$(1 - K) \frac{\partial U}{\partial y} = 4 \pi B ,$$

$$(1 - K) \frac{\partial U}{\partial z} = 4 \pi C ,$$

worin zur Abkürzung gesetzt ist:

$$(K-1)=\frac{3h}{1-h},$$

also:

$$h=\frac{K-1}{K+2}.$$

Wir schreiben ausserdem den gewöhnlichen Bezeichnungen gemäss $\frac{\partial U}{\partial x}$ für $\frac{\partial U}{\partial \xi}$, was keine Unzuträglichkeiten mit sich bringt, da eine Verwechselung nicht mehr zu befürchten ist.

58. Differentiirt man diese drei Gleichungen resp. nach x, y und z und addirt sie, so folgt:

$$-\frac{\partial}{\partial x}\left(K\frac{\partial U}{\partial x}\right)-\frac{\partial}{\partial y}\left(K\frac{\partial U}{\partial y}\right)-\frac{\partial}{\partial z}\left(K\frac{\partial U}{\partial z}\right)+\Delta U$$
$$=4\pi\left(\frac{\partial A}{\partial x}+\frac{\partial B}{\partial y}+\frac{\partial C}{\partial z}\right).$$

Nun ist V_1 das von den ausserhalb befindlichen Körpern herrührende Potential, es ist deshalb $\Delta V_1=0$.

Andrerseits zeigt die Gleichung (3), dass V als Potential einer Oberflächenschicht von der Dichtigkeit

$$(lA+mB+nC)$$

angesehen werden kann, welche auf der Oberfläche des Dielektrikum ausgebreitet ist, weniger dem Potential einer in diesem ganzen Volumen verbreiteten Elektricitätsmenge von der Dichtigkeit

$$\left(\frac{\partial A}{\partial x}+\frac{\partial B}{\partial y}+\frac{\partial C}{\partial z}\right).$$

Hieraus folgt, dass

$$\Delta U=\Delta V=4\pi\left(\frac{\partial A}{\partial x}+\frac{\partial B}{\partial y}+\frac{\partial C}{\partial z}\right)$$

und demnach:

$$\frac{\partial}{\partial x}\left(K\frac{\partial U}{\partial x}\right)+\frac{\partial}{\partial y}\left(K\frac{\partial U}{\partial y}\right)+\frac{\partial}{\partial z}\left(K\frac{\partial U}{\partial z}\right)=0.$$

Nun bedeutet $U=V+V_1$ das Potential; die Vergleichung der

eben abgeleiteten Gleichung mit den Fundamentalgleichungen der Elektrostatik zeigt demnach, dass K nichts anderes ist, als das Induktionsvermögen.

59. Es ist also in einem nach der Ansicht von Mossotti zusammengesetzten Dielektrikum, welches das Induktionsvermögen K besitzt, das Verhältniss des durch die Kugeln angefüllten Raumes zum Gesammtvolumen gegeben durch

$$h = \frac{K - 1}{K + 2}.$$

Ausserdem findet man:

$$(1 - K)\frac{\partial U}{\partial x} = 4\pi A = -3h\frac{\partial \psi}{\partial x}.$$

Die elektrische Verschiebung nach der Maxwell'schen Theorie lässt sich dann folgendermaassen ausdrücken:

$$f = -\frac{K}{4\pi}\cdot\frac{\partial U}{\partial x} = -\frac{3h}{4\pi}\cdot\frac{K}{K-1}\cdot\frac{\partial \psi}{\partial x} = -\frac{3}{4\pi}\cdot\frac{K}{K+2}\cdot\frac{\partial \psi}{\partial x}.$$

Die beiden anderen Komponenten der Verschiebung sind Null, wenn wir unserer Voraussetzung gemäss als X-Axe die Polarisationsrichtung im betrachteten Punkte wählen. Nennen wir gleichzeitig mit Bezug auf unsere Bemerkungen im § 46 φ die Intensität des gleichförmigen Feldes, welches unsre kleinen Kugeln in einen ebensolchen Zustand der Polarisation versetzen würde, in dem sie sich thatsächlich befinden, so erhalten wir:

$$\varphi = -\frac{\partial \psi}{\partial x}$$

und

$$f = \frac{3}{4\pi}\cdot\frac{K}{K+2}\,\varphi. \tag{4}$$

60. Wir haben gesehen, dass in der Theorie von Poisson und Mossotti die Polarisation der kleinen, leitenden Kugeln sich ändert, wenn man das elektrische Feld verändert, in welchem sie sich befinden, und dass die Ströme, welche in diesen kleinen Kugeln entstehen und eine Folge dieser Veränderung sind, mit den Verschiebungsströmen von Maxwell identificirt werden dürfen. Es ist wichtig, die Intensität dieser Verschiebungsströme in den beiden Theorien vergleichen zu können.

Zu diesem Zwecke werde ich den Werth f' der elektrischen Verschiebung in der Mossotti'schen Theorie berechnen und denselben mit dem soeben gefundenen Werthe f vergleichen.

Jede unserer Kugeln ist polarisirt, als ob sie der Wirkung eines gleichförmigen Feldes von der Intensität φ unterworfen wäre.

Nun ist nach dem, was wir in § 49 gefunden haben, der ganze Vorgang so beschaffen, als ob zwei Kugeln von demselben Radius vorhanden wären, deren eine mit positivem Fluidum von der Dichtigkeit 1, die andere mit negativem Fluidum von derselben Dichtigkeit erfüllt ist, und als ob die negative Kugel, welche im normalen Gleichgewichtszustande mit der positiven Kugel zusammenfiele, unter dem Einflusse eines gleichförmigen Feldes von der Intensität φ eine Verschiebung x_0 erlitte, welche durch die Formel

$$\varphi = -\frac{4}{3}\pi x_0$$

gegeben ist.

Alles wird also so vor sich gehen, als ob eine gemeinsame Verschiebung der elektrischen Fluida in sämmtlichen kleinen Kugeln stattfände. Aber die leitenden Kugeln nehmen nicht den gesammten Raum des Dielektrikum ein, sie sind vielmehr durch ein isolirendes Medium von einander getrennt, das dieselben Eigenschaften, wie die Luft besitzt, und die Summe ihrer Volumina steht zum gesammten Volumen des Dielektrikum im Verhältnisse von $h:1$. Die Summe der positiven Ladungen, welche sich auf diesen Kugeln befinden, ist also h mal kleiner, als die Summe dieser Ladungen in der Hypothese, nach welcher das ganze Volumen des Dielektrikum durch leitende Kugeln gebildet würde. Da das gleiche für die negativen Ladungen stattfindet, so kommt es auf dasselbe hinaus, als wenn man annimmt, dass jedes der Fluida im ganzen Dielektrikum ausgebreitet ist, jedoch nur die Dichtigkeit h besitzt, oder dass jedes von ihnen nur einen Bruchtheil h vom Volumen des Dielektrikum, aber mit einer Dichtigkeit $= 1$, erfüllt. Die Grösse der mittleren Verschiebung wird offenbar in beiden Fällen dieselbe sein. Nehmen wir die erste Hypothese an, so können wir auf die dielektrische Kugel die Formeln des § 49 anwenden, wenn wir darin nur x_0 durch hx_0 ersetzen, da in diesen Formeln die Dichtigkeit 1 vorausgesetzt wurde und dieselbe in unserem Falle nur $= h$ ist. Diese Grösse hx_0 gibt also die mittlere Verschiebung an, welche das negative Fluidum in dem Dielektrikum unter der Einwirkung des Feldes erleidet. Ersetzen wir x_0 durch seinen aus der Gleichung (1) entnommenen Werth, so erhalten wir für diese Verschiebung $-h\frac{3\varphi}{4\pi}$, und demnach für die Verschiebung des positiven Fluidum im Verhältniss zum negativen Fluidum, die sich nur durch das Vorzeichen von der vorhergehenden unterscheidet

$$f' = h\frac{3\varphi}{4\pi}.$$

Nun hat man:

$$(5) \qquad h = \frac{K-1}{K+2}.$$

Wenn nun auch nach dieser Gleichung die äusseren Verhältnisse dieser Dielektrika in den beiden Theorien dieselben sind, so haben doch die Intensitäten der Verschiebungsströme in beiden nicht denselben Werth. Führen wir nämlich diesen Werth h in den Ausdruck für f' ein, so erhalten wir für die Grösse der Verschiebung nach der Poisson'schen Theorie:

$$(6) \qquad f' = \frac{3\varphi}{4\pi} \cdot \frac{K-1}{K+2},$$

welche von der durch die Formel (4) gegebenen Verschiebung nach der Maxwell'schen Theorie wesentlich abweicht. Das Verhältniss dieser Grössen wird:

$$(7) \qquad \frac{f'}{f} = \frac{K-1}{K}.$$

Dies ist auch das Verhältniss der Intensitäten der Verschiebungsströme in den beiden Theorien. In der Luft ist die Intensität des Verschiebungsstromes = Null, wenn man die Annahmen von Poisson zu Grunde legt, da die Formel (6) für $K = 1 : f' = 0$ gibt, und da das specifische Induktionsvermögen der Luft gleich 1 ist. In der Maxwell'schen Theorie hat die Verschiebung in der Luft nach der Formel (4) den Werth $f = \frac{\varphi}{4\pi}$, und in Folge dessen ist, entgegen dem Ergebnisse der Poisson'schen Theorie, die Intensität des Verschiebungsstromes in diesem Medium nicht gleich Null. Hierin besteht der wichtigste Unterschied zwischen den beiden Theorien, deren Konsequenzen wir soeben verglichen haben.

61. Modification der Theorie von Poisson. Zellen. Es ist jedoch möglich, wie wir schon im Anfange dieses Kapitels bemerkten, durch Einführung einiger sekundärer Abänderungen die Resultate der Poisson'schen Theorie mit denjenigen der Maxwell'schen in Uebereinstimmung zu bringen. Dies wollen wir nun nachweisen.

Zunächst ist zu bemerken, dass die Formeln (5) und (7), welche h und das Verhältniss der Verschiebungen geben, nicht homogen sind, was daher kommt, dass wir das specifische Induktionsvermögen der Substanz, welche nach der Poisson'schen Theorie die leitenden Kugeln trennt, gleich 1 gesetzt haben.

Es ist leicht nachzuweisen, dass, wenn wir mit K_1 das Induktionsvermögen dieser Substanz bezeichnen, die Formeln (5) und (7) übergehen in:

$$h = \frac{K - K_1}{K + 2K_1}; \qquad \frac{f'}{f} = \frac{K - K_1}{K}.$$

Diese letzte Formel zeigt, dass für ein sehr kleines K_1 das Verhältniss der Verschiebungen nahezu $= 1$ ist. Die Intensitäten der Verschiebungsströme würden also in beiden Theorien nahezu denselben Werth erhalten, wenn K_1 unendlich klein wäre, was erfordert, dass h sich sehr wenig von der Einheit unterscheidet, d. h., dass der nicht leitende Raum, welcher die leitenden Kugeln trennt, unendlich klein ist. Wir haben nun die Hypothese von der Kugelgestalt der Leiter, welche im Dielektrikum eingebettet liegen, nur eingeführt, um die Rechnungen zu vereinfachen; da aber die daraus gezogenen Schlüsse für eine ganz beliebige Gestalt der Leiter wahr bleiben, so können wir uns das Dielektrikum aus leitenden Zellen bestehend denken, die durch nicht leitende Zwischenwände geschieden sind. Um die Theorie von Poisson mit der von Maxwell zur Uebereinstimmung zu bringen, genügt es, anzunehmen, dass die Zwischenwände eine unendlich geringe Dicke besitzen, da sich dann h nur unendlich wenig von der Einheit unterscheidet, und dass dieselben aus einer isolirenden Substanz bestehen, deren specifisches Induktionsvermögen K_1 unendlich klein ist. Wir wollen nun nachweisen, dass sich diese Uebereinstimmung in allen aus der Maxwell'schen Theorie hergeleiteten Schlüssen wiederfindet, und dass die letztere, vom mathematischen Gesichtspunkte aus betrachtet, mit der so modificirten Poisson'schen Theorie identisch ist.

62. Ausbreitung der Wärme in einem homogenen Medium. Die Durchführung der nothwendigen Rechnungen wird uns Gleichungen liefern, welche den von Fourier bei der Untersuchung der Wärmeleitung aufgestellten vollkommen entsprechen. Um nun die mathematische Analogie zwischen den Erscheinungen der Elektricität und der Wärme besser hervorheben zu können, wollen wir kurz die Fourier'sche Theorie auseinandersetzen.

Dieselbe beruht auf folgenden Annahmen: Wenn sich zwei Moleküle eines Körpers auf verschiedener Temperatur befinden, so findet eine Wärmeabgabe vom wärmeren an das kältere Molekül statt. Die Wärmemenge, welche während einer bestimmten Zeit übergeht, ist eine Funktion der Entfernung; sie nimmt bei wachsender Entfernung sehr rasch gegen Null ab und hängt nicht von der Temperatur ab; endlich ist diese Wärmemenge proportional der Temperatur-Differenz $(V_1 - V_2)$ der beiden Moleküle. Aus dieser Hypothese geht hervor, dass die Wärmemenge, welche während einer Zeit dt von einem Molekül zu einem anderen übergeht, gegeben wird durch

$$dq = - C\, dt\, \Delta V, \tag{1}$$

wobei ΔV die Aenderung der Temperatur bezeichnet, wenn man in der Richtung des Wärmestromes weitergeht, und C eine von der Temperatur unabhängige Grösse.

63. Wir fassen ein unendlich kleines, rechtwinkeliges Parallele-

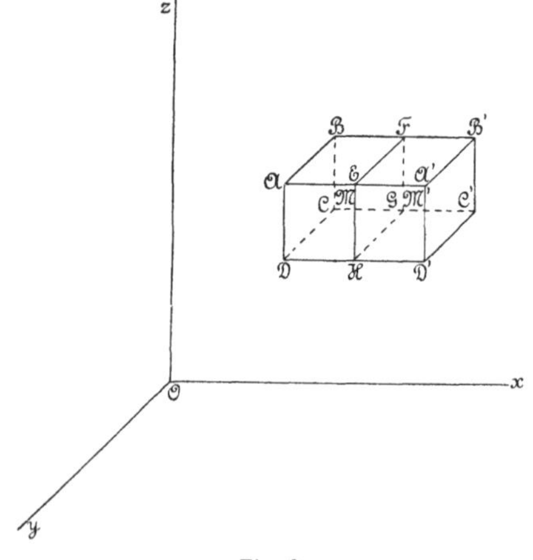

Fig. 6.

pipedon ABCD A'B'C'D' (Fig. 6) in's Auge, das innerhalb des Körpers liegt, und wählen die Koordinatenaxen parallel zu den drei Axen des Parallelepipedon. Bezeichnen wir mit $d\tau$ das Volumen desselben, mit $d\omega$ die Oberfläche eines zur X-Axe senkrechten Schnittes, mit a und b die Koordinaten der Endpunkte A und A′ einer zur Axe parallelen Kante, dann gilt die Beziehung:

$$d\tau = d\omega\,(b-a)\,.$$

Wir suchen die Wärmemenge $Q\,d\omega\,dt$, welche den Schnitt $d\omega$ während des Zeitintervalls dt durchströmt. Zu diesem Zwecke bestimmen wir auf zwei verschiedene Weisen das Integral

$$\int_a^b (Q\,d\omega\,dt)\,dx\,, \tag{2}$$

das die Summe der Wärmemengen gibt, welche alle senkrecht zu OX geführten Schnitte des Parallelepipedon während der Zeit dt durchfliessen.

Sieht man die Wärmemenge, welche durch jeden Schnitt $d\omega$ des unendlich kleinen Parallelepipedon fliesst, als konstant an, so gibt die Integration unmittelbar:

$$Q\,d\omega\,dt\,(b-a) = Q\,d\tau\,dt\,.$$

64. Um einen anderen Ausdruck für diese Grösse zu gewinnen, legen wir durch das Parallelepipedon senkrecht zu OX irgend einen Schnitt EFGH (Fig. 6) und nehmen rechts und links davon die Moleküle M und M′ an. Nach den Fourier'schen Annahmen ist die Wärmemenge, welche während der Zeit dt vom einen zum anderen übergeht:

$$q\,dt = -\,C\,dt\,\Delta V\,, \tag{3}$$

und die Summe der Wärmemengen, welche durch alle Schnitte des Parallelepipeds fliessen, ist:

$$\int_a^b (q\,dt)\,dx\,.$$

Aber für die Schnitte, welche nicht zwischen den Molekülen liegen, gibt es keine Wärmebewegung, und die Elemente des Integrals, welche diesen Schnitten entsprechen, sind Null. Es genügt also, als Integralgrenzen die Koordinaten x und $x+\Delta x$ der Punkte M und M′ zu wählen; man erhält dann:

$$\int_x^{x+\Delta x} (q\,dt)\,dx = q\,\Delta x\,dt.$$

Die anderen Molekülpaare des Parallelepidedon geben analoge Werthe; ihre Summe ist genau der Werth des Integrals (2) und wir erhalten demnach:

$$(4) \qquad Q\,d\tau\,dt = \Sigma q\,\Delta x\,dt.$$

Nun liefert aber die Gleichung (3) für q den Ausdruck:

$$q = -C\left(\frac{\partial V}{\partial x}\Delta x + \frac{\partial V}{\partial y}\Delta y + \frac{\partial V}{\partial z}\Delta z\right),$$

wobei in der Entwickelung die zweiten und höheren Potenzen von $\Delta x, \Delta y, \Delta z$ vernachlässigt worden sind, was erlaubt ist, da wir vorausgesetzt haben, dass der Wärmeaustausch nur unter sehr nahen Molekülen vor sich gehen soll, und die vernachlässigten Termen dann im Verhältniss zu den ersten Termen der Entwicklung sehr kleine Grössen sind. Führen wir diesen Werth von q in die Gleichung (4) ein, so folgt:

$$(5) \qquad Q\,d\tau = -\frac{\partial V}{\partial x}\Sigma C\,\Delta x^2 - \frac{\partial V}{\partial y}\Sigma C\,\Delta x\,\Delta y - \frac{\partial V}{\partial z}\Sigma C\,\Delta x\,\Delta z.$$

Da C nach Voraussetzung unabhängig von der Temperatur sein sollte, hängen auch die partiellen Differentialquotienten von V nicht mehr davon ab; Q ist also eine lineare und homogene Funktion dieser Differentialquotienten.

65. Ist der betrachtete Körper isotrop, so reducirt sich diese Funktion auf ein einziges Glied. In der That darf sich in diesem Falle der Ausdruck für Q nicht verändern, wenn man x durch $-x$ ersetzt, und zu diesem Zwecke müssen die partiellen Differentialquotienten von V nach y und z auf der rechten Seite der Gleichung verschwinden. Wir erhalten also einfach:

$$Q\,d\tau = -\frac{\partial V}{\partial x}\Sigma C\,\Delta x^2$$

und, wenn wir

$$A = \frac{\Sigma\, C\, \Delta x^2}{d\tau}$$

setzen, so folgt:

$$Q = -A \cdot \frac{\partial V}{\partial x} \cdot$$

Die Konstante A ist der Koefficient des Wärmeleitungsvermögens.

Ist das Medium isotrop, so bleibt der Werth des Koefficienten für alle Richtungen derselbe; wir finden also für die Wärmemenge, welche durch die Einheit der zu den anderen Koordinatenaxen senkrechten Oberflächen in der Zeiteinheit hindurchgeht

$$Q = -A \frac{\partial V}{\partial y},$$

$$Q = -A \frac{\partial V}{\partial z} \cdot$$

Im Allgemeinen werden wir also für ein irgendwie gerichtetes Element erhalten:

$$Q = -A \frac{\partial V}{\partial n}, \tag{6}$$

wobei dn eine unendlich kleine, auf der Normalen des Elementes abgetragene Grösse bedeutet.

66. Analogieen mit der Verschiebung der Elektricität in den Zellen. Im Innern einer jeden dieser leitenden Zellen ist das Potential ψ konstant, dasselbe ändert sich jedoch plötzlich, wenn man die die Zellen begrenzenden isolirenden Wände durchsetzt; ψ ist also eine unstetige Funktion der Koordinaten. Wir würden diese Funktion in unsere Rechnungen nicht einführen können, ohne Annahmen über ihre Form zu machen, und es ist einfacher, statt dessen eine stetige Funktion zu betrachten, deren Werth sich in jedem Punkte nur wenig von demjenigen von ψ unterscheidet. Wir setzen voraus, dass beide Funktionen in den Schwerpunkten G_1, G_2, G_3 .... der verschiedenen Zellen einander gleich sind, dann wird der Fehler, den man begeht, wenn man für ψ eine stetige Funktion setzt, von derselben Grössenordnung sein, wie die Dimensionen der Zellen, und letztere können wir immer als sehr klein voraussetzen.

Wir wollen nun eine dieser Zellen (Fig. 7) näher in's Auge fassen. Wenn das Dielektrikum nicht der Wirkung eines Feldes unterworfen ist, so bleibt die Zelle im neutralen Zustande; im entgegengesetzten Falle würden auf ihren Oberflächen S_1, S_2, S_3, S_4 gewisse Mengen q_1, q_2, q_3, q_4 von Elektricität auftreten; da jedoch die leitende Zelle stets isolirt bleibt, so ist die Summe dieser Elektricitätsmengen $= 0$,

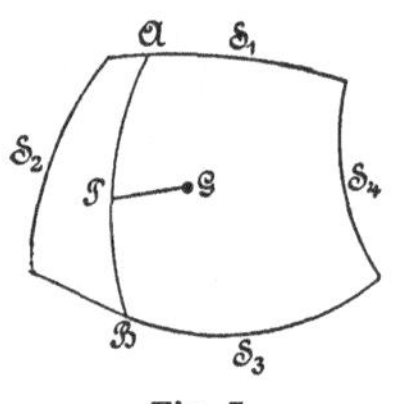

Fig. 7.

$$q_1 + q_2 + q_3 + q_4 = 0 .$$

Verändert sich die Stärke des Feldes, dann ändern sich auch die Ladungen der Oberflächen der Zelle, da aber ihre Summe Null bleibt, so hat man stets

$$dq_1 + dq_2 + dq_3 + dq_4 = 0 ,$$

wenn man unter dq_1, $dq_2 \ldots.$ die Aenderung versteht, welche die q während des Zeittheilchens dt erfahren haben.

Die Ladung einer dieser Flächen kann also nur unter der Bedingung wachsen, dass diejenige einer anderen Fläche abnimmt. Setzen wir beispielsweise voraus, dass die Ladung von S_3 zunehme, diejenige von S_1 aber abnehme, dann wird eine gewisse Menge Elektricität von S_1 nach S_3 wandern, und zwar auf einem Wege, den wir uns durch APB dargestellt denken können. Augenscheinlich aber kommt es auf dasselbe hinaus, wenn man annimmt, dass die Elektricität den Weg APGPB benutzt, da das Stück PG, welches einen beliebigen Punkt P des wirklichen Weges mit dem Schwerpunkte der Zelle verbindet, nach einander in zwei entgegengesetzten Richtungen durchlaufen wird. Man kann also den Uebergang einer gewissen Menge von Elektricität von S_1 nach S_3 auffassen als entstanden aus dem Uebergange eben dieser Quantität von G nach S_3 und aus dem Uebergange einer absolut gleichen, aber dem Vorzeichen nach entgegengesetzten Quantität von G nach S_1. Alles geht demnach so vor sich, als ob in Folge der Veränderung des Feldes die Quantitäten dq_1, dq_2, dq_3, dq_4 vom Schwerpunkte G nach den verschiedenen Oberflächen der Zelle wanderten.

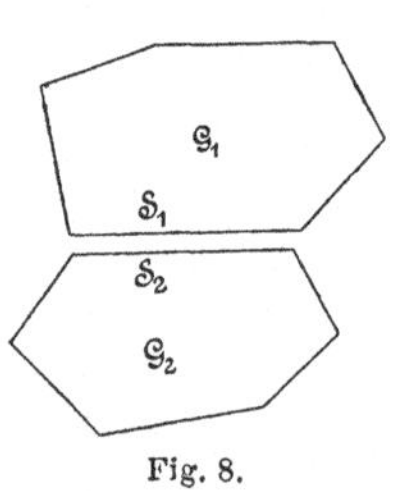

Fig. 8.

67. Wir betrachten nun zwei benachbarte Zellen mit den Schwerpunkten G_1 und G_2 (Fig. 8), deren angrenzende Flächen S_1 und S_2 sein mögen. Diese beiden Flächen können als die Belegungen eines Kondensators betrachtet werden, welche einander parallel und unendlich nahe sind, und wenn wir annehmen, dass sich die Ladung von S_1 um dq vermehrt, so folgt nothwendiger Weise daraus auch eine Vermehrung der auf der gegenüberliegenden Fläche S_2 befindlichen Ladung um $-dq$. Nach dem oben Auseinandergesetzten kann man annehmen, dass die Zunahme dq der Ladung der Fläche S_1 durch den Uebergang von dq aus dem Schwerpunkte G_1 nach S_1 und ebenso die Vermehrung der Ladung von S_2 durch einen Uebergang der Quantität $-dq$ von G_2 nach S_2 bewirkt wird oder, was auf dasselbe hinausläuft, durch den Uebergang der Menge dq von S_2 nach G_2. Dies ist aber nichts anderes, als wenn die Menge dq von G_1 nach G_2 gewandert wäre. Man kann also sagen, es finde ein Austausch der Elektricität zwischen den Molekülen G_1 und G_2 statt, und die Analogie mit den Erscheinungen der Wärme tritt bereits deutlich hervor.

68. Nennen wir C die Kapacität des durch die Oberflächen S_1 und S_2 gebildeten Kondensators, ψ_1 und ψ_2 die Werthe des Potentials in jeder der Zellen, dann haben wir als absoluten Werth der auf S_1 und S_2 befindlichen Elektricitätsmenge:

$$q = C(\psi_1 - \psi_2).$$

Da die Fläche derjenigen Zelle, deren Potential am höchsten ist, sich mit positiver Elektricität ladet, so wandert die positive Elektricität bei der Verschiebung, die nach unserer Vorstellung zwischen den Schwerpunkten vor sich gehen sollte, von einem Schwerpunkte mit höherem zu einem anderen mit niedrigerem Potential. Nennen wir also $\Delta\psi$ die Aenderung des Potentials im Sinne der Verschiebung, so erhalten wir für die Elektricitätsmenge, welche von einem Schwerpunkte zum andern übergeht:

$$q = -C\,\Delta\psi.$$

Während eines Zeittheilchens dt wird die Aenderung des Potentialunterschiedes $\Delta\psi$ zwischen den betrachteten Punkten: $dt\frac{\partial}{\partial t}\Delta\psi$ oder $dt\,\Delta\frac{\partial\psi}{\partial t}$ sein; in Folge dessen ist die Elektricitätsmenge, welche während derselben Zeit von einem dieser Punkte zum andern übergeht:

$$dq = -C\,dt\,\Delta\frac{\partial\psi}{\partial t}.$$

Diese Formel ist identisch mit der Formel (1) des § 62, welche die von einem Molekül zum anderen übergehende Wärmemenge angibt; hierbei ist C in beiden Formeln unabhängig von der Menge, deren Veränderung durch Δ angegeben wird.

69. Da das Gesetz von dem Ausgleiche der Elektricität dasselbe ist, wie dasjenige von dem Ausgleiche der Wärme in der Fourier'schen Theorie, so werden wir die auf die Oberflächeneinheit bezogene Elektricitätsmenge, welche durch ein Element hindurchgeht, erhalten, wenn wir in der Formel (6) § 65 die Temperatur V durch die Grösse $\frac{\partial \psi}{\partial t}$ ersetzen. Nennen wir, wie Maxwell dies thut:

$$u\, d\omega dt\,; \qquad v\, d\omega dt\,; \qquad w\, d\omega dt$$

die Elektricitätsmengen, welche während der Zeit dt die auf den Koordinatenaxen senkrechten Elemente $d\omega$ durchfliessen, so erhalten wir (cf. § 65):

$$(7) \qquad \left\{ \begin{aligned} u &= -\,A\,\frac{\partial^2 \psi}{\partial t \partial x}, \\ v &= -\,A\,\frac{\partial^2 \psi}{\partial t \partial y}, \\ w &= -\,A\,\frac{\partial^2 \psi}{\partial t \partial z}. \end{aligned} \right.$$

Nun sind u, v, w in der Maxwell'schen Theorie die Geschwindigkeitskomponenten der elektrischen Verschiebung, und in Folge dessen, da f, g, h die Komponenten dieser Verschiebung darstellen,

$$u = \frac{\partial f}{\partial t}, \qquad v = \frac{\partial g}{\partial t}, \qquad w = \frac{\partial h}{\partial t}.$$

Setzt man für u, v, w die eben gefundenen Werthe, so erhält man für f:

$$(8) \qquad f = -\,A\,\frac{\partial \psi}{\partial x}.$$

Da in der Maxwell'schen Theorie

$$f = -\,\frac{K}{4\pi}\cdot\frac{\partial \psi}{\partial x}$$

ist, so erkennt man, dass die Zellentheorie mit der Maxwell'schen übereinstimmen wird, wenn wir setzen:

$$A = \frac{K}{4\pi}.$$

70. Wir wollen nun die Gleichung wieder zu erhalten suchen, welche nach der Maxwell'schen Theorie die Inkompressibilität des Induktionsfluidum ausdrückt.

Da die gesammte Elektricitätsmenge, welche in jeder Zelle enthalten ist, immer gleich Null sein muss, so wird auch die Elektricitätsmenge, welche während eines beliebigen Zeitintervalls durch die ein Volumen begrenzende Oberfläche geht, gleich Null sein. Wenn nun u, v, w die Komponenten der Geschwindigkeit sind, mit welcher die Bewegung der Elektricität vor sich geht, so ist die Komponente dieser Geschwindigkeit längs der Normale eines Elementes $d\omega$ der Oberfläche:

$$\alpha u + \beta v + \gamma w,$$

wobei α, β, γ die Richtungskosinus der Normalen bezeichnen. In Folge dessen ist die in der Zeiteinheit durch $d\omega$ hindurchgehende Elektricitätsmenge

$$(\alpha u + \beta v + \gamma w)\, d\omega$$

und die Menge, welche während derselben Zeit durch die geschlossene Oberfläche hindurchgeht, gleich dem Integral

$$\int (\alpha u + \beta v + \gamma w)\, d\omega$$

ausgedehnt über alle Elemente dieser Oberfläche. Für ein Zeitintervall dt ist die durch die geschlossene Oberfläche fliessende Elektricitätsmenge gleich dem Produkte aus dem vorhergehenden Integrale in dt. Durch Integration nach der Zeit erhält man die Elektricitätsmenge, welche die Oberfläche während einer gewissen Zeit durchsetzt, und da diese Menge gleich Null ist, so muss auch das so erhaltene Integral Null sein. Nun sind aber u, v, w die nach der Zeit genommenen Differentialquotienten der Komponenten der Verschiebung f, g, h, wir erhalten also für unser Integral:

$$\int (\alpha f + \beta g + \gamma h)\, d\omega = 0. \tag{9}$$

Ferner ist bekanntlich

$$\int \alpha f \, d\omega = \int \frac{\partial f}{\partial x} \, d\tau ,$$

wobei sich das erste Integral auf eine geschlossene Oberfläche, das andere auf das durch diese Oberfläche begrenzte Volumen bezieht. Durch Umformung auch der beiden anderen Terme des Integrals (9) auf dieselbe Weise erhalten wir:

$$\int \left(\frac{\partial f}{\partial x} + \frac{\partial g}{\partial y} + \frac{\partial h}{\partial z} \right) d\tau = 0 .$$

Da dies Integral Gültigkeit haben muss, welches auch das betrachtete Volumen sein möge, so ziehen wir daraus den Schluss, dass

$$\left(\frac{\partial f}{\partial x} + \frac{\partial g}{\partial y} + \frac{\partial h}{\partial z} \right) = 0 .$$

Dies ist aber genau die Gleichung, durch welche in der Maxwell'schen Theorie die Differentialquotienten der Komponenten der Verschiebung des in einem Dielektrikum vorhandenen Induktionsfluidum unter einander verbunden sind.

71. Uebereinstimmung der Ausdrücke für die potentielle Energie. Wir wollen endlich zeigen, dass die Zellentheorie zu demselben Ausdruck für die potentielle Energie führt, wie die Maxwell'sche Theorie.

Bekanntlich ist die potentielle Energie eines Systems von elektrisirten Leitern gleich der halben Summe der Produkte aus der Ladung eines jeden Leiters in dessen Potential. Die Ladungen der einander gegenüberliegenden Flächen der beiden benachbarten Zellen sind gleich, haben aber entgegengesetztes Vorzeichen; bedeuten also ψ_1 und ψ_2 die Potentiale dieser Zellen, so ist die durch diese Ladungen erzeugte potentielle Energie gleich

$$\frac{1}{2} (q\psi_1 - q\psi_2) = - \frac{1}{2} q \Delta\psi .$$

Ausserdem aber hat man, wenn C die Kapacität des durch die betreffenden Oberflächen gebildeten Kondensators bedeutet,

$$q = - C \Delta\psi ,$$

und der vorhergehende Ausdruck wird also

$$\frac{1}{2} C (\Delta \psi)^2.$$

Entwickelt man $\Delta\psi$ nach wachsenden Potenzen von Δx, Δy, Δz, indem man die höheren Glieder vernachlässigt, so erhält man:

$$\Delta\psi = \frac{\partial\psi}{\partial x} \Delta x + \frac{\partial\psi}{\partial y} \Delta y + \frac{\partial\psi}{\partial z} \Delta z$$

Wir betrachten nun ein Volumenelement $d\tau$, das zwar klein genug ist, um annehmen zu dürfen, dass die partiellen Differentialquotienten von ψ in jedem Punkte dieses Elements denselben Werth besitzen, aber gleichwohl gross genug, um eine sehr grosse Anzahl von Zellen und damit auch von kleinen Kondensatoren zu enthalten.

Die potentielle Energie dW dieses Elements wird die Summe der potentiellen Energien der verschiedenen kleinen Kondensatoren sein, welche darin enthalten sind, und wir erhalten demnach:

$$(10) \quad dW = \frac{1}{2} \sum C (\Delta\psi)^2 = \frac{1}{2} \left(\frac{\partial\psi}{\partial x}\right)^2 \sum C \Delta x^2 + \frac{1}{2} \left(\frac{\partial\psi}{\partial y}\right)^2 \sum C \Delta y^2$$

$$+ \frac{1}{2} \left(\frac{\partial\psi}{\partial z}\right)^2 \sum C \Delta z^2 + \frac{\partial\psi}{\partial x} \frac{\partial\psi}{\partial y} \sum C \Delta x \Delta y + \cdots$$

Nun fanden wir bereits bei Gelegenheit der Besprechung der Wärmeleitung, dass die Summen:

$$\sum C \Delta x \Delta y, \qquad \sum C \Delta y \Delta z, \qquad \sum C \Delta z \Delta x$$

gleich Null sind. Wir setzten damals

$$A = \frac{\Sigma C \Delta x^2}{d\tau} = \frac{\Sigma C \Delta y^2}{d\tau} = \frac{\Sigma C \Delta z^2}{d\tau}.$$

Demnach erhalten wir für die potentielle Energie des Elements $d\tau$:

$$dW = \frac{A\, d\tau}{2} \left[\left(\frac{\partial\psi}{\partial x}\right)^2 + \left(\frac{\partial\psi}{\partial y}\right)^2 + \left(\frac{\partial\psi}{\partial z}\right)^2\right].$$

Ersetzen wir in diesem Ausdrucke die partiellen Differentialquotienten durch ihre aus Gleichung (8) § 69 entnommenen Werthe

$$f = -A \frac{\partial \psi}{\partial x} \text{ etc.}$$

und geben wir der Grösse A den Werth $\frac{K}{4\pi}$, auf den wir geführt wurden, als es sich darum handelte, die Zellentheorie mit der Maxwell'schen zur Uebereinstimmung zu bringen, dann erhalten wir:

$$dW = \frac{2\pi}{K} (f^2 + g^2 + h^2) \, d\tau.$$

Die potentielle Energie des begrenzten Volumens wird also durch das Integral:

$$W = \int \frac{2\pi}{K} (f^2 + g^2 + h^2) \, d\tau$$

gegeben sein.

Dieser Ausdruck ist identisch mit demjenigen, welchen wir (§ 32) aus der Maxwell'schen Theorie abgeleitet haben, und, wie bei dieser letzteren Theorie, befindet sich der Sitz für die potentielle Energie eines elektrisirten Leiters in dem dielektrischen Medium, welches die Leiter trennt.

72. Anmerkung. Bei den vorhergegangenen Entwickelungen haben wir angenommen, dass in jedem Punkte des Dielektrikum die elektrische Kraft nur von dem elektrostatischen Zustande des elektrisirten Systems abhängt. Wäre dies nicht der Fall, würde also beispielsweise ausser der auf die elektrostatischen Wirkungen zurückzuführenden elektromotorischen Kraft auch noch eine elektromotorische Induktionskraft wirksam sein, so müssten die Formeln, zu denen wir gelangt sind, modificirt werden.

Im Speciellen würde die Komponente f der Verschiebung nicht mehr durch die Formel:

$$f = -\frac{K}{4\pi} \cdot \frac{\partial \psi}{\partial x}$$

gegeben sein, sondern durch die Formel:

$$f = -\frac{K}{4\pi} \left(\frac{\partial \psi}{\partial x} - X \right),$$

wo X die nach der X-Axe gerichtete Komponente der elektromotorischen Induktionskraft bedeutet.

Zum Beweise hierfür bestimmen wir die Veränderung $\Delta\psi$ des Potentials, wenn man vom Schwerpunkte G_1 einer Zelle zum Schwerpunkte G_2 einer benachbarten Zelle übergeht. Sie ist gleich der plötzlichen Veränderung H, welche vor sich geht, wenn man die isolirende Wand durchsetzt, vermehrt um die Arbeit, welche zur Ueberwindung der Induktionskräfte aufgewendet werden muss, wenn die Einheit positiver Elektricität von G_1 nach G_2 übergeführt werden soll. Sind also $-X$, $-Y$, $-Z$ die Komponenten der elektromotorischen Induktionskraft, wenn man von G_1 nach G_2 übergeht, so erhält man für $\Delta\psi$

$$\Delta\psi = H + X\,\Delta x + Y\,\Delta y + Z\,\Delta z\,.$$

Die elektrische Ladung eines unserer kleinen Kondensatoren wird also gleich sein: dem Produkte aus der Kapacität des Kondensators in die Potentialdifferenz H seiner beiden Belegungen; es kommt also:

$$q = -\,C\,H = -\,C\,\Delta\psi + C\,(X\,\Delta x + Y\,\Delta y + Z\,\Delta z)\,,$$

und, statt dass wir wie vorher einfach:

$$q = -\,C\,\Delta\psi = -\,C\left(\frac{\partial\psi}{\partial x}\,\Delta x + \frac{\partial\psi}{\partial y}\,\Delta y + \frac{\partial\psi}{\partial z}\,\Delta z\right)$$

erhalten, finden wir nun:

$$q = -\,C\left[\Delta x\left(\frac{\partial\psi}{\partial x} - X\right) + \Delta y\left(\frac{\partial\psi}{\partial y} - Y\right) + \Delta z\left(\frac{\partial\psi}{\partial z} - Z\right)\right].$$

In allen unsern Formeln müssen wir also:

$$\frac{\partial\psi}{\partial x}\,,\quad \frac{\partial\psi}{\partial y}\,,\quad \frac{\partial\psi}{\partial z}$$

durch

$$\left(\frac{\partial\psi}{\partial x} - X\right);\quad \left(\frac{\partial\psi}{\partial y} - Y\right);\quad \left(\frac{\partial\psi}{\partial z} - Z\right)$$

ersetzen.

Die Formel:

$$f = -\frac{K}{4\pi} \cdot \frac{\partial \psi}{\partial x}$$

wird demnach

$$f = -\frac{K}{4\pi}\left(\frac{\partial \psi}{\partial x} - X\right)$$

oder

$$\frac{\partial \psi}{\partial x} = X - \frac{4\pi}{K} f.$$

73. Anisotrope Körper. Um die elektromagnetische Theorie der Doppelbrechung aufstellen zu können, ist es wichtig, zu sehen, was aus diesen Formeln wird, wenn die Körper nicht mehr isotrop sind.

Fassen wir die Formel (10) von § 71 in's Auge: Würde man in derselben $\frac{\partial \psi}{\partial x}, \frac{\partial \psi}{\partial y}, \frac{\partial \psi}{\partial z}$ als die Koordinaten eines Punktes im Raume betrachten und dW als konstant, so erhielte man die Gleichung eines Ellipsoids.

Bei einer Transformation der Koordinaten wird dies fingirte Ellipsoid die gleiche Gestalt behalten, aber seine Lage in Bezug auf die Axen wird sich ändern.

Wählen wir nun zu Koordinatenaxen die Axen des Ellipsoids selbst, so wird dessen Gleichung:

$$dW = \frac{A\, d\tau}{2}\left(\frac{\partial \psi}{\partial x}\right)^2 + \frac{A'\, d\tau}{2}\left(\frac{\partial \psi}{\partial y}\right)^2 + \frac{A''\, d\tau}{2}\left(\frac{\partial \psi}{\partial z}\right)^2$$

und man hat:

$$(11) \quad \left\{ \begin{array}{l} A = \dfrac{\Sigma\, C\, \Delta x^2}{d\tau}; \quad A' = \dfrac{\Sigma\, C\, \Delta y^2}{d\tau}; \quad A'' = \dfrac{\Sigma\, C\, \Delta z^2}{d\tau} \\[2ex] \sum C\, \Delta x\, \Delta y = \sum C\, \Delta x\, \Delta z = \sum C\, \Delta y\, \Delta z = 0. \end{array} \right.$$

Die Formel (5) in der Fourier'schen Theorie (§ 64) wird vermöge der Gleichungen (11)

$$Q = -A \frac{\partial V}{\partial x}.$$

Nun haben wir aber im § 69 gesehen, dass es genügt, um von der Fourier'schen Theorie auf diejenige von der Wanderung der Elektricität zwischen zwei Zellen überzugehen, wenn man V mit $\frac{\partial\psi}{\partial t}$ vertauscht. Wir finden somit:

$$u = -A\frac{\partial^2\psi}{\partial t\,\partial x}; \qquad v = -A'\frac{\partial^2\psi}{\partial t\,\partial y}; \qquad w = -A''\frac{\partial^2\psi}{\partial t\,\partial z}.$$

Die einzige Abweichung von den Gleichungen (7) besteht darin, dass die Koefficienten von $\frac{\partial^2\psi}{\partial t\,\partial x}$, $\frac{\partial^2\psi}{\partial t\,\partial y}$, $\frac{\partial^2\psi}{\partial t\,\partial z}$ unter einander nicht mehr gleich sind.

Man erhält hieraus:

$$f = -A\frac{\partial\psi}{\partial x} = -\frac{K}{4\pi}\cdot\frac{\partial\psi}{\partial x},$$

$$g = -A'\frac{\partial\psi}{\partial y} = -\frac{K'}{4\pi}\cdot\frac{\partial\psi}{\partial y},$$

$$h = -A''\frac{\partial\psi}{\partial z} = -\frac{K''}{4\pi}\cdot\frac{\partial\psi}{\partial z},$$

indem man

$$K = 4\pi A; \quad K' = 4\pi A'; \quad K'' = 4\pi A''$$

setzt.

Sind auch noch elektromotorische Induktionskräfte wirksam, deren Komponenten resp. X, Y, Z sein mögen, so werden diese Formeln:

$$(12) \qquad f = -\frac{K}{4\pi}\left(\frac{\partial\psi}{\partial x} - X\right),$$

$$g = -\frac{K'}{4\pi}\left(\frac{\partial\psi}{\partial y} - Y\right),$$

$$h = -\frac{K''}{4\pi}\left(\frac{\partial\psi}{\partial z} - Z\right).$$

Ferner findet man

$$\frac{\partial f}{\partial x} + \frac{\partial g}{\partial y} + \frac{\partial h}{\partial z} = 0,$$

und

$$W = \int dW = \int 2\pi\, d\tau \left(\frac{f^2}{K} + \frac{g^2}{K'} + \frac{h^2}{K''} \right).$$

74. Diskussion. Die Zellentheorie kann ebensowenig definitiv angenommen werden, wie diejenige von dem Induktionsfluidum. Diese heterogene Zusammensetzung lässt sich nur schwer für die flüssigen oder gasförmigen Dielektrika annehmen, ganz besonders aber für den leeren Weltraum. Nichtsdestoweniger hielt ich eine Erörterung dieser beiden Theorien für sehr wichtig. Sie würden unvereinbar mit einander sein, wollte man annehmen, dass sie die objektive Wirklichkeit wiedergeben, dagegen sind sie beide zu gebrauchen, wenn man sie nur als provisorisch betrachtet. Hätte ich mich darauf beschränkt, nur eine derselben zu entwickeln, so hätte ich die Ansicht erwecken können (die allerdings Viele theilen, die mir jedoch unrichtig erscheint), als wenn Maxwell die elektrische Verschiebung als wirkliche Verschiebung einer wirklichen Materie betrachtete.

Im letzten Grunde ist seine Ansicht jedoch eine ganz andere, wie wir später erkennen werden.

Kapitel IV.

Bewegung von Leitern unter der Einwirkung elektrischer Kräfte. Besondere Theorie von Maxwell.

75. Kräfte, welche zwischen elektrisirten Leitern auftreten. Bisher haben wir bei unseren Betrachtungen angenommen, dass die elektrisirten Leiter in Ruhe bleiben. Nun wissen wir aber, dass z. B. zwei elektrisirte Leiter sich anziehen oder abstossen, je nachdem sie mit ungleichnamiger oder gleichnamiger Elektricität geladen sind. Die Elektricität wirkt also auf die Materie. Welches ist nun die Natur dieser Wirkung? Wir können das nicht genau angeben, da wir die Natur der Ursache dieser Wirkung, die Natur der Elektricität, nicht kennen. Allerdings haben wir die Kenntniss derselben nicht nöthig, um die Grösse der Kraft anzugeben, welche zwischen zwei Leitern wirkt; es genügt, das Prinzip von der Erhaltung der Energie anzuwenden.

Betrachten wir beispielsweise zwei Leiter C und C′ mit den elektrischen Ladungen M und M′ und setzen voraus, dass der Leiter C sich bewegen kann, aber ohne sich um seinen Schwerpunkt zu drehen; die Kenntniss der Koordinaten ξ, η, ζ dieses Punkts wird dann zur Definition der Lage von C im Raume genügen. Die potentielle Energie des Systems der beiden Leiter hängt augenscheinlich ab von der Lage des Leiters C in Beziehung zum Leiter C′ und ausserdem von den Ladungen der beiden Leiter. Da die Lage von C nach unserer Annahme durch die Koordinaten seines Schwerpunkts gegeben ist, so stellt demnach die potentielle Energie W des Systems eine Funktion seiner Koordinaten und der Ladungen M und M′ dar; wir können setzen

$$W = F(\xi, \eta, \zeta, M, M').$$

Damit das System im Gleichgewicht ist, muss man auf den beweglichen Leiter C eine Kraft wirken lassen, gleich und entgegengesetzt der, welche der Leiter C′ auf ihn ausübt; wir bezeichnen mit $-X$, $-Y$, $-Z$ die Komponenten dieser an C angreifenden Kraft. Dann soll die Summe der virtuellen Arbeit aller auf das System wirkenden Kräfte, innerer sowohl wie äusserer, gleich Null sein. Für eine Verrückung $\delta\xi$ des Schwerpunkts von C ist die Arbeit der äusseren Kraft $-X\,\delta\xi$, die der inneren Kräfte $\frac{\partial W}{\partial \xi}\,\delta\xi$; wir haben also

$$-X\,\delta\xi + \frac{\partial W}{\partial \xi}\,\delta\xi = 0.$$

Wir leiten aus dieser Gleichung für den Werth der Komponente X der von C′ auf C ausgeübten Kraft ab

$$X = \frac{\partial W}{\partial \xi}.$$

76. Die einfachste und natürlichste Hypothese, die man für die Erklärung der Anziehung und Abstossung zwischen elektrisirten Leitern machen kann, ist die, jene Wirkungen der Elasticität des zwischen den Leitern ausgebreiteten Fluidum zuzuschreiben, und die gewöhnlichen Prinzipien der Elasticitätstheorie auf dieses Fluidum anzuwenden. Unglücklicherweise zeigen die Folgerungen aus dieser Hypothese keine Uebereinstimmung mit den Versuchsergebnissen. In der That sind in einem elastischen Fluidum die Kräfte, welche von sehr kleinen Verrückungen herrühren, lineare Funktionen dieser Verrückungen. Die angeführte Hypothese würde also zu der Folgerung führen, dass die zwischen zwei elektrisirten Leitern auftretende Kraft eine lineare Funktion der elektrischen Ladung derselben ist. Bei Verdoppelung der Ladung jedes Leiters müsste man daher die doppelte Kraft erhalten; man weiss aber, dass bei Verdoppelung der Ladungen zweier Leiter die unter ihnen wirkende Kraft vervierfacht wird.

Viele andere Hypothesen wurden noch zur Erklärung dieser Wirkung elektrisirter Leiter aufgestellt. Einige derselben führen zwar zu Folgerungen, welche mit der Erfahrung im Einklang stehen, sind aber zu komplicirt, und es lässt sich kein Grund finden, aus dem man einer dieser Theorien vor den anderen den Vorzug geben sollte. Wir wollen uns daher auch nicht weiter mit dieser Frage befassen, sondern uns nur darauf beschränken, die von Maxwell aufgestellte Theorie auseinanderzusetzen.

77. Theorie von Maxwell. Fassen wir ein Volumelement $d\tau$ eines Leiters in's Auge und bezeichnen mit ϱ die Dichte der freien Elektricität im Schwerpunkt dieses Elements. Unter freier Elektricität verstehen wir in der Theorie zweier Fluida den Ueberschuss der positiven Elektricität über die negative; und in der Theorie von einem einzigen Fluidum den Ueberschuss der in dem Element enthaltenen Elektricität über die Menge, welche das Element im neutralen Zustand enthalten würde. Die beiden Theorien sind übrigens vollständig gleichwerthig.

Die elektrische Masse des Elements ist also $\varrho\, d\tau$, und wenn ψ den Werth des Potentials im Schwerpunkt bezeichnet, so sind die Komponenten der auf diese elektrische Masse ausgeübten Kraft:

$$-\varrho\, d\tau \frac{\partial \psi}{\partial x}, \quad -\varrho\, d\tau \frac{\partial \psi}{\partial y}, \quad -\varrho\, d\tau \frac{\partial \psi}{\partial z}.$$

Der Versuch lehrt, dass die auf ein materielles Theilchen selbst wirkende Kraft gleich derjenigen ist, welche auf die darin enthaltene Elektricität wirkt, und folglich, dass dieses Element sich nur im Gleichgewicht befinden kann, wenn man auf dasselbe eine Kraft wirken lässt, welche der elektrostatischen Anziehung das Gleichgewicht zu halten vermag.

Nennt man die Komponenten dieser Kraft $X\, d\tau$, $Y\, d\tau$, $Z\, d\tau$, so erhält man

$$(1) \qquad X = \varrho \frac{\partial \psi}{\partial x}, \quad Y = \varrho \frac{\partial \psi}{\partial y}, \quad Z = \varrho \frac{\partial \psi}{\partial z}.$$

Nach der Vorstellung von Maxwell, der in allen seinen Theorien die Hypothese der elektrischen Fernwirkung zu vermeiden sucht, hat man die Anziehung und Abstossung der Leiter den durch die dielektrische Materie sich fortpflanzenden Drucken auf die ponderablen Massen zuzuschreiben. Wir wollen die Resultante dieser Drucke bestimmen.

78. Der auf ein Oberflächenelement ausgeübte Druck steht nicht nothwendig senkrecht auf demselben. Bezeichnen wir mit

$$P_{xx}\, d\omega, \quad P_{xy}\, d\omega, \quad P_{xz}\, d\omega$$

die Komponenten nach x, y, z des Drucks, der auf ein zur X-Axe senkrechtes Element ausgeübt wird; durch

$$P_{yx}\, d\omega, \quad P_{yy}\, d\omega, \quad P_{yz}\, d\omega$$

die Druckkomponenten auf ein Element senkrecht zu OY; endlich mit

$$P_{zx}\,d\omega\,,\quad P_{zy}\,d\omega\,,\quad P_{zz}\,d\omega$$

die Komponenten für ein zu OZ senkrechtes Element. Diese neun Grössen genügen zur Bestimmung des Druckes auf ein beliebiges Oberflächenelement. Uebrigens reduciren sich die Grössen auf sechs, denn die Elasticitätstheorie lehrt uns, dass

$$(2)\qquad P_{xy} = P_{yx}\,,\qquad P_{yz} = P_{zy}\,,\qquad P_{xz} = P_{zx}\,.$$

79. Betrachten wir jetzt ein rechtwinkliges Parallelepiped (Fig. 9), dessen zu den Koordinatenaxen parallele Kanten die Längen dx, dy, dz

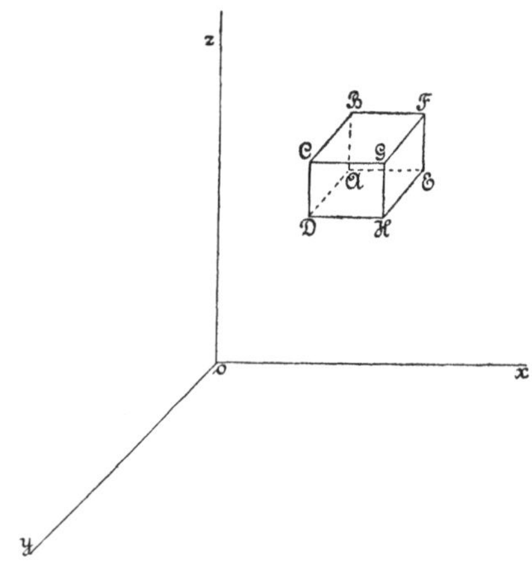

Fig. 9.

besitzen und stellen die Bedingung dafür auf, dass dies Parallelepiped unter dem Einfluss der auf seine Flächen wirkenden Drucke und der äusseren Kraftkomponenten $X d\tau$, $Y d\tau$, $Z d\tau$ sich im Gleichgewicht befindet.

Die Gleichungen, welche ausdrücken, dass die Summe der Kraftmomente in Bezug auf jede der drei Koordinatenaxen Null ist, führen genau auf die Beziehungen (2). Es ist daher nur noch der Ausdruck dafür aufzustellen, dass die Summe der in Richtung der Axen auf das Parallelepiped wirkenden Kraftkomponenten gleich Null ist.

Der auf der Fläche ABCD lastende Druck hat zur Komponente parallel OX: $P_{xx}\,dy\,dz$; der auf die entgegengesetzte Fläche EFGH in derselben Richtung wirkende Druck

$$\left(P_{xx}+\frac{\partial P_{xx}}{\partial x}dx\right)dy\,dz\,.$$

Wir wollen die Schreibweise von Maxwell annehmen, welcher den Zug als positiv und den Druck als negativ betrachtet; die Resultante dieser beiden Kräfte wird dann ihre algebraische Summe

$$\frac{\partial P_{xx}}{\partial x}dx\,dy\,dz=\frac{\partial P_{xx}}{\partial x}d\tau\,.$$

Auf dieselbe Weise finden wir für die algebraische Summe der zu OX parallelen Druckkomponenten, die von den anderen Flächen des Parallelepipeds stammen

$$\frac{\partial P_{yx}}{\partial y}d\tau\,,\quad \frac{\partial P_{zx}}{\partial z}d\tau\,.$$

Die Summe dieser Grössen muss gleich $-X\,d\tau$ sein; wir erhalten somit

$$\frac{\partial P_{xx}}{\partial x}d\tau+\frac{\partial P_{yx}}{\partial y}d\tau+\frac{\partial P_{zx}}{\partial z}d\tau=-X\,d\tau=-\varrho\,d\tau\frac{\partial\psi}{\partial x}\,.$$

Setzen wir ferner die Summen der Druckkomponenten nach den Axen der y und der z gleich den Komponenten der äusseren Kraft nach denselben Axen, so entstehen zwei analoge Gleichungen. Dividiren wir die beiden Glieder jeder dieser Gleichungen durch $d\tau$, so haben wir unter Berücksichtigung der Beziehungen (2):

$$(3)\qquad\left\{\begin{aligned}
\frac{\partial P_{xx}}{\partial x}+\frac{\partial P_{yx}}{\partial y}+\frac{\partial P_{zx}}{\partial z}&=-\varrho\frac{\partial\psi}{\partial x}\,,\\
\frac{\partial P_{yx}}{\partial x}+\frac{\partial P_{yy}}{\partial y}+\frac{\partial P_{zy}}{\partial z}&=-\varrho\frac{\partial\psi}{\partial y}\,,\\
\frac{\partial P_{zx}}{\partial x}+\frac{\partial P_{zy}}{\partial y}+\frac{\partial P_{zz}}{\partial z}&=-\varrho\frac{\partial\psi}{\partial z}\,.
\end{aligned}\right.$$

80. Dieses System von drei Gleichungen enthält sechs Unbekannte; es lässt also unendlich viele Lösungen zu. Maxwell wählt die folgende:

$$
(4) \quad \left\{
\begin{aligned}
P_{xx} &= \frac{K}{8\pi}\left[\left(\frac{\partial\psi}{\partial x}\right)^2 - \left(\frac{\partial\psi}{\partial y}\right)^2 - \left(\frac{\partial\psi}{\partial z}\right)^2\right] \\
P_{yy} &= \frac{K}{8\pi}\left[\left(\frac{\partial\psi}{\partial y}\right)^2 - \left(\frac{\partial\psi}{\partial z}\right)^2 - \left(\frac{\partial\psi}{\partial x}\right)^2\right] \\
P_{zz} &= \frac{K}{8\pi}\left[\left(\frac{\partial\psi}{\partial z}\right)^2 - \left(\frac{\partial\psi}{\partial x}\right)^2 - \left(\frac{\partial\psi}{\partial y}\right)^2\right] \\
P_{yx} &= P_{xy} = \frac{K}{4\pi}\cdot\frac{\partial\psi}{\partial x}\cdot\frac{\partial\psi}{\partial y}, \\
P_{zy} &= P_{yz} = \frac{K}{4\pi}\cdot\frac{\partial\psi}{\partial y}\cdot\frac{\partial\psi}{\partial z}, \\
P_{xz} &= P_{zx} = \frac{K}{4\pi}\cdot\frac{\partial\psi}{\partial x}\cdot\frac{\partial\psi}{\partial z}.
\end{aligned}
\right.
$$

Wir wollen zeigen, dass dieses System von Lösungen den Gleichungen (3) vollständig genügt. Man hat

$$\frac{\partial P_{xx}}{\partial x} = \frac{K}{4\pi}\left(\frac{\partial\psi}{\partial x}\cdot\frac{\partial^2\psi}{\partial x^2} - \frac{\partial\psi}{\partial y}\cdot\frac{\partial^2\psi}{\partial x\,\partial y} - \frac{\partial\psi}{\partial z}\cdot\frac{\partial^2\psi}{\partial x\,\partial z}\right),$$

$$\frac{\partial P_{xy}}{\partial y} = \frac{K}{4\pi}\left(\frac{\partial\psi}{\partial x}\cdot\frac{\partial^2\psi}{\partial y^2} + \frac{\partial\psi}{\partial y}\cdot\frac{\partial^2\psi}{\partial x\,\partial y}\right),$$

$$\frac{\partial P_{zx}}{\partial z} = \frac{K}{4\pi}\left(\frac{\partial\psi}{\partial x}\cdot\frac{\partial^2\psi}{\partial z^2} + \frac{\partial\psi}{\partial z}\cdot\frac{\partial^2\psi}{\partial x\,\partial z}\right),$$

und die linke Seite der ersten Gleichung (3) wird nach der Reduktion

$$\frac{K}{4\pi}\cdot\frac{\partial\psi}{\partial x}\left(\frac{\partial^2\psi}{\partial x^2} + \frac{\partial^2\psi}{\partial y^2} + \frac{\partial^2\psi}{\partial z^2}\right) = \frac{K}{4\pi}\cdot\frac{\partial\psi}{\partial x}\,\Delta\psi.$$

Wir haben nun gesehen (§ 16), dass in einem homogenen dielektrischen Medium zu setzen ist

$$K\,\Delta\psi = -4\pi\varrho.$$

Folglich kann man die linke Seite der betrachteten Gleichung schreiben

$$-\varrho \frac{\partial \psi}{\partial x},$$

wodurch bewiesen ist, dass diese Gleichung erfüllt wird. Auf dieselbe Weise kann man sich überzeugen, dass die beiden anderen Gleichungen (3) durch die von Maxwell angenommene Lösung befriedigt werden.

81. Wir wählen als X-Axe die Richtung der elektrischen Kraft in einem Punkte und als Axen der Y und Z zwei zu dieser Richtung senkrechte Geraden. Wenn wir mit F den absoluten Werth der elektrischen Kraft bezeichnen, so erhalten wir für dieses neue Axensystem:

$$\frac{\partial \psi}{\partial x} = -\mathrm{F}, \qquad \frac{\partial \psi}{\partial y} = 0, \qquad \frac{\partial \psi}{\partial z} = 0.$$

Durch Einsetzen dieser Werthe in die Gleichungen (4), findet man:

$$\mathrm{P}_{xx} = \frac{\mathrm{K\,F}^2}{8\pi},$$

$$\mathrm{P}_{yy} = \mathrm{P}_{zz} = -\frac{\mathrm{K\,F}^2}{8\pi},$$

$$\mathrm{P}_{xy} = \mathrm{P}_{yx} = \mathrm{P}_{yz} = \mathrm{P}_{zy} = \mathrm{P}_{zx} = \mathrm{P}_{xz} = 0.$$

Es geht aus diesen Beziehungen hervor, dass der Druck auf ein Oberflächenelement, das senkrecht zu der Richtung der elektrischen Kraft oder parallel zu derselben steht, senkrecht zu diesem Element wirkt; auf ein zu dieser Richtung schräges Element wird der Druck schräg ausgeübt. Da die Komponente in Richtung der elektrischen Kraft positiv ist, so besteht eine Spannung in derselben; für eine hierzu senkrechte Richtung ist der Druck negativ, so dass nach der von Maxwell angenommenen Schreibweise in dieser Richtung ein Druck im eigentlichen Sinn des Wortes besteht. Ausserdem besitzt der Zug, welcher auf ein zur elektrischen Kraft senkrechtes Element wirkt, und der Druck auf ein zu dieser Richtung paralleles Element denselben absoluten Werth.

82. Diskussion. Für sich allein betrachtet, trägt die vorangehende Theorie den bekannten Gesetzen der elektrostatischen Anziehungen hinreichend Rechnung. Man hat dabei die Annahme zu machen, dass diese Anziehungen den Drucken und Spannungen zuzuschreiben sind, welche in einem besonderen elastischen, die Dielektrika erfüllenden Medium auftreten.

Aber man muss gleichzeitig annehmen, dass die Elasticitätsgesetze dieses Fluidum sich vollständig von denjenigen der uns bekannten materiellen Körper unterscheiden, sowie von den für den Lichtäther angenommenen Gesetzen, und endlich von denjenigen, zu deren Annahme wir bei der Betrachtung des Induktionsfluidum geführt worden sind.

Für diese beiden hypothetischen Fluida, wie für die ponderablen Flüssigkeiten selbst, sind die elastischen Kräfte in der That proportional den Verrückungen, durch welche sie hervorgebracht werden, und dasselbe würde auch bei den Druckveränderungen der Fall sein, welche der Einwirkung dieser Kräfte zuzuschreiben sind. Welche ergänzenden Hypothesen man im Uebrigen auch macht, so müsste sich der Druck durch das Potential und seine Differentialquotienten linear ausdrücken lassen. Dagegen haben wir gefunden, dass die Drucke in Bezug auf die Derivirten des Potentials vom zweiten Grad sind.

Wenn wir einmal mit den eingewurzelten Gewohnheiten brechen und diese paradoxen Eigenschaften dem hypothetischen, die Dielektrika erfüllenden Medium zuertheilen wollen, so können wir auch gegen die vorhergehende Theorie, für sich betrachtet, keinen Einwand mehr erheben. Indessen darf man sich, auch wenn kein innerer Widerspruch besteht, wohl fragen, ob dieselbe mit den anderen Theorien von Maxwell, z. B. mit der Theorie der elektrischen Verschiebung, die wir früher unter dem Namen der Theorie des Induktionsfluidum auseinandersetzten, im Einklang steht.

Augenscheinlich ist eine Vereinigung dieser beiden Theorien unmöglich. Denn wir wurden darauf geführt, für das Induktionsfluidum einen Druck gleich ψ anzunehmen; bei der neuen Theorie dagegen erhalten wir für den Druck des die Dielektrika erfüllenden Fluidum einen ganz anderen Werth.

Man darf aber auf diesen Widerspruch kein zu grosses Gewicht legen. Ich habe in der That früher auseinandergesetzt, aus welchem Grunde ich glaube, dass Maxwell die Theorie der elektrischen Bewegung und des Induktionsfluidum nur als vorläufige betrachtete, und dass dies Induktionsfluidum, für welches er den Namen der Elektricität beibehielt, in seinen Augen nicht mehr thatsächliche Realität besass, als die beiden Fluida von Coulomb.

83. Unglücklicherweise besteht eine noch grössere Schwierigkeit. Ein Punkt, auf den Maxwell offenbar viel Gewicht legt, ist der, dass die potentielle Energie

$$W = \int \frac{2\pi}{K} (f^2 + g^2 + h^2)\, d\tau$$

in den verschiedenen Volumelementen des Dielektrikum lokalisirt ist, derart dass die in dem Element $d\tau$ enthaltene Energie den Werth

$$\frac{2\pi}{K} (f^2 + g^2 + h^2)\, d\tau$$

besitzt oder, bei der vereinfachenden Annahme $K = 1$ und bei Bezeichnung der elektrischen Kraft mit F (cf. § 38)

$$\frac{F^2\, d\tau}{8\pi}.$$

Wenn also F einen sehr kleinen Zuwachs dF erfährt, so muss diese Energie zunehmen um:

$$dW = \frac{2\, F\, dF}{8\pi}\, d\tau\,.$$

Wir wollen nun als Volumelement $d\tau$ ein unendlich kleines rechtwinkliges Parallelepiped annehmen, dessen eine Kante parallel der elektrischen Kraft F sein soll und dessen drei Kanten die Längen α, β, γ besitzen mögen, so dass:

$$\alpha\beta\gamma = d\tau$$

ist.

Suchen wir nun einen anderen Ausdruck für diese Energie.

Es ist natürlich anzunehmen, dass der in diesem Element $d\tau$ lokalisirte Energiezuwachs dW der Arbeit zugeschrieben werden muss, welche die auf die Flächen des Parallelepipeds wirkenden Drucke leisten. Die Kanten des Parallelepipeds, die bei dem Druck Null die Längen α, β, γ haben, erhalten unter dem Einfluss der Drucke die Längen:

$$\alpha(1 + \varepsilon_1)\,, \qquad \beta(1 + \varepsilon_2)\,, \qquad \gamma(1 + \varepsilon_3)\,.$$

Nehmen wir an, dass diese Grössen ε_1, ε_2, ε_3 den Zuwachs $d\varepsilon_1$, $d\varepsilon_2$, $d\varepsilon_3$ erfahren, so werden die Arbeiten der auf die verschiedenen Flächen des Parallelepipeds wirkenden Drucke P_{xx}, P_{yy}, P_{zz} dargestellt durch (cf. § 81)

$$+\frac{F^2}{8\pi}\,\beta\,\gamma\,\alpha\,d\varepsilon_1 = +\frac{F^2}{8\pi}\,d\tau\,d\varepsilon_1,$$

$$-\frac{F^2}{8\pi}\,\gamma\,\alpha\,\beta\,d\varepsilon_2 = -\frac{F^2}{8\pi}\,d\tau\,d\varepsilon_2,$$

$$-\frac{F^2}{8\pi}\,\alpha\,\beta\,\gamma\,d\varepsilon_3 = -\frac{F^2}{8\pi}\,d\tau\,d\varepsilon_3$$

Die Summe dieser Arbeiten ist:

$$\frac{F^2}{8\pi}\,d\tau\,(d\varepsilon_1 - d\varepsilon_2 - d\varepsilon_3)\,.$$

Wenn wir die potentielle Energie der Druckarbeit zuschreiben, so muss zwischen dieser Arbeit und der Variation dW der Energie Gleichheit bestehen, d. h. es muss sein

$$\frac{F^2}{8\pi}\,d\tau\,(d\varepsilon_1 - d\varepsilon_2 - d\varepsilon_3) = \frac{2\,F\,d\,F}{8\,\pi}\,d\tau,$$

oder

$$d\varepsilon_1 - d\varepsilon_2 - d\varepsilon_3 = \frac{2\,d\,F}{F}\,.$$

Durch Integration erhalten wir

$$\varepsilon_1 - \varepsilon_2 - \varepsilon_3 = 2\log F + \text{Const.}$$

Dies Resultat ist aber unzulässig, denn im Gleichgewichtszustand haben wir $F = 0$ zu setzen, und die vorhergehende Gleichung könnte nur bestehen, wenn ε_2 oder ε_3 unendlich würde, eine vollständig widersinnige Folgerung.

84. Die Theorie des § 77 ist also unvereinbar mit der Grundhypothese, dass die Energie in dem Dielektrikum ihren Sitz hat, wenn man dieselbe als potentiell betrachtet. Sie würde es hingegen nicht mehr sein, wenn man diese Energie als kinetische betrachten würde, d. h. wenn man annähme, dass das Dielektrikum der Sitz von Wirbelbewegungen ist und dass W die lebendige Kraft dieser Bewegungen darstellt. Aber man kann diese Auslegung des Maxwell'schen Gedankens auch nicht annehmen, ohne auf grosse Schwierigkeiten zu stossen.

Wenn der englische Gelehrte die Lagrange'schen Gleichungen auf die Theorie der elektrodynamischen Erscheinungen anwendet, so nimmt er, wie wir später sehen werden, ausdrücklich an, dass die elektrostatische Energie

$$W = \int \frac{2\pi}{K} (f^2 + g^2 + h^2)\, d\tau$$

eine potentielle Energie darstellt, dagegen die elektrodynamische Energie eine kinetische.

Auch spart er sich die Erklärung durch Wirbelbewegungen für die magnetischen und elektrodynamischen Anziehungen auf und sucht sie nicht auf die elektrostatischen Erscheinungen anzuwenden.

Hiermit beendige ich diese lange Auseinandersetzung, durch die mir der Beweis erbracht zu sein scheint, dass die vorhergehende Theorie, obgleich für sich vollkommen annehmbar, nicht in den allgemeinen Rahmen der Maxwell'schen Ideen passt.

Kapitel V.

Elektrokinematik.

85. Lineare Leiter. Die Fortpflanzung der Elektricität in Leitern wird im stationären Zustand durch zwei Gesetze beherrscht, das Gesetz von Ohm und das von Kirchhoff.

Nach dem ersten Gesetz ist die zwischen den Enden eines Leiters auftretende elektromotorische Kraft proportional der Menge Elektricität, welche in der Zeiteinheit die Querschnittseinheit des Leiters durchfliesst. In dem Fall, dass der Querschnitt des Leiters überall der gleiche ist, wie bei einem cylindrischen Draht, ist die elektromotorische Kraft der Elektricitätsmenge proportional, welche während der Zeiteinheit durch diesen Querschnitt fliesst. Diese Menge heisst die Intensität des den Leiter durchfliessenden Stroms; wir wollen sie mit i bezeichnen. Wenn der Leiter homogen ist und an keinem seiner Punkte eine elektromotorische Kraft besteht, so ist die elektromotorische Kraft zwischen seinen Enden gleich dem Unterschied $\psi_1 - \psi_2$ der Werthe des Potentials in diesen Punkten und das Ohm'sche Gesetz führt zu der Relation:

$$\mathrm{R}i = \psi_1 - \psi_2 .$$

In dem allgemeinsten Fall dagegen treten an verschiedenen Punkten des Leiters elektromotorische Kräfte auf, die entweder von mangelhafter Homogenität herrühren, oder von thermischen oder chemischen Erscheinungen, oder endlich von Induktionsvorgängen. Bezeichnen wir mit $\Sigma\mathrm{E}$ die Summe der elektromotorischen Kräfte dieser Art, welche an verschiedenen Punkten des linearen Leiters wirken, so erhalten wir

$$\mathrm{R}i = \psi_1 - \psi_2 + \Sigma\mathrm{E} . \tag{1}$$

In diesen beiden Formeln stellt R dasjenige dar, was man den Widerstand des Leiters nennt. Dieser Widerstand ist mit der Länge l und dem Querschnitt $d\omega$ des Leiters durch die Beziehung:

$$R = \frac{l}{C\,d\omega} \tag{2}$$

verbunden, wo C einen nur von der Natur des Leiters abhängigen Faktor darstellt, den man mit dem Namen „Koeffizient des spezifischen Leitungsvermögens“ belegt.

Das Kirchhoff'sche Gesetz ist nichts anderes, als die Anwendung des Prinzips der Kontinuität. Wenn mehrere lineare Leiter in demselben Punkt zusammenstossen, so ist nach diesem Gesetz die Summe der Intensitäten aller sie durchfliessenden Ströme gleich Null.

86. Neuer analytischer Ausdruck für das Ohm'sche Gesetz. Wenn wir in die Formel (1) den durch die Relation (2) gegebenen Werth des Widerstands einsetzen, so erhalten wir

$$\frac{l\,i}{C\,d\omega} = \psi_1 - \psi_2 + \Sigma E.$$

Betrachten wir nun ein unendlich kleines Element des Leiters von der Länge dx und bezeichnen wir mit $-d\psi$ die Potentialdifferenz zwischen den beiden Enden desselben, wenn man sich im Sinn des elektrischen Stroms bewegt, und mit $X\,dx$ die Veränderung der elektromotorischen Kräfte jeder anderen Art, dann wird die vorhergehende Gleichung

$$\frac{i\,dx}{C\,d\omega} = -\,d\psi + X\,dx$$

oder

$$\frac{i}{C\,d\omega} = -\,\frac{\partial\psi}{\partial x} + X.$$

Da aber i die Elektricitätsmenge darstellt, welche in der Zeiteinheit durch den Querschnitt des Leiters fliesst, so bedeutet der Quotient $\frac{i}{d\omega}$ die Geschwindigkeit der Elektricitätsbewegung; nennen wir dieselbe u, so erhalten wir

$$\frac{u}{C} = -\,\frac{\partial\psi}{\partial x} + X \tag{3}$$

eine Gleichung, die das Ohm'sche Gesetz für den Fall eines linearen Leiters darstellt.

87. Leiter von beliebiger Gestalt. Die Analogie zwischen der elektrischen und der thermischen Leitungsfähigkeit führt dazu, das

Ohm'sche Gesetz auch auf Leiter mit drei Dimensionen auszudehnen. Uebrigens wird dies Verfahren auch durch die Uebereinstimmung der theoretisch gefundenen Resultate mit den beobachteten experimentellen Thatsachen in einigen besonderen Fällen gerechtfertigt.

Führen wir also diese Verallgemeinerung des Ohm'schen Gesetzes durch. Wenn wir mit ψ das Potential in irgend einem Punkt eines Elements $d\tau$ des Leiters bezeichnen, mit X, Y, Z die Komponenten der elektromotorischen Kraft irgend welchen Ursprungs, die in diesem Punkte herrscht, und endlich mit u, v, w die Komponenten der Geschwindigkeit in diesem Punkte, so erhalten wir für jede der zu den Koordinatenaxen parallelen Richtungen eine Gleichung analog (3). Diese drei Gleichungen sind

$$(4) \qquad \begin{cases} \frac{u}{C} = -\frac{\partial\psi}{\partial x} + X, \\ \frac{v}{C} = -\frac{\partial\psi}{\partial y} + Y, \\ \frac{w}{C} = -\frac{\partial\psi}{\partial z} + Z. \end{cases}$$

u, v, w bezeichnen hier dieselben Grössen, wie bei der statischen Elektricität: die Geschwindigkeitskomponenten der elektrischen Verschiebung. Es sind dies also die nach der Zeit genommenen Derivirten der Verschiebungskomponenten f, g, h in der Maxwell'schen Theorie.

Was das Kirchhoff'sche Gesetz anbelangt, so ist es klar, dass dasselbe auch auf Leiter mit drei Dimensionen ausgedehnt werden kann, denn es stellt nur eine Folgerung aus dem Prinzip der Kontinuität dar. Da die Intensitäten proportional u, v, w sind, so führt dies Gesetz zu der Beziehung

$$\frac{\partial u}{\partial x} + \frac{\partial v}{\partial y} + \frac{\partial w}{\partial z} = 0.$$

In der Theorie von Maxwell, bei der die Elektricität als inkompressibel angenommen wird, ist diese Gleichung, welche die Bedingung der Inkompressibilität der Flüssigkeit ausdrückt, immer erfüllt, ob ein stationärer Zustand erreicht ist oder nicht.

88. Unterschied zwischen Leiterströmen und Verschiebungsströmen. Nach Maxwell sucht sich das Induktionsfluidum, welches ein dielektrisches Medium erfüllt, unter dem Einfluss der elektrischen Kräfte zu bewegen, ebenso wie die ein leitendes Medium erfüllende

Elektricität. Nur hört im ersteren Fall die Bewegung in Folge der elastischen Gegenkraft des Induktionsfluidum bald auf, nicht aber im zweiten Fall, da das im Innern des leitenden Medium ausgebreitete Fluidum keine elastischen Kräfte besitzt. Es folgt daraus, dass die Verschiebungsströme nur während der sehr kurzen Zeit andauern können, die zur Herstellung des Gleichgewichts nöthig ist. Dagegen können die Leiterströme so lange unterhalten werden, als durch eine äussere Einwirkung zwischen beiden Enden eines Leiters eine elektromotorische Kraft hervorgebracht wird. Dies ist ein erster Unterschied zwischen den Leiterströmen und Verschiebungsströmen.

Ein zweiter ergibt sich aus den Gleichungen für die Gesetze, welche diese Ströme befolgen. Die für Leiterströme aufgestellten Gleichungen (4) kann man schreiben

$$(5)\qquad \begin{cases} \dfrac{\partial\psi}{\partial x} = \mathrm{X} - \dfrac{u}{\mathrm{C}}, \\[2ex] \dfrac{\partial\psi}{\partial y} = \mathrm{Y} - \dfrac{v}{\mathrm{C}}; \\[2ex] \dfrac{\partial\psi}{\partial z} = \mathrm{Z} - \dfrac{w}{\mathrm{C}}. \end{cases}$$

Andererseits haben wir (**72.**) gezeigt, dass im Innern eines Dielektrikum elektromotorische Kräfte auftreten, von denen wir annahmen, dass sie durch Induktion entstehen, die man aber auch eventuell einer anderen Ursache zuschreiben könnte. Die Gleichungen der Verschiebungsströme lauten:

$$(6)\qquad \begin{cases} \dfrac{\partial\psi}{\partial x} = \mathrm{X} - \dfrac{4\pi}{\mathrm{K}} f, \\[2ex] \dfrac{\partial\psi}{\partial y} = \mathrm{Y} - \dfrac{4\pi}{\mathrm{K}} g, \\[2ex] \dfrac{\partial\psi}{\partial z} = \mathrm{Z} = \dfrac{4\pi}{\mathrm{K}} h. \end{cases}$$

Eine Vergleichung der Beziehungen (5) und (6) zeigt unmittelbar, dass die Leiterströme von der Geschwindigkeit der Verschiebung abhängen, die anderen dagegen von der Grösse dieser Verschiebung.

89. Um uns den Unterschied, der für beide Arten von Strömen hieraus entsteht, klar zu machen, wollen wir folgende Beispiele zum Vergleich heranziehen. Einerseits nehmen wir an, man hebe einen schweren Körper längs einer schiefen Ebene, bei der die Reibung Null ist; man verrichtet dann eine Arbeit, welche sich unter der Form potentieller Energie widerfindet. Andrerseits möge eine Bewegung auf einer horizontalen Ebene vor sich gehen, auf der die Reibung beträchtlich ist. Wenn die treibende Kraft aufhört, wird auch der Körper in Ruhe bleiben; die angewandte Arbeit findet sich nicht in der Form potentieller Energie wieder, sondern in der Form von Wärme. Im ersteren Fall hängt die Arbeit von der Verschiebung des Körpers ab, im zweiten von ihrer Geschwindigkeit. Wir finden eine gewisse Analogie in den beiden Arten von Strömen: die Erzeugung der Verschiebungsströme ruft eine Veränderung der potentiellen Energie des Systems hervor, die von dem Quadrat der Verschiebung abhängt; die Leiterströme aber bedingen eine Wärmeentwicklung.

Ein anderes, der Hydrodynamik entnommenes Bild gestattet ebenfalls, sich von der Verschiedenheit zwischen beiden Arten von Strömen Rechenschaft zu geben. Wir denken uns eine Pumpe P (Fig. 10) mit zwei seitlichen Röhren A B und E F G, welche unter

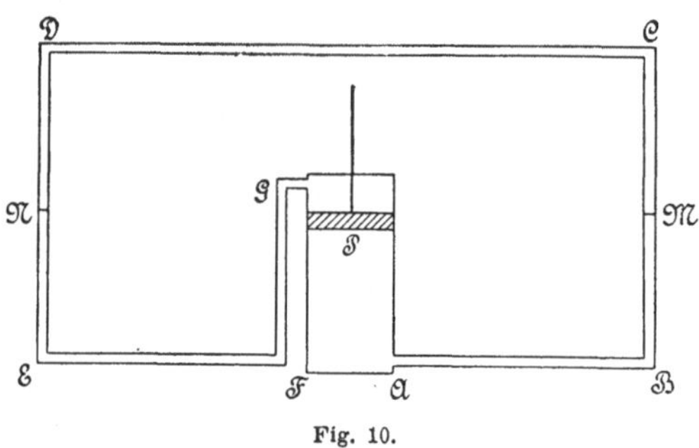

Fig. 10.

sich durch zwei senkrechte Röhren B C und D E, sowie durch eine horizontale Röhre C D in Verbindung stehen. Diese Pumpe sei, ebenso wie ein Theil der Röhren, mit Quecksilber gefüllt; M und N mögen das Niveau des Quecksilbers bezeichnen, das anfangs in den vertikalen Röhren in derselben horizontalen Ebene stehen soll. Ferner mögen die Röhre C D und die nicht durch das Quecksilber eingenommenen Theile der vertikalen Röhren mit Wasser gefüllt sein. Drücken wir den Stempel herunter, so entsteht ein Flüssigkeitsstrom in dem Apparat und zwar in einem bestimmten Sinne, z. B. in der Richtung A B C D E F G; in Folge dessen hebt sich das Quecksilberniveau in M und fällt in N, bis der Höhenunterschied einen genügenden Druck hervorruft, um der Wirkung des Stempels das

Gleichgewicht zu halten. Die aufgewandte Arbeit wurde also benutzt, um einen Niveauunterschied zu erzeugen; sie findet sich als eine Vermehrung der potentiellen Energie des Systems wieder und diese Energie hängt von der Stellung der Quecksilberkuppen ab. Wir haben so ein treues Bild eines Verschiebungsstroms. Aendern wir jetzt den obigen Apparat etwas ab. Wir geben den Röhren einen sehr engen Querschnitt und nehmen an, dass sie und die Pumpe vollständig mit Quecksilber gefüllt seien. Setzt man nun die Pumpe in Bewegung, so verschiebt sich das Quecksilber und setzt in Folge seiner Kohäsion der Bewegung des Stempels einen gewissen Widerstand entgegen. Wenn der letztere gleich der Kraft ist, welche auf den Stempel wirkt, so bewegt sich das Quecksilber mit konstanter Geschwindigkeit, und die Bewegung geht vor sich, so lange der Druck auf den Stempel wirkt. Die Arbeit findet sich in der Form von Wärme wieder, die durch die Reibung der flüssigen Moleküle entwickelt wird, und die Menge der entwickelten Wärme hängt von der Geschwindigkeit ab. Wir finden in diesem Beispiel das vollkommene Bild eines Leiterstroms: ein veränderlicher Zustand in der Anfangsperiode, hierauf ein stationärer Zustand und eine Umwandlung der Arbeit in Wärme.

90. Gesetz von Joule. Die Menge der Wärme, welche in dem von einem Strom durchflossenen Leiter entwickelt wird, ist nach dem Joule'schen Gesetz proportional dem Quadrat der Stromintensität. In der Maxwell'schen Theorie wird die Arbeit, welche zur Ueberwindung des Widerstands im Volumelement $d\tau$ nöthig ist, gegeben durch den Ausdruck

$$\left(\frac{u}{C}\,df + \frac{v}{C}\,dg + \frac{w}{C}\,dh\right) d\tau,$$

wo df, dg, dh die Komponenten der Verrückung darstellen, welche während des Zeitintervalls dt stattfindet. Diesen Ausdruck kann man schreiben:

$$\left(u\,\frac{\partial f}{\partial t} + v\,\frac{\partial g}{\partial t} + w\,\frac{\partial h}{\partial t}\right)\frac{d\tau}{C}\,dt$$

oder

$$\frac{u^2 + v^2 + w^2}{C}\,d\tau\,dt.$$

Für den gesammten Leiter ist diese Arbeit

$$\frac{1}{C}\, dt \int (u^2 + v^2 + w^2)\, d\tau .$$

Sie ist proportional dem Quadrate der Intensität; ebenso ist es also auch die aus ihrer Umwandlung entstehende Wärmemenge, wie es das Joule'sche Gesetz verlangt.

Maxwell widmet in seinem Werke dem Studium der Leitung mehrere interessante Kapitel. Wir wollen ihm nicht in allen Entwicklungen, die er über diesen Gegenstand liefert, folgen, sondern uns auf das beschränken, was wir hier über die Elektrokinematik auseinandergesetzt haben.

Kapitel VI.

Magnetismus.

91. Magnetische Fluida. Gesetze der magnetischen Wirkungen. Wir wollen die Hauptpunkte der Lehre vom Magnetismus hier rekapituliren.

Es ist uns bekannt, dass bei den magnetischen Erscheinungen Alles so vor sich geht, als wenn zwei magnetische Fluida beständen, die, wie die elektrischen Fluida, in ihren wechselseitigen Wirkungen entgegengesetzte Eigenschaften besitzen: die Fluida derselben Art stossen sich ab, die entgegengesetzten ziehen sich an.

Die Gesetze dieser Anziehung und Abstossung sind analog denen der Wirkung der elektrischen Fluida; die zwischen zwei magnetischen Massen ausgeübte Kraft ändert sich umgekehrt mit dem Quadrat des Abstandes und proportional mit den wirksamen Massen. Wählt man als Einheit der magnetischen Masse diejenige, welche in der Einheit der Entfernung auf eine gleich grosse Masse die Einheit der Kraft ausübt, und setzt fest, dass magnetische Massen verschiedener Art mit dem entgegengesetzten Zeichen versehen werden, so erhält man für den Werth der zwischen zwei Massen m und m' in der Entfernung r ausgeübten Kraft

$$f = -\frac{m\,m'}{r^2},$$

wenn eine abstossende Kraft negativ, eine anziehende positiv bezeichnet wird. Die vorstehende Beziehung wurde von Coulomb experimentell festgestellt und ihre Genauigkeit ist durch die Uebereinstimmung der daraus abgeleiteten Folgerungen mit den Versuchsergebnissen bewiesen.

92. Summe der magnetischen Masse eines Magneten. Das zweite Grundgesetz des Magnetismus sagt aus, dass bei einem beliebigen Magneten die algebraische Summe der soeben definirten magnetischen Massen gleich Null ist. Dies Gesetz folgt aus der Thatsache, dass ein Magnet, der sich in einem gleichmässigen magnetischen Feld, wie das von der Erde erzeugte, befindet, keine Verschiebung erfährt. Wenn nämlich die gesammte magnetische Masse des Magnets nicht Null wäre, so würde auf ihn eine Kraft wirken und nicht ein Kräftepaar und der betreffende Magnet würde sich unter der Einwirkung des Felds fortbewegen.

93. Zusammensetzung der Magnete. Wird ein Magnet in eine grosse Anzahl kleiner Stücke zerbrochen, so entstehen ebensoviele kleine Magnete und jeder derselben weist zwei Pole von gleicher Intensität und entgegengesetztem Zeichen auf. Durch Wiedervereinigung dieser kleinen Magnete kann man den ursprünglichen Magnet mit allen seinen Eigenschaften wieder herstellen. Man darf demnach annehmen, dass ein Magnet aus lauter kleinen Theilchen besteht, von denen jedes zwei gleiche magnetische Massen von entgegengesetztem Zeichen enthält. Die algebraische Summe der Massen jedes Theilchens ist Null und folglich die Gesammtmasse des Magnets ebenfalls, wie es das vorhergehende Gesetz verlangt. Diese Hypothese über den Bau der Magnete steht also mit der Erfahrung nicht im Widerspruch.

94. Potential eines magnetischen Elements. Komponenten der Magnetisirung. Wir nehmen eines der elementaren Theilchen vom Volumen $d\tau$, aus denen ein Magnet besteht, und suchen den Werth des Potentials in einem Punkt P (Fig. 11). m und $-m$ seien die in unendlich nahen Punkten A und B dieses Elements befindlichen magnetischen Massen; r_1 und r_2 die Abstände derselben vom Punkt P. Das Potential in P ist

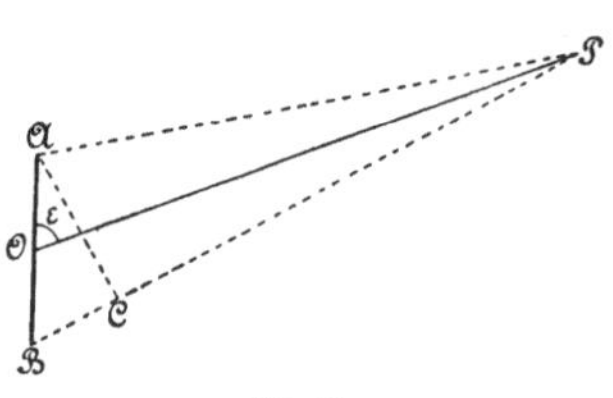

Fig. 11.

$$d\Omega = \frac{m}{r_1} - \frac{m}{r_2} = m\left(\frac{1}{r_1} - \frac{1}{r_2}\right) = m\,\frac{r_2 - r_1}{r_1 r_2}.$$

Fällen wir von A das Perpendikel AC auf die Gerade BP, dann ist $r_2 - r_1$ bis auf unendlich kleine Grössen zweiter Ordnung gleich BC. Mit derselben Annäherung haben wir, wenn mit da der Abstand AB und mit ε der Winkel von OP mit der Richtung von BA bezeichnet wird,

$$r_1 - r_2 = da \cos\varepsilon,$$

und ebenso

$$r_1\, r_2 = r^2\,,$$

wo r den Abstand des Punktes P von O bedeutet.

Folglich ist der Werth des Potentials in P

$$(1) \qquad d\,\Omega = \frac{m da \cos \varepsilon}{r^2}\,.$$

Wir formen diesen Ausdruck um, indem wir die Komponenten A, B, C der Magnetisirung I in denselben einführen.

Diese Komponenten sind durch folgende Beziehungen definirt:

$$m dx = \mathrm{A}\, d\tau\,, \qquad m dy = \mathrm{B}\, d\tau\,, \qquad m dz = \mathrm{C}\, d\tau\,,$$

in denen dx, dy, dz die Projektionen der Geraden BA nach den drei Koordinatenachsen darstellen.

Wenn ξ, η, ζ die Koordinaten des Punktes P und x, y, z die von O bedeuten, so haben wir

$$\cos \varepsilon = \frac{dx}{da} \cdot \frac{\xi - x}{r} + \frac{dy}{da} \cdot \frac{\eta - y}{r} + \frac{dz}{da} \cdot \frac{\zeta - z}{r}\,,$$

und folglich für den Werth von $d\,\Omega$

$$d\,\Omega = m\,\frac{da \cos \varepsilon}{r^2} = m\left(\frac{\xi - x}{r^3}\,dx + \frac{\eta - y}{r^3}\,dy + \frac{\zeta - z}{r^3}\,dz\right).$$

Das Quadrat des Abstands zwischen O und P ist aber

$$r^2 = (\xi - x)^2 + (\eta - y)^2 + (\zeta - z)^2\,;$$

woraus folgt

$$\xi - x = -\,r\,\frac{\partial r}{\partial x}\,,$$

und

$$\frac{\xi - x}{r^3} = -\,\frac{1}{r^2}\,\frac{\partial r}{\partial x} = \frac{\partial \frac{1}{r}}{\partial x}\,.$$

Auf dieselbe Weise erhalten wir

$$\frac{\eta - y}{r^3} = \frac{\partial \frac{1}{r}}{\partial y}, \quad \text{und} \quad \frac{\zeta - z}{r^3} = \frac{\partial \frac{1}{r}}{\partial z}.$$

Wir können also schreiben:

$$d\,\Omega = m\,dx \frac{\partial \frac{1}{r}}{\partial x} + m\,dy \frac{\partial \frac{1}{r}}{\partial y} + m\,dz \frac{\partial \frac{1}{r}}{\partial z},$$

oder unter Berücksichtigung der Beziehungen, durch welche die Komponenten der Magnetisirung definirt werden

$$d\,\Omega = \left(\mathrm{A} \frac{\partial \frac{1}{r}}{\partial x} + \mathrm{B} \frac{\partial \frac{1}{r}}{\partial y} + \mathrm{C} \frac{\partial \frac{1}{r}}{\partial z} \right) d\tau.$$

95. Potential eines Magneten. Das Potential eines Magneten erhält man durch Summirung der Potentiale aller seiner Elemente; sein Werth ist daher

$$\Omega = \int \left(\mathrm{A} \frac{\partial \frac{1}{r}}{\partial x} + \mathrm{B} \frac{\partial \frac{1}{r}}{\partial y} + \mathrm{C} \frac{\partial \frac{1}{r}}{\partial z} \right) d\tau.$$

Ist ein Magnet durch eine geschlossene Fläche begrenzt, so können wir diesen Ausdruck umformen. Bezeichnen wir nämlich mit l, m, n die Richtungskosinus der Normale zu einem Element $d\omega$ der Magnetoberfläche, so erhalten wir

$$\int l\,\mathrm{A} \frac{1}{r}\,d\omega = \int \frac{\partial}{\partial x} \left(\frac{\mathrm{A}}{r} \right) d\tau = \int \mathrm{A} \frac{\partial \frac{1}{r}}{\partial x}\,d\tau + \int \frac{\partial \mathrm{A}}{\partial x} \cdot \frac{1}{r}\,d\tau,$$

oder

$$\int \mathrm{A} \frac{\partial \frac{1}{r}}{\partial x}\,d\tau = \int l\,\mathrm{A} \frac{1}{r}\,d\omega - \int \frac{\partial \mathrm{A}}{\partial x} \cdot \frac{1}{r}\,d\tau.$$

Wenn wir auf dieselbe Weise die beiden anderen Glieder des Integrals Ω transformiren, so finden wir für diese Grösse

$$\Omega = \int \frac{l\mathrm{A} + m\mathrm{B} + n\mathrm{C}}{r} d\omega - \int \frac{\frac{\partial \mathrm{A}}{\partial x} + \frac{\partial \mathrm{B}}{\partial y} + \frac{\partial \mathrm{C}}{\partial z}}{r} d\tau .$$

Man kann also das Potential in einem Punkt als die Resultante betrachten aus einer auf der Fläche des Magneten ausgebreiteten magnetischen Belegung von der Dichte

$$\sigma = l\mathrm{A} + m\mathrm{B} + n\mathrm{C},$$

und aus einer, das ganze Volum des Magneten einnehmenden, magnetischen Masse von der Dichte

$$\varrho = -\left(\frac{\partial \mathrm{A}}{\partial x} + \frac{\partial \mathrm{B}}{\partial y} + \frac{\partial \mathrm{C}}{\partial z}\right).$$

96. Wir bemerken, dass das Gesetz von Poisson für einen ausserhalb des Magneten gelegenen Punkt ergibt

$$\Delta \Omega = 0,$$

und für einen inneren Punkt

$$\Delta \Omega = -4\pi\varrho = 4\pi\left(\frac{\partial \mathrm{A}}{\partial x} + \frac{\partial \mathrm{B}}{\partial y} + \frac{\partial \mathrm{C}}{\partial z}\right).$$

97. Potential eines magnetischen Blattes. Wir denken uns einen durch zwei unendlich nahe Flächen begrenzten Magneten, der auf beiden Seiten gleiche magnetische Belegungen von entgegengesetzten Zeichen besitzt. Wenn in jedem Punkt der Fläche die Magnetisirung senkrecht zu derselben steht und das Produkt Ie der Intensität der Magnetisirung I in die Dicke e des Magneten konstant ist, so erhält der Magnet den Namen Magnetisches Blatt. Das konstante Produkt Ie heisst die Stärke Φ des Blattes.

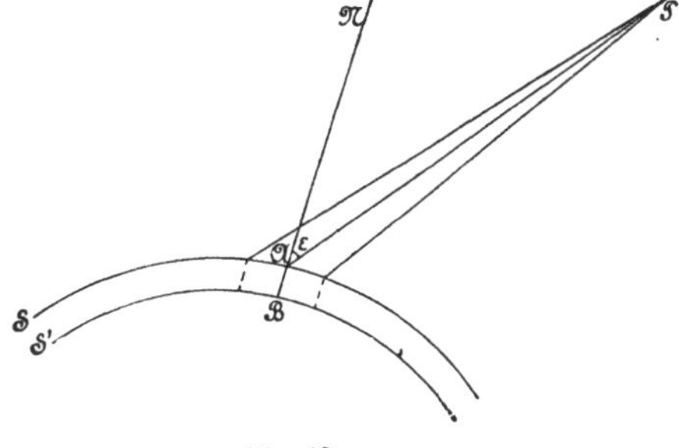

Fig. 12.

Betrachten wir ein Flächenelement $d\omega$ im Punkt A, so ist die Ladung desselben $\sigma d\omega$, wenn σ die Dichte der magnetischen Belegung S im Punkt A bedeutet. Der Theil AB des Blattes, der diesem Oberflächenelement entspricht, kann als ein unendlich kleiner Magnet mit den Ladungen $\sigma\, d\omega$ und $-\sigma\, d\omega$ in den um e von einander entfernten Punkten A und B angesehen werden. Die Formel (1) des § **94** gibt für das Potential P dieses Elements

$$d\,\Omega = \sigma\, d\omega \frac{e \cos \varepsilon}{r^2}.$$

Dieser Ausdruck lässt sich noch umformen. Da nämlich die magnetische Axe in der Richtung B A verläuft, welche man zu einer der Koordinatenaxen wählt, so hat man

$$\sigma\, d\omega\, e = \mathrm{I}\, d\tau = \mathrm{I}\, d\omega\, e = \Phi\, d\omega\,,$$

und folglich

$$d\,\Omega = \frac{\Phi\, d\omega \cos \varepsilon}{r^2}.$$

Nun ist $\frac{d\omega \cos \varepsilon}{r^2}$ der Gesichtswinkel $d\varphi$, unter welchem das Element des Blattes vom Punkt P aus erscheint; man kann also schreiben

$$d\,\Omega = \Phi\, d\varphi\,.$$

Für ein Blatt von endlichen Dimensionen wird man erhalten

$$\Omega = \Phi\, \varphi\,,$$

das heisst:

Das Potential eines magnetisches Blattes in einem äusseren Punkt ist gleich dem Produkt aus seiner Stärke in den Winkel, unter dem das Blatt von dem betrachteten Punkt aus erscheint; dies Produkt ist positiv oder negativ zu nehmen, je nachdem die betrachtete Fläche positiv oder negativ ist.

98. Magnetische Kraft in einem äusseren Punkt. Die Komponenten der Kraft, welche auf die Einheit der in einem äusseren Punkt befindlichen, positiven magnetischen Masse ausgeübt wird, sind die partiellen Derivirten des Potentials an diesem Punkt, mit dem negativen Zeichen genommen. Nennen wir dieselben α, β, γ, so erhalten wir

$$\alpha = -\frac{\partial \Omega}{\partial x}, \qquad \beta = -\frac{\partial \Omega}{\partial y}, \qquad \gamma = -\frac{\partial \Omega}{\partial z}.$$

99. Magnetische Kraft im Innern eines Magnets. Wir können die Kraft, welche auf die Einheit der im Innern des Magneten befindlichen magnetischen Masse ausgeübt wird, nicht kennen lernen, ohne eine kleine Höhlung zu bohren, so dass man einen kleinen Probemagneten hineinstecken kann; aber das Vorhandensein dieser Höhlung verändert die Wirkung des Magneten, und diese Aenderung hängt von der Form ab, welche man der Höhlung gegeben hat. Um die Kraft in einem Punkte der Höhlung zu berechnen, muss man also die Gestalt der letzteren kennen.

Maxwell betrachtet nur zwei besondere Fälle, bei denen die Höhlung aus einem sehr kleinen Cylinder besteht, dessen Erzeugende der Magnetisirungsrichtung parallel laufen. Im ersten Fall ist die Länge des Cylinders unendlich gross im Verhältniss zum Querschnitt; im zweiten ist sie unendlich klein.

Nennen wir Ω das Potential des vollständigen Magneten an einem inneren Punkt und Ω_1 das Potential der cylindrischen Masse, die zur Bildung der Höhlung an demselben Punkt fortgenommen ist, dann ergibt die Differenz $\Omega - \Omega_1$ den Werth des Potentials des Magneten in P, wenn die Höhlung gebohrt ist. Die Kraft auf die Einheit der magnetischen Masse hat dann die Komponenten

$$-\frac{\partial\Omega}{\partial x}+\frac{\partial\Omega_1}{\partial x}, \quad -\frac{\partial\Omega}{\partial y}+\frac{\partial\Omega_1}{\partial y}, \quad -\frac{\partial\Omega}{\partial z}+\frac{\partial\Omega_1}{\partial z}.$$

100. Suchen wir nun den Werth von Ω_1, wenn die Länge des Cylinders gross ist im Verhältniss zum Querschnitt. Ω_1 ist die Summe zweier Integrale, von denen das eine sich über die Oberfläche, das andere über das Volumen erstreckt. Dies letztere ist unendlich klein von der dritten Ordnung und kann gegen das erste vernachlässigt werden. Aber auch bei diesem können die den Grundflächen des Cylinders entsprechenden Elemente unberücksichtigt bleiben, da diese Grundflächen im Verhältniss zu der Höhe unendlich klein sind; man braucht also nur die Seitenfläche zu berücksichtigen. Nun steht in jedem Punkt dieser Fläche die Normale senkrecht zur Kraft der Magnetisirung, daher ist die Projektion $l\mathrm{A}+m\mathrm{B}+n\mathrm{C}$ der Magnetisirung auf diese Normale gleich Null und die Elemente des der Seitenfläche entsprechenden Integrals sind ebenfalls Null. Es folgt also daraus, dass man die Grösse Ω_1 vernachlässigen kann. Die Komponenten der magnetischen Kraft sind also

$$\alpha=-\frac{\partial\Omega}{\partial x}, \quad \beta=-\frac{\partial\Omega}{\partial y}, \quad \gamma=-\frac{\partial\Omega}{\partial z};$$

dies sind aber dieselben Grössen, welche die Komponenten in einem äusseren Punkt darstellen.

101. Magnetische Induktion. Gehen wir jetzt zu dem Fall über, dass die Länge der cylindrischen Höhlung sehr klein ist im Verhältniss zur Grundfläche. Wie im vorhergehenden Fall, können wir bei dem Werth von Ω_1 das über das Volumen ausgedehnte Integral vernachlässigen. In dem Flächenintegral sind die von der Seitenfläche herrührenden Elemente Null, da die Normale jedes Oberflächenelements senkrecht zur Magnetisirungsrichtung steht; es genügt also, das zweifache Integral über die Grundflächen des Cylinders auszudehnen.

Um den Werth dieses Integrals zu finden, wählen wir als X-Axe eine Parallele zur Magnetisirungsrichtung; dieselbe steht demnach senkrecht auf beiden Cylindergrundflächen. Für jedes Element einer derselben erhalten wir $l=1$, $m=0$, $n=0$; und für jedes Element der anderen $l=-1$, $m=0$, $n=0$. In diesem speciellen Axensystem haben wir also für den Werth von Ω_1,

$$\Omega_1 = \int \frac{A}{r}\, d\omega - \int \frac{A}{r}\, d\omega,$$

wobei sich jedes Integral über eine der Grundflächen erstreckt. Dieser Werth ist derselbe, als wenn man angenommen hätte, dass jede Cylinderfläche mit einer magnetischen Belegung versehen ist, welche bezw. die Dichte $+A$ und $-A$ besitzen. Da die Ausdehnung dieser Lagen sehr gross ist im Verhältniss zu ihrem Abstand (der Höhe des Cylinders), so ist die Wirkung, welche sie auf die Einheit einer zwischen ihnen befindlichen magnetischen Masse ausüben, gleich $4\pi A$. Diese Kraft ist nach der Seite der negativen Belegung gerichtet, das heisst entgegengesetzt der Magnetisirungsrichtung.

Die Höhlung, welche eine entgegengesetzte Wirkung besitzt, als ein magnetisirter Cylinder von demselben Volumen, bringt also eine Vermehrung der Kraft in der Richtung der Magnetisirung hervor, und diese Vermehrung beträgt $4\pi A$. Folglich ist die nach X genommene Komponente der Kraft, welche vom Magneten auf die Einheit der im Innern der Höhlung befindlichen Masse ausgeübt wird

$$a = -\frac{\partial \Omega}{\partial x} + 4\pi A = \alpha + 4\pi A.$$

Es ist klar, dass, wenn an Stelle des von uns benutzten besonderen Axensystems, beliebige Axen gewählt werden, wir analoge Ausdrücke für die anderen Komponenten der Kraft erhalten.

Diese Komponenten sind also

$$\begin{cases} a = \alpha + 4\pi A, \\ b = \beta + 4\pi B, \\ c = \gamma + 4\pi C. \end{cases}$$

Maxwell nennt sie die Komponenten der Magnetischen Induktion im Innern des Magneten.

102. Wir bemerken, dass die Grösse

$$\alpha\, dx + \beta\, dy + \gamma\, dz$$

ein vollständiges Differential darstellt, da sie gleich $-d\Omega$ ist, während dies bei der Grösse

$$a\, dx + b\, dy + c\, dz$$

nicht der Fall ist.

Ein anderer Unterschied zwischen der magnetischen Kraft und der magnetischen Induktion besteht in dem Werth der Summe aus den partiellen Derivirten ihrer Komponenten; dieselbe ist Null für die magnetische Induktion, dagegen für die magnetische Kraft von Null verschieden.

Wir wollen nachweisen, dass in der That die Beziehung gilt:

$$\frac{\partial a}{\partial x} + \frac{\partial b}{\partial y} + \frac{\partial c}{\partial z} = 0.$$

Man hat

$$\frac{\partial a}{\partial x} + \frac{\partial b}{\partial y} + \frac{\partial c}{\partial z} = \frac{\partial \alpha}{\partial x} + \frac{\partial \beta}{\partial y} + \frac{\partial \gamma}{\partial z} + 4\pi \left(\frac{\partial A}{\partial x} + \frac{\partial B}{\partial y} + \frac{\partial C}{\partial z}\right),$$

oder

$$\frac{\partial a}{\partial x} + \frac{\partial b}{\partial y} + \frac{\partial c}{\partial z} = -\Delta\Omega + 4\pi \left(\frac{\partial A}{\partial x} + \frac{\partial B}{\partial y} + \frac{\partial C}{\partial z}\right).$$

Nun ist (cf. § **95**)

$$\frac{\partial A}{\partial x} + \frac{\partial B}{\partial y} + \frac{\partial C}{\partial z} = -\varrho,$$

und die Poisson'sche Gleichung gibt andererseits für einen inneren Punkt

$$\Delta \Omega = -4\pi\varrho,$$

daher ist die betrachtete Summe Null.

103. Inducirter Magnetismus. Gewisse Körper magnetisiren sich durch Influenz, wenn sie in ein magnetisches Feld gebracht werden. Poisson nimmt an, dass die Komponenten des inducirten Magnetismus an einem Punkt eines derartigen Körpers proportional den Komponenten der magnetischen Kraft in diesem Punkt sind. Setzen wir also

$$\mathrm{A} = \varkappa\alpha, \quad \mathrm{B} = \varkappa\beta, \quad \mathrm{C} = \varkappa\gamma,$$

so werden nach den vorhergehenden Formeln die Komponenten der Induktion an demselben Punkt

$$\begin{cases} a = \alpha + 4\pi\mathrm{A} = (1 + 4\pi\varkappa)\,\alpha, \\ b = \beta + 4\pi\mathrm{B} = (1 + 4\pi\varkappa)\,\beta, \\ c = \gamma + 4\pi\mathrm{C} = (1 + 4\pi\varkappa)\,\gamma. \end{cases}$$

Durch Einführung von

$$\mu = (1 + 4\pi\varkappa)$$

gehen diese Formeln über in:

$$\begin{cases} a = \mu\alpha, \\ b = \mu\beta, \\ c = \mu\gamma. \end{cases}$$

Maxwell nennt μ das Magnetische Induktionsvermögen. Diese Grösse ist analog dem specifischen Induktionsvermögen K in der Elektrostatik; sie ist grösser als Eins für magnetische Körper, gleich Eins für das Vakuum, und kleiner als Eins für diamagnetische Körper.

104. Die Einfachheit der vorangehenden Formeln könnte uns täuschen über die Schwierigkeit, welche die Bestimmung der Induktion an einem Punkt eines Körpers besitzt. Worauf wir nämlich keine Rücksicht genommen haben, ist der Umstand, dass $\varkappa$ und μ keine Konstanten sind; zweitens setzten wir voraus, dass wir es nur mit permanenten Magneten zu thun haben, bei denen die Koerzitivkraft unendlich ist, und mit inducirten Magneten, bei denen die Koerzitivkraft Null ist.

Die natürlichen Körper genügen diesen Bedingungen nicht, denn die Koerzitivkraft kann niemals streng Null sein, ebensowenig unendlich werden; ferner ist der Koeffizient $\varkappa$ keine Konstante, sondern eine Funktion der Intensität des Magnetismus

$$\sqrt{A^2 + B^2 + C^2},$$

der man den Namen „Magnetisirungsfunktion" gegeben hat. Man kann nur dann $\varkappa$ und μ mit Recht als Konstanten betrachten, wenn die Magnetisirung sehr schwach ist.

Dies wollen wir im Folgenden immer voraussetzen, wozu wir um so mehr berechtigt sind, als für die Mehrzahl der Körper μ sehr wenig von 1 verschieden ist.

Kapitel VII.

Elektromagnetismus.

105. Grundgesetze. Man kann mehrere Wege einschlagen, um die von einem geschlossenen Strom auf einen magnetischen Pol ausgeübte Wirkung zu finden, und um nachzuweisen, dass diese Wirkung derjenigen eines magnetischen Blattes gleich ist, welches den Stromkreis zur Begrenzung hat. Wir wollen nicht der Erklärungsweise von Maxwell folgen, der von der Gleichwerthigkeit eines unendlich kleinen Stromes und eines Magneten ausgeht, sondern wollen uns, um zu den Maxwell'schen Formeln zu gelangen, auf drei durch die Erfahrung bewiesene Gesetze und auf eine Hypothese stützen.

Diese drei experimentellen Gesetze sind die folgenden:

1. Zwei parallele Ströme gleicher Intensität und entgegengesetzter Richtung üben auf einen Magnetpol gleich grosse, aber dem Zeichen nach entgegengesetzte Wirkungen aus.

2. Ein gekrümmter Strom hat die gleiche Wirkung, wie ein geradliniger mit denselben Endpunkten.

3. Die von einem Strom auf einen Magnetpol ausgeübte Kraft ist proportional der Stromintensität, d. h. der Quantität Elektricität, welche in der Zeiteinheit durch einen Querschnitt des Leiters strömt.

Die beiden ersten Gesetze wurden von Ampère bewiesen; das dritte ist durch zahlreiche Experimente geprüft worden. Theilweise wurden die letzteren, wie diejenigen von Colladon und Faraday, mittels Entladung von Batterien ausgeführt, die eine bekannte Elektricitätsmenge enthielten; die anderen, genaueren, mit dem Voltameter.

106. Hypothese. Die Hypothese, welche wir den vorhergehenden Gesetzen hinzufügen, besteht darin, dass die Komponenten der auf einen Magnetpol wirkenden Kraft die partiellen Derivirten ein und derselben Funktion sind, welche nur von der Lage des Pols in Bezug auf den Stromkreis abhängt.

Diese Hypothese erscheint als sehr natürlich, wenn man bedenkt, dass in dem System das Gesetz von der Erhaltung der Energie gewahrt bleiben muss. Aber man hat zu beachten, dass dies nicht die einzige Hypothese ist, welche mit dem Prinzip von der Erhaltung der Energie vereinbar erscheint; die angenommene Hypothese könnte sich also als falsch herausstellen, ohne dass das Prinzip von der Erhaltung der Energie aufhörte, seine Richtigkeit zu behalten.

Nach dieser Annahme dürfen wir für die Werthe α, β, γ der Komponenten der auf die Einheit des Pols wirkenden Kraft setzen

$$\alpha = -\frac{\partial \Omega}{\partial x}, \quad \beta = -\frac{\partial \Omega}{\partial y}, \quad \gamma = -\frac{\partial \Omega}{\partial z}.$$

Die Funktion Ω heisst das Potential des von dem Strom durchflossenen Leiters; zur Bestimmung ihres Werthes müssen wir einige Theoreme benutzen, welche wir zunächst aufstellen wollen. Hierbei vernachlässigen wir übrigens zur grösseren Bequemlichkeit die Integrationskonstante der Funktion Ω.

107. Theorem I. *Das einem Stromkreise zukommende Potential ist gleich der Summe der Potentiale für die verschiedenen Stromkreise, in welche man den ersteren zerlegen kann.*

Diese Eigenschaft folgt unmittelbar aus dem Grundgesetz für die Wirkungen, welche von zwei parallelen, aber entgegengesetzt gerichteten Strömen ausgeübt werden.

Es sei beispielsweise A B C D (Fig. 13) ein geschlossener Stromkreis; wir können denselben in zwei Ströme A B C A und A C D A zerlegen, die in der Richtung der Pfeile verlaufen. Das Leiterstück A C wird dann von zwei Strömen gleicher Intensität, aber entgegengesetzter Richtung durchflossen, und übt deshalb keine Wirkung auf einen Magnetpol aus; folglich muss das Potential des gesammten Stroms gleich der Summe der Potentiale beider Partialströme A B C A und A C D A sein.

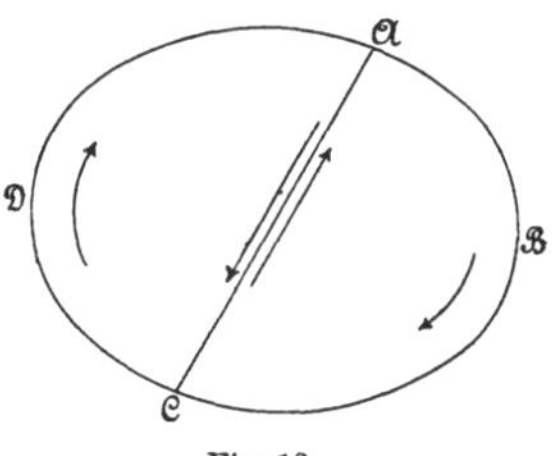

Fig. 13.

Die Verallgemeinerung dieses Theorems auf eine beliebige Zahl partieller Ströme liegt auf der Hand.

108. Theorem II. *Das Potential eines geschlossenen ebenen Stromkreises an einem äusseren, in seiner Ebene gelegenen Punkt ist Null.*

a. Wir nehmen zunächst an, dass der Strom eine Symmetrieaxe OA (Fig. 14) besitzt, und verlegen den Magnetpol in einen beliebigen Punkt O dieser Axe. Wenn wir den Stromkreis um seine Symmetrieaxe drehen, so behält der Magnetpol immer dieselbe Lage zu dem Strom bei, weshalb das Potential in O sich nicht verändert. Ist aber der Stromkreis um einen Winkel von 180° gedreht worden, so kommt er in seine ursprüngliche Ebene zurück und die Richtung des in der Anfangsstellung durch die Pfeile in Fig. 14 dargestellten Stroms wird nach dieser Drehung durch die Pfeile in Fig. 15 bezeichnet. Der Strom hat also in Bezug auf den Punkt O sein Zeichen gewechselt und nach dem Gesetz über Ströme entgegengesetzter Richtung besitzt auch die auf den Pol ausgeübte Kraft das entgegengesetzte Zeichen. Aus diesem Zeichenwechsel der Kraft folgt ein Zeichenwechsel des Potentials Ω; da andererseits dies Potential denselben Werth behalten soll, so muss es Null sein.

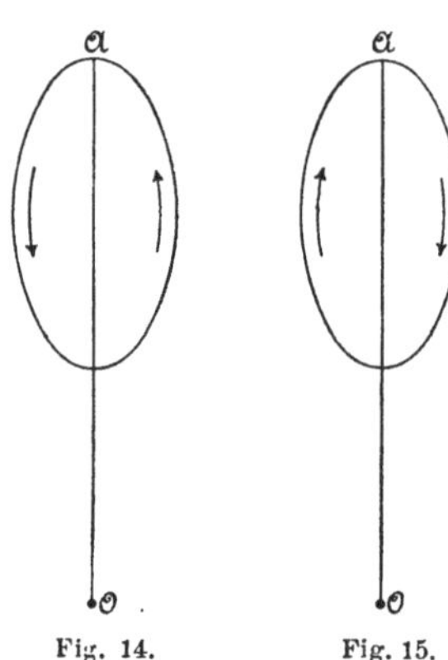

Fig. 14. Fig. 15.

b. Wenn der Stromkreis die Form eines krummlinigen Rechtecks BCED (Fig. 16) hat, das durch Kreisbogen BC und DE und durch Strecken BD und CE der Radien BO und CO gebildet wird, so besitzt das Potential in O den Werth Null, da dieser Punkt auf der Symmetrieaxe OA der Figur liegt.

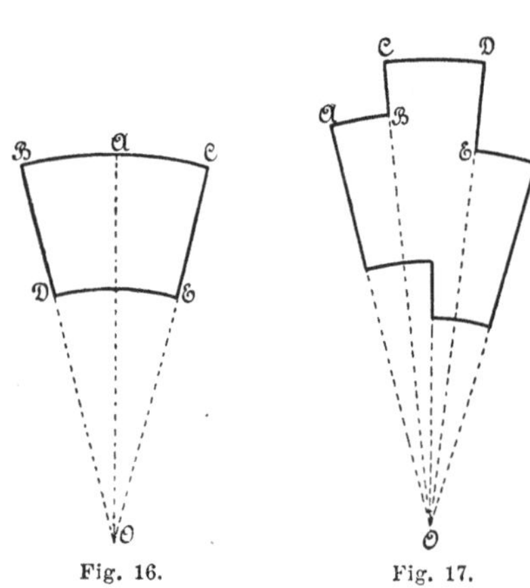

Fig. 16. Fig. 17.

c. Wenn der geschlossene Stromkreis aus einer Reihe konzentrischer Kreisbogen AB, CD, ... (Fig. 17) zusammengesetzt ist, die durch gerade, m gemeinsamen Mittelpunkt sich schneidende Strecken verbunden sind, so ist das Potential in diesem Punkt offenbar nach dem Vorangehenden und nach Theorem I gleichfalls Null.

d. Gehen wir endlich zu dem allgemeinen Fall eines ebenen Stromkreises von beliebiger Form (Fig. 18) über. Wir nehmen auf dem Stromkreis sehr nahegelegene Punkte A, B, C, ... an und legen Kreisbogen durch dieselben, die einen beliebigen Punkt O der Stromebene zum Mittelpunkt haben. Indem wir durch O eine gleiche Zahl passend gewählter Radien ziehen, können wir einen geschlossenen Stromkreis A a b b′ c c′ ... herstellen, dessen verschiedene Elemente sehr nahe gleich denen des gegebenen Stromkreises sind. Nach dem Prinzip von den gekrümmten Strömen ist die Wirkung dieser beiden Stromkreise auf einen Magnetpol die gleiche. Wir haben nun eben nachgewiesen, dass das Potential eines gekrümmten Stromes, der aus koncentrischen Kreisbogen und geraden, durch den Mittelpunkt gehenden Stücken besteht, Null ist. Folglich verhält es sich ebenso bei einem Stromkreis von beliebiger Form.

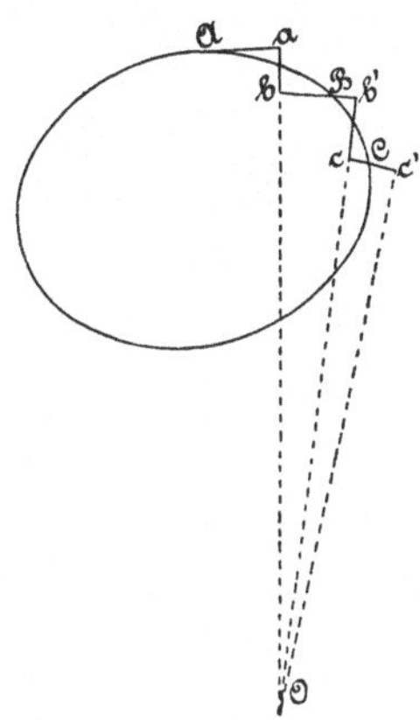

Fig. 18.

109. Theorem III. *Wenn ein geschlossener Stromkreis auf einem Kegelmantel liegt und zwar so, dass jede Erzeugende des Kegels den Stromkreis eine gerade Zahl von Malen trifft (wobei auch Null eine dieser Zahlen sein kann), so ist das Potential in der Kegelspitze gleich Null, vorausgesetzt, dass die letztere nicht von dem Stromkreis eingeschlossen wird.*

Ziehen wir zum Beweise auf dem Kegelmantel (Fig. 19) unendlich nahe erzeugende Gerade, so können wir den Stromkreis in

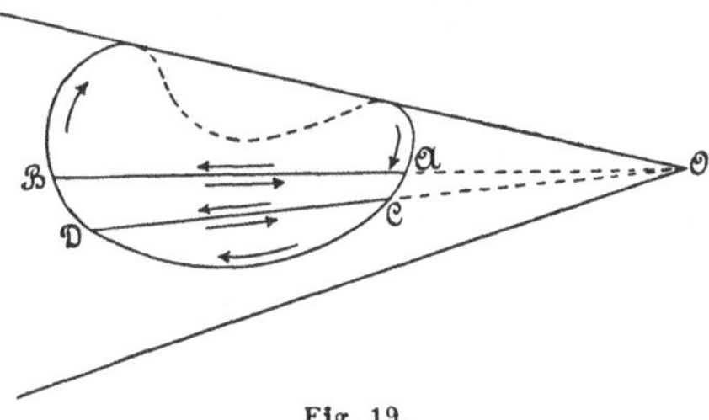

Fig. 19.

ebene Elemente, wie z. B. A C D B A zerlegen. Da der Punkt O in der Ebene jedes der partiellen Stromkreise gelegen ist, so muss das Potential eines jeden derselben an diesem Punkte Null sein; die Summe dieser Potentiale, d. h. das zu dem Gesammtstrom gehörige Potential ist demnach ebenfalls Null.

110. Theorem IV. *Wenn zwei geschlossene Stromkreise, die auf einem Kegelmantel liegen und alle Erzeugenden wenigstens ein Mal schneiden,* *von Strömen gleicher Intensität und gleicher Richtung für einen an der Kegelspitze befindlichen Beobachter durchlaufen werden, so besitzt das Potential in diesem Punkt denselben Werth für jeden der beiden Stromkreise.*

A C E und B D F (Fig. 20) mögen die beiden Leiter sein, welche von Strömen durchflossen werden, deren Richtung durch die ausserhalb angebrachten Pfeile angedeutet ist. Nehmen wir an, dass diese Leiter gleichzeitig von Strömen gleicher Intensität durchlaufen werden, deren (durch die inneren Pfeile angedeutete) Richtung aber derjenigen des wirklich stattfindenden Stromes entgegengesetzt ist, so

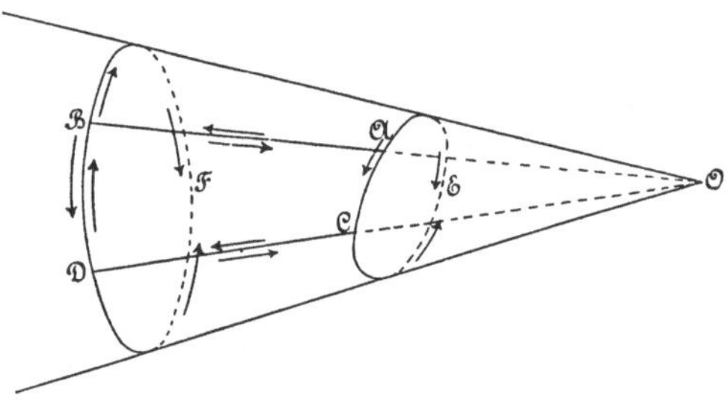

Fig. 20.

wird das den vier Strömen zukommende Potential in O Null sein. Es muss auch dann noch Null bleiben, wenn wir zu diesen Strömen solche gleicher Intensität, aber entgegengesetzter Richtung hinzufügen, welche zwei beliebige Erzeugende des Kegels A B und C D durchfliessen. Da nun die Intensität für alle Ströme dieselbe ist, so können wir das System als zusammengesetzt betrachten:

1. aus dem geschlossenen Leiter A C D B, der in der Richtung der angegebenen Buchstaben durchflossen wird; 2. dem geschlossenen Stromkreis A B F D C E A; 3. dem Stromkreis B D F; 4. dem Stromkreis A E C. Das Potential jeder der beiden ersten Stromkreise in O ist Null, da jeder derselben den Bedingungen des vorigen Theorems genügt. Das Potential des dritten und vierten Stromkreises zusammengenommen ist also ebenfalls Null, und folglich ist das Potential des von dem wirklichen Strom durchlaufenen Stromkreises B D F gleich und entgegengesetzt dem Potential des Leiters A E C, der von einem, dem wirklichen Strom entgegengesetzt gerichteten, fingirten Strom durchflossen wird. Das Potential des wirklichen, den Leiter A C E durchfliessenden Stromes ist gleich und entgegengesetzt dem Potential des fingirten Stromes, der diesen selben Leiter im entgegengesetzten Sinne durchfliesst; es ist also gleich dem Potential des wirklichen durch B D F fliessenden Stromes.

Uebrigens ist noch zu bemerken, dass die beiden betrachteten Leiter, anstatt nach unsrer Annahme auf derselben Kegelfläche zu liegen, auch zwei verschieden gelegenen, aber kongruenten Kegelflächen angehören könnten.

111. Potential eines geschlossenen Stromes. Wir nehmen nun einen beliebigen geschlossenen, von einem Strom durchlaufenen Leiter an, und suchen das Potential für einen ausserhalb desselben gelegenen Punkt O.

Wenn wir durch den Punkt O als Spitze eine Kegelfläche legen, welche den Leiter dem ganzen Umfang nach berührt, so wird aus einer um O beschriebenen Einheitskugel (Kugel mit dem Radius = 1) eine Fläche ausgeschnitten, deren Grösse φ ein Maass abgibt für den Winkel, unter dem der Leiter von dem Punkt O aus erscheint. Wir können diesen Kegel in eine unendliche Anzahl kleiner Kegel von gleichem Oeffnungswinkel theilen und annehmen, dass der gegebene Leiter auf diese Weise in eine unendliche Zahl kleiner geschlossener Leiter zerlegt wird, die auf den Kegelflächen liegen. Da diese Kegel denselben Winkel besitzen und ausserdem unendlich klein sind, so darf man annehmen, dass sie kongruent sind und demnach das Potential in O für jeden auf einer solchen Kegelfläche befindlichen Stromkreis das gleiche ist. Nun aber setzt sich das Potential des gesammten Leiters aus der Summe dieser Potentiale zusammen, es ist also proportional der Zahl der Elementarkegel und folglich auch proportional dem Gesichtswinkel φ.

Ausserdem ist nach dem dritten von uns aufgestellten Grundgesetze die von einem geschlossenen Strom auf einen Magnetpol ausgeübte Wirkung proportional der Stromintensität; folglich muss, unter Vernachlässigung der Integrationskonstante, die Potentialfunktion ebenfalls proportional der Stromintensität sein. Wir können also schreiben

$$\Omega = \varphi i,$$

wobei die Intensität in einer solchen Einheit gemessen wird, dass der Proportionalitätsfaktor gleich 1 wird; diese Einheit nennt man die Elektro-magnetische Einheit der Intensität.

Da die Wirkung eines Stromkreises auf einen Magnetpol mit der Richtung des Stromes das Zeichen wechselt, so muss das Zeichen von φi von der Stromrichtung abhängen. Nennen wir positive Seite des Stromkreises diejenige, welche sich zur Linken eines in dem Stromkreis mit dem Strom schwimmenden und nach dem Innern desselben blickenden Beobachters befindet, so wollen wir dem Winkel das Zeichen + oder — geben, je nachdem die positive oder negative Seite von dem betreffenden Punkt aus gesehen wird. Nehmen wir ferner noch an, dass eine Anziehungskraft als positiv, eine Abstossungskraft als negativ zu betrachten sei, so sind die Komponenten der von einem geschlossenen Stromkreis auf die Poleinheit ausgeübten Kraft durch die bereits angeführten Beziehungen gegeben:

$$\alpha = -\frac{\partial \Omega}{\partial x}, \quad \beta = -\frac{\partial \Omega}{\partial y}, \quad \gamma = -\frac{\partial \Omega}{\partial z}.$$

112. Unendlich kleiner Stromkreis. Es sei A A′ (Fig. 21) die Projektion eines unendlich kleinen Stromkreises, und A O A′ der

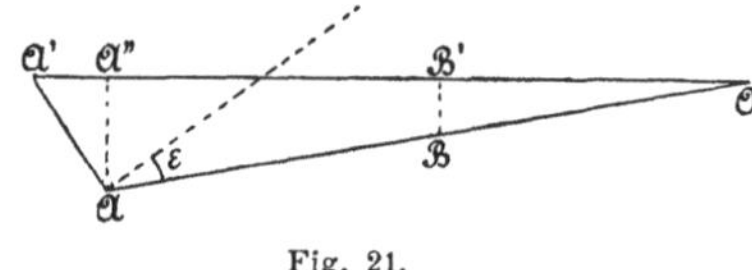

Fig. 21.

Elementarkegel mit dem Winkel $d\varphi$, welcher durch den Stromkreis gelegt ist. Das Potential im Punkt O besitzt den Werth

$$d\Omega = i d\varphi.$$

Da nun $d\varphi$ der Inhalt des von dem Kegel auf der Einheitskugel ausgeschnittenen Sektors ist, so beträgt der Inhalt des von demselben Kegel auf der Kugel von dem Radius $OA = r$ ausgeschnittenen Sektors, $r^2 d\varphi$. Ausserdem kann man unter Vernachlässigung unendlich kleiner Glieder höherer Ordnung diese Fläche A A″ als Projektion der Fläche $d\omega$ des Stromkreises A A′ auf eine zu O A senkrechte Ebene betrachten. Wir haben also

$$r^2 d\varphi = d\omega \cos \varepsilon$$

und folglich

$$(1) \qquad d\Omega = \frac{i d\omega \cos \varepsilon}{r^2}.$$

Dieser Ausdruck ist analog der Formel

$$(2) \qquad d\Omega = \frac{\Phi \, d\omega \cos \varepsilon}{r^2},$$

welche wir für das Potential eines magnetischen Blattelements von der Stärke Φ erhielten (**97**).

Folglich besitzt ein Element eines geschlossenen Stromes dasselbe Potential wie ein Blattelement von derselben Fläche und von einer Stärke, die der Stromintensität gleich ist.

113. Gleichwerthigkeit eines geschlossenen Stroms und eines magnetischen Blattes. Von den über eine gleiche Oberfläche erstreckten Integralen der Formeln (1) und (2) gibt das erste das Potential eines geschlossenen Stroms beliebiger Form, das zweite das Potential eines Blattes mit derselben Begrenzung. Nimmt man $\Phi = i$ an, so haben diese Integrale bis auf eine Konstante denselben Werth. Folglich sind die Komponenten α, β, γ der von einem geschlossenen Strom auf die Einheit der magnetischen Masse ausgeübten Kraft gleich denjenigen einer Kraft, welche ein magnetisches Blatt von derselben Begrenzung hervorbringen würde, dessen Stärke Φ gleich der elektromagnetischen Stromintensität i ist.

Man muss jedoch beachten, dass die Potentialfunktionen nicht in beiden Fällen identische Eigenschaften besitzen. Wir wollen in der That nachweisen, dass das Potential eines Magneten eine gleichmässige Funktion darstellt, während dasjenige eines geschlossenen Stromes an jedem Punkte des Raumes unendlich viele Werthe annehmen kann.

Die Veränderung des Potentials eines Stromes oder eines Blattes beim Uebergang von einem Punkt zum anderen auf einem beliebigen Weg ist von gleicher Grösse, aber entgegengesetztem Zeichen, als das Integral

$$\int \alpha\, dx + \beta\, dy + \gamma\, dz,$$

welches sich über den ganzen durchlaufenen Weg erstreckt, da α, β, γ die partiellen Derivirten des Potentials, aber mit negativem Zeichen darstellen.

Wenn die Bedingungen der Integrirbarkeit

$$\frac{\partial \alpha}{\partial y} = \frac{\partial \beta}{\partial x}, \quad \frac{\partial \alpha}{\partial z} = \frac{\partial \gamma}{\partial x}, \quad \frac{\partial \beta}{\partial z} = \frac{\partial \gamma}{\partial y}$$

erfüllt sind, so wird das über eine beliebige geschlossene Kurve erstreckte Integral Null. Hierbei muss allerdings eine Bedingung erfüllt sein. Legen wir nämlich durch diese Kurve C eine beliebige Fläche und bedeutet A den durch die geschlossene Kurve C begrenzten Theil dieser Fläche, so müssen, damit das Integral Null ist, die Kräfte α, β, γ und ihre ersten Derivirten in allen Punkten der Flächc A endlich sein.

Wenn aber die geschlossene (Integrations-)Kurve mit dem Strom verschlungen ist, so wird der letztere die Fläche A wenigstens in einem Punkt schneiden und in diesem Schnittpunkt werden die magnetischen Kräfte α, β, γ unendlich. Das Integral über eine geschlossene, den Stromkreis umschlingende Kurve ist also nicht Null, und die Funktion Ω kann in ein und demselben Punkt zwei verschiedene Werthe annehmen.

114. Arbeit der elektromagnetischen Kräfte für eine geschlossene, den Stromkreis umschlingende Kurve. Die Differenz zwischen diesen beiden Werthen, welche gleich dem längs der Kurve C erstreckten Integral

$$\int \alpha\, dx + \beta\, dy + \gamma\, dz$$

ist, stellt die Arbeit der elektromagnetischen Kraft für diesen Integrationsweg dar. Um diese Arbeit zu erhalten, betrachten wir das dem Strom gleichwerthige Blatt F (Fig. 22). Da das Potential dieses Blattes eine gleichmässige Funktion ist, so wird es denselben Werth erhalten, wenn man nach dem Durchlaufen der geschlossenen Kurve C zu dem Punkt P' zurückkommt. Nun ist die Veränderung, welche das Potential erleidet, gleich dem längs der Kurve C erstreckten Integral

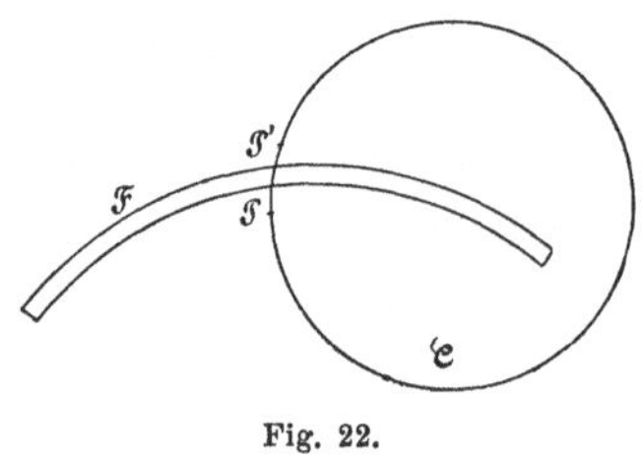

Fig. 22.

$$\int \alpha\, dx + \beta\, dy + \gamma\, dz,$$

vermehrt um den plötzlichen Zuwachs H des Potentials, welcher eintritt, wenn man von dem Punkt P' zu dem unendlich nahen Punkt P übergehend, das Blatt passirt. Wir erhalten also:

$$\mathrm{H} + \int_C (\alpha\, dx + \beta\, dy + \gamma\, dz) = 0.$$

Es erübrigt noch, diesen plötzlichen Zuwachs H zu berechnen.

Wir erhalten denselben leicht für den besonderen Fall, wo das Blatt eine geschlossene Fläche bildet. In einem äusseren Punkt ist das Potential Null, da der Winkel, unter dem das Blatt von diesem Punkt erscheint, Null ist. In einem inneren Punkt hat es die Grösse

$\pm 4\pi\Phi$, je nachdem die positive oder negative Seite des Blattes nach dem Inneren der geschlossenen Fläche gerichtet ist. Die Potentialänderung beträgt also, wenn man von der negativen Seite nach einem Punkt der positiven Seite übergeht, $4\pi\Phi$.

Auch in dem Fall, wo das Blatt keine geschlossene Fläche bildet, besitzt die Potentialänderung dieselbe Grösse. Es sei beispielsweise ABC (Fig. 23) ein Blatt, von dem wir annehmen, dass seine positive Seite auf der convexen Fläche liegt. Mittels eines zweiten Blattes ADC von derselben Begrenzung und derselben Stärke wie das erste, dessen positive Seite ebenfalls auf der konvexen Fläche gelegen ist, können wir ein geschlossenes Blatt ABCD bilden. Wenn man nun von einem Punkt P zu einem unendlich nahen und auf der anderen Seite des Blattes gelegenen Punkt P′ übergeht, so vergrössert sich der Winkel, unter dem das geschlossene Blatt erscheint, um 4π. Da der Winkel, unter welchem das Blatt ADC erscheint, derselbe bleibt, so muss sich die dem Blatt ABC entsprechende Kegelöffnung um 4π vermehren. Folglich beträgt die Potentialänderung immer noch $4\pi\Phi$.

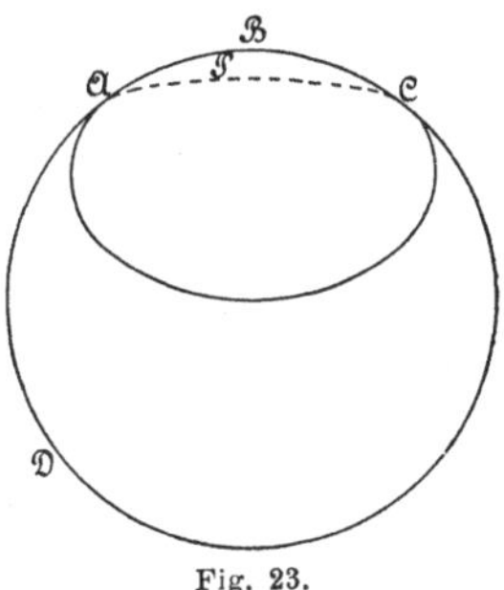

Fig. 23.

Setzen wir in der Fig. 22 voraus, dass die negative Fläche des dem Strom gleichwerthigen Blattes auf der Seite des Punktes P liegt, so wird das Potential um $4\pi i$ wachsen, wenn man von P nach P′ übergeht und nach dem, was wir angeführt haben, wird die elektromagnetische Arbeit $-4\pi i$ betragen, wenn ein Einheitspol die geschlossene Kurve PCP′P in der durch die Buchstabenfolge angegebenen Richtung beschreibt, d. h. von der positiven Seite in das Blatt eintritt.

Wir können also, wenn das Integral längs einer geschlossenen Kurve genommen ist, schreiben

$$\int \alpha\, dx + \beta\, dy + \gamma\, dz = \pm 4\pi i,$$

wobei das + Zeichen gilt, wenn der Integrationsweg den Stromkreis umschlingt und man von der negativen Seite in die Fläche eintritt, das — Zeichen im entgegengesetzten Fall.

Wir wollen noch bemerken, dass der Integrationsweg den Stromkreis auch mehrere Male umschlingen kann; dann ist die elektromagnetische Arbeit ebenso viel Mal gleich $\pm 4\pi i$, als Umschlingungen stattfinden.

115. Mehrere Ströme. Wenn mehrere Ströme vorhanden sind, so ist die Kraft, welche auf die in einem Punkt des Raumes befindliche Poleinheit ausgeübt wird, gleich der Resultante der von einem jeden der Ströme ausgeübten Kraft, und die elektromagnetische Arbeit für den Fall, dass der Pol eine geschlossene Kurve beschreibt, gleich der Summe aus den Arbeiten der Komponenten, d. h. gleich $\sum \pm 4\pi i$, wo die Summation über alle von der Kurve umschlungenen Ströme zu erstrecken ist. Man erhält also

$$(1) \quad \int \alpha\, dx + \beta\, dy + \gamma\, dz = 4\pi \sum \pm i .$$

Diese Gleichung kann übrigens noch anders interpretirt werden. Fassen wir nämlich eine die Kurve C durchschneidende Fläche S in's Auge (Fig. 22), so gehen alle Ströme, für welche die Intensität in Formel (1) mit demselben Zeichen, z. B. + genommen ist, in derselben Richtung durch diese Fläche; die Ströme, für welche die Intensität das entgegengesetzte Zeichen — besitzt, durchsetzen die Fläche dagegen im umgekehrten Sinn. Da die Stromintensität die Elektricitätsmenge darstellt, welche durch einen Querschnitt des Leiters in der Zeiteinheit fliesst, so können wir $\sum \pm i$ als gleichwerthig mit der Elektricitätsmenge betrachten, welche während der Zeiteinheit in bestimmter Richtung durch die Fläche geht. Folglich ist die elektromagnetische Arbeit bei dem Durchlaufen einer geschlossenen Kurve C, welche mehrere Ströme umschlingt, gleich dem Produkt von 4π in die Elektricitätsmenge, welche während der Zeiteinheit durch eine von der Kurve C begrenzte Fläche S hindurchgeht.

116. Anderer Ausdruck für die elektromagnetische Arbeit einer geschlossenen Kurve. Bezeichnen wir mit u, v, w die Geschwindigkeitskomponenten der Elektricität in einem der Stromkreise, mit $d\omega$ den Querschnitt des Leiters in der Fläche S und endlich mit l, m, n die Richtungskosinus der in passender Richtung gezogenen Normalen zu diesem Element, so haben wir für die Elektricitätsmenge, welche durch die Fläche S geht, den Ausdruck

$$\sum i = \sum (lu + mv + nw)\, d\omega .$$

Wir können aber das $\sum$-Zeichen des zweiten Gliedes durch das Zeichen $\int$ ersetzen und die Integration über die ganze Fläche S erstrecken, da die Elemente dieser Fläche, welche nicht von einem Strom durchsetzt werden, in dem Integral Null geben. Folglich kann man die Formel (1) auch schreiben

$$(2) \qquad \int \alpha\, dx + \beta\, dy + \gamma\, dz = 4\pi \int (lu + mv + nw)\, d\omega\,,$$

wo sich das erste Integral über die Kurve C, das zweite über die Fläche S erstreckt.

117. Umformung des Kurvenintegrals. Das Kurvenintegral auf der linken Seite der Gleichung lässt sich umformen, und zwar kann diese Umformung sehr leicht bewerkstelligt werden, wenn die Kurve C eben ist. Wählen wir nämlich die Ebene derselben zur XY-Ebene, so reducirt sich das betrachtete Integral auf

$$\int \alpha\, dx + \beta\, dy\,,$$

wo α und β kontinuirliche und eindeutige Funktionen der Koordinaten x und y sind. Bekanntlich ist nun der Werth des vorangehenden Integrals, wenn der Integrationsweg so gewählt wird, dass der unbegrenzte Raum sich zur Linken befindet, gleich dem des Integrals

$$\int \left(\frac{\partial \beta}{\partial x} - \frac{\partial \alpha}{\partial y}\right) dx\, dy\,,$$

welches über die von der Kurve C begrenzte ebene Fläche ausgedehnt werden muss.

Führen wir nun dieselbe Umformung für den Fall aus, dass das Kurvenintegral über eine Dreiecksbegrenzung A B C erstreckt wird, deren Ecken auf den Koordinatenaxen (Fig. 24) gelegen sind. Wir können den Werth des Integrals erhalten, indem wir nacheinander als Integrationsweg O A B, O B C, O C A wählen und die drei erhaltenen Resultate addiren. Denn auf diese Weise wird jede der drei Geraden O A, O B, O C zwei Mal im entgegengesetzten Sinn durchlaufen, die Seiten des Dreiecks aber in der Richtung A B C. Wir haben also

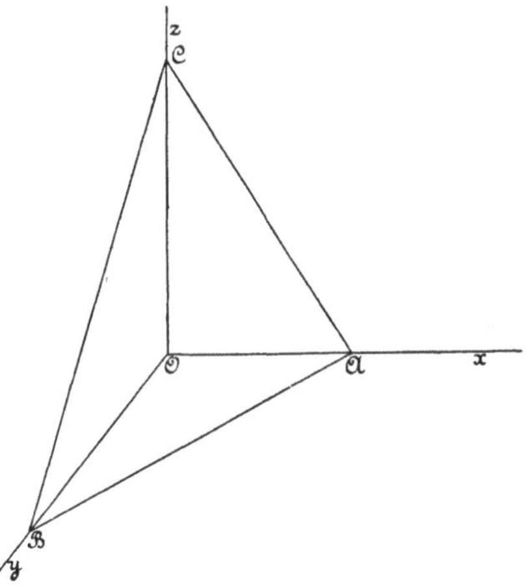

Fig. 24.

$$\int\limits_{ABC}(\alpha\,dx+\beta\,dy+\gamma\,dz)=\int\limits_{OBC}(\beta\,dy+\gamma\,dz)+\int\limits_{OCA}(\gamma\,dz+\alpha\,dx)+\int\limits_{OAB}(\alpha\,dx+\beta\,dy),$$

oder durch Transformation der Kurvenintegrale der rechten Seite, für welche der Integrationsweg in einer der Koordinatenebenen liegt,

$$\int\limits_{ABC}(\alpha\,dx+\beta\,dy+\gamma\,dz)=\int\left(\frac{\partial\gamma}{\partial y}-\frac{\partial\beta}{\partial z}\right)dy\,dz+\int\left(\frac{\partial\alpha}{\partial z}-\frac{\partial\gamma}{\partial x}\right)dz\,dx$$

$$+\int\left(\frac{\partial\beta}{\partial x}-\frac{\partial\alpha}{\partial y}\right)dx\,dy\,.$$

Nehmen wir das Tetraëder O A B C unendlich klein an und bezeichnen mit $d\omega$ die Dreiecksfläche A B C, mit l, m, n die Richtungskosinus der Normalen auf dieser Dreiecksebene, dann sind die Projektionen des Dreiecks auf die Koordinatenebenen resp.

$$OBC=l\,d\omega\,,\qquad OCA=m\,d\omega\,,\qquad OAB=n\,d\omega\,.$$

Die Integrale der rechten Seite in der vorhergehenden Gleichung müssen nun über eine dieser unendlich kleinen Flächen ausgedehnt werden, so dass die unter dem Integrationszeichen stehenden Grössen sehr nahe konstant bleiben und vor das Integral gesetzt werden können; wir erhalten somit für den Werth des längs einer unendlich kleinen Dreiecksbegrenzung genommenen Kurvenintegrals

$$\int\limits_{ABC}(\alpha\,dx+\beta\,dy+\gamma\,dz)=l\left(\frac{\partial\gamma}{\partial y}-\frac{\partial\beta}{\partial z}\right)d\omega+m\left(\frac{\partial\alpha}{\partial z}-\frac{\partial\gamma}{\partial x}\right)d\omega$$

$$+n\left(\frac{\partial\beta}{\partial x}-\frac{\partial\alpha}{\partial y}\right)d\omega\,.$$

Soll das Kurvenintegral längs einer beliebigen Kurve C erstreckt werden, welche eine endliche Fläche begrenzt, so können wir immer diese Fläche in unendlich kleine Dreiecke zerlegen. Wir erhalten dann das Kurvenintegral, indem wir die Summe aus den über die Dreiecksbegrenzungen dieser Elemente erstreckten Integralen bilden. Da aber jedes Dreiecksintegral durch die vorhergehende Gleichung gegeben ist, so finden wir für das über die Begrenzung C erstreckte Integral den Ausdruck

$$\int_C (\alpha\,dx + \beta\,dy + \gamma\,dz) = \int \left[l \left(\frac{\partial \gamma}{\partial y} - \frac{\partial \beta}{\partial z} \right) + m \left(\frac{\partial \alpha}{\partial z} - \frac{\partial \gamma}{\partial x} \right) \right.$$

$$\left. + n \left(\frac{\partial \beta}{\partial x} - \frac{\partial \alpha}{\partial y} \right) \right] d\omega ,$$

in welchem das Integral auf der rechten Seite über die von der Kurve C begrenzte Fläche ausgedehnt ist.

118. Gleichungen von Maxwell. Ersetzen wir in den Gleichungen (2) das Kurvenintegral durch seinen eben abgeleiteten Werth, so erhalten wir

$$\int \left[l \left(\frac{\partial \gamma}{\partial y} - \frac{\partial \beta}{\partial z} \right) + m \left(\frac{\partial \alpha}{\partial z} - \frac{\partial \gamma}{\partial x} \right) + n \left(\frac{\partial \beta}{\partial x} - \frac{\partial \alpha}{\partial y} \right) \right] d\omega$$

$$= 4\pi \int (lu + mv + nw)\, d\omega .$$

Da diese Gleichung für jede beliebige Integrationsfläche und folglich auch für jeden Werth von l, m, n gelten muss, so folgt hieraus

$$u = \frac{1}{4\pi} \left(\frac{\partial \gamma}{\partial y} - \frac{\partial \beta}{\partial z} \right),$$

$$v = \frac{1}{4\pi} \left(\frac{\partial \alpha}{\partial z} - \frac{\partial \gamma}{\partial x} \right),$$

$$w = \frac{1}{4\pi} \left(\frac{\partial \beta}{\partial x} - \frac{\partial \alpha}{\partial y} \right).$$

Diese von Maxwell aufgestellten Formeln geben eine Beziehung zwischen den Komponenten u, v, w der Stromintensität und den Komponenten α, β, γ der elektromagnetischen Kraft. Wir machen übrigens noch darauf aufmerksam, dass sie sowohl für die Verschiebungsströme, als auch für die Leiterströme Anwendung finden, da wir von den Verschiebungsströmen voraussetzen, dass sie dem Ampère'schen Gesetz folgen.

119. Wirkung eines Pols auf ein Stromelement. Da in der Maxwell'schen Theorie jeder Strom geschlossen ist und in seiner Wirkung durch ein fingirtes magnetisches Blatt ersetzt werden kann, so lassen sich die von einem beliebigen System von Strömen auf ein System von Magneten ausgeübten Kräfte stets bestimmen. Durch Anwendung des Prinzips von der Gleichheit der Wirkung und Gegenwirkung (actio et reactio) leitet man hieraus auch umgekehrt leicht die Wirkung ab, welche ein System von Magneten auf ein System von Strömen ausübt. Unsere Aufgabe, die gegenseitige Einwirkung zwischen Strömen und Magneten zu bestimmen, ist dann vollständig gelöst. Aber wir können auch die von einem Magnetpol auf einen geschlossenen Strom ausgeübte Kraft als die Resultante der Kräfte betrachten, mit welchen der Pol auf die verschiedenen Elemente des von dem Strom durchlaufenen Leiters wirkt. Wir werden also dahin geführt, zunächst den Ausdruck für diese elementaren Wirkungen zu suchen.

120. Betrachten wir ein System, welches aus einem Magnetpol von der Einheit des Magnetismus und einem Leiter mit der Stromintensität $=1$ gebildet wird. Wenn der Stromkreis von dem Punkt P aus, in dem sich der Pol befindet, dem Beobachter unter dem Winkel φ erscheint, so sind die Komponenten der von dem Strom auf den Pol ausgeübten Kraft

$$-\frac{\partial \varphi}{\partial x}, \quad -\frac{\partial \varphi}{\partial y}, \quad -\frac{\partial \varphi}{\partial z},$$

(cf. **111**; $\Omega = \varphi i$; $i = 1$).

Die Komponenten der von dem Pol auf den Strom ausgeübten Kraft haben dieselbe Grösse, aber entgegengesetztes Zeichen, und die Arbeit dieser Kraft für eine unendlich kleine Verschiebung des Stromkreises ist daher $= d\varphi$, d. h. gleich der Variation des Winkels, unter dem der Stromkreis von P aus erscheint.

Dies vorausgesetzt, wollen wir einen Stromkreis A M B in's Auge fassen, von dem sich ein Element AB (Fig. 25) in seiner eigenen Richtung verschieben kann. Wenn wir nun A B eine Verschiebung in dieser Richtung ertheilen, so wird der Winkel, unter dem der Stromkreis vom Punkt P aus erscheint, nicht geändert. Die Arbeit der elektromagnetischen Kraft ist also bei dieser Verschiebung Null, folglich besitzt diese Kraft keine Komponente in der Richtung von A B d. h.: *die Elementarwirkung steht senkrecht auf dem Element.*

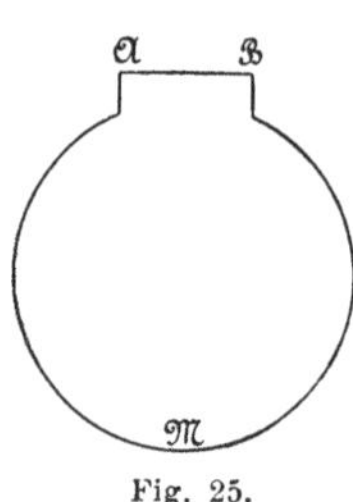

Fig. 25.

121. Um den Ausdruck für diese Kraft zu erhalten und seine Richtung vollständig zu bestimmen, wollen wir auf zwei verschiedene Arten die Arbeit berechnen, welche beim Uebergang des zum Stromkreis AMB gehörigen Elements AB (Fig. 26) in die Stellung AB′ geleistet wird. Man muss hierbei annehmen, dass ein in die Richtung von BB′ und deren Verlängerung fallender Metalldraht vorhanden ist, auf welchem der bewegliche Theil AB des Stromkreises gleitet und den er beständig berührt.

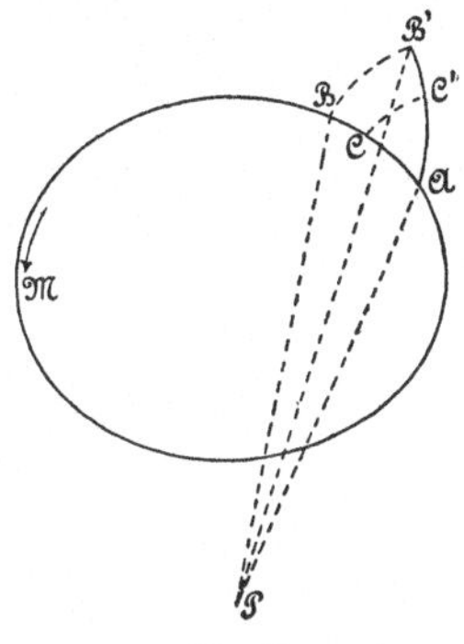

Fig. 26.

Diese Arbeit ist gleich dem Winkel $d\varphi$, unter dem das Dreieck ABB′ von dem Pol P aus erscheint. Da die Dimensionen dieses Dreiecks unendlich klein sind gegenüber der Länge der Geraden PA, PB, PB′, so können wir die letzteren als einander gleich betrachten; mit anderen Worten, wir dürfen die Dreiecksfläche mit der Fläche vertauschen, welche durch den dreikantigen Winkel P auf der Kugel vom Radius $PA = r$ ausgeschnitten wird. Die Fläche des Dreiecks ist also $d\varphi\, r^2$ und das Volumen des Tetraëders PABB′

$$\frac{d\varphi\, r^3}{3}.$$

Aber man kann dieses Volumen auch auf eine andere Weise ermitteln, indem man das Dreieck PAB als Basis nimmt. Wenn wir mit P den Winkel BPA bezeichnen, unter dem das Stromelement vom Punkt P aus erscheint, und mit h die Projektion von BB′ auf eine Normale zur Ebene PAB, so erhalten wir für das Volumen des Tetraëders

$$P\, r \frac{r}{2} \cdot \frac{h}{3},$$

und durch Vergleichung der beiden für dies Volumen gefundenen Ausdrücke

$$d\varphi = \frac{P}{r} \cdot \frac{h}{2}. \tag{1}$$

Dies ist die Arbeit der auf ein Element AB wirkenden Kraft.

Wir erhalten dafür noch einen anderen Ausdruck, indem wir bedenken, dass die Arbeit gleich ist dem Produkt aus der Kraft in die Projektion des von ihrem Angriffspunkt durchlaufenen Weges auf die Richtung derselben. Wenn wir annehmen, dass die Kraft in der Mitte C des Elements angreift, so beträgt der von diesem Punkt beschriebene Weg CC′ die Hälfte von BB′. Nennen wir h'

die Projektion von B B' auf die Richtung der Kraft f, so erhalten wir für die Arbeit dieser Kraft

$$f\frac{h'}{2}$$

und da sie auch durch die Gleichung (1) bereits gegeben ist, folgt

$$fh' = \frac{P}{r}h\,.$$

Dieser Gleichung wird genügt, wenn $h = h'$ und $f = \frac{P}{r}$ ist; $h = h'$ bedeutet aber, dass die Kraft senkrecht zur Ebene P A B gerichtet ist. *Folglich steht die von einem Magnetpol auf ein Stromelement ausgeübte Kraft senkrecht auf der durch den Pol und das Element gelegten Ebene.* Ihr Werth für einen Magnetpol von der Masse m und für eine Stromintensität i des Elements beträgt

$$f = \frac{m i P}{r}\,.$$

Da der Winkel P sich umgekehrt proportional zu r ändert, so steht die Elementarwirkung f im umgekehrten Verhältniss zu dem Quadrate des Abstandes von Pol und Element.

Kapitel VIII.

Elektrodynamik.

122. Elektrodynamische Arbeit. Gegeben seien zwei Stromkreise, welche von Strömen mit der Intensität i und i' durchflossen werden. Dann wird die Arbeit der zwischen beiden wirksamen Kräfte für den Fall, dass sich der eine Stromkreis gegen den anderen verschiebt, durch ein gewisses Potential T dargestellt, welches den Intensitäten i und i' proportional ist und, bei konstantem i und i', nur von der Form und gegenseitigen Lage der beiden Stromkreise abhängt. Diese Hypothese lässt sich an der Hand der daraus abgeleiteten Folgerungen experimentell beweisen.

123. Solenoïd. Wir theilen eine Kurve A B (Fig. 27) in unendlich viele gleich grosse Bogen von unendlich kleiner Länge δ, und legen durch die Mitten derselben die zu der Kurve senkrechten Ebenen C. In jeder dieser Ebenen ziehen wir gleich grosse geschlossene Kurven vom Inhalt $d\omega$, welche den Schnittpunkt ihrer Ebene mit der Kurve A B einschliessen. Wenn wir annehmen, dass alle diese Kurven in derselben Richtung von Strömen gleicher Intensität i durchlaufen werden, so trägt dies System den Namen Solenoïd.

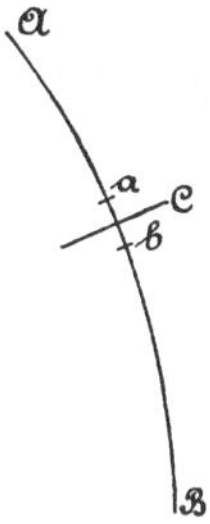

Fig. 27.

Jeder dieser Ströme, welche das Solenoïd bilden, ist hinsichtlich der Wirkung auf einen Magnetpol gleichwerthig mit einem magnetischen Blatt von derselben Begrenzung und der Stärke i. Wenn wir als Dicke dieser Blätter die Länge δ der Elementarbogen annehmen, so sind die Mengen von Magnetismus, welche jede ihrer Flächen enthält, $+\frac{i}{\delta}d\omega$ und $-\frac{i}{\delta}d\omega$; die sich berührenden Flächen zweier auf einander folgenden Blätter enthalten also gleiche magnetische Massen von entgegengesetztem Zeichen, und beide zusammen üben somit keine Wirkung auf einen äusseren Punkt aus. Folglich beschränkt sich die Wirkung des Solenoïds auf diejenige zweier magnetischer Massen $+\frac{i}{\delta}d\omega$ und $-\frac{i}{\delta}d\omega$, die an den Enden von AB liegen. Dies sind die Pole des Solenoïds.

Wenn die Kurve AB begrenzt ist, so besitzt das Solenoïd zwei gleiche Pole von entgegengesetzten Zeichen; liegt das eine Ende derselben dagegen in der Unendlichkeit, so beschränkt sich die Wirkung des Solenoïds auf die des anderen Pols; wenn endlich die Kurve AB geschlossen ist, so hat das Solenoïd keine Pole.

124. Solenoïde und Ströme. Der Versuch lehrt, dass die Wirkung eines geschlossenen Solenoïds auf einen Strom gleich Null ist. Aus dieser experimentellen Thatsache ist leicht zu folgern, dass die Wirkung eines offenen Solenoïds nur von der Lage seiner Pole abhängt.

Es sei z. B. T das Potential der von einem Solenoïd ACB (Fig. 28) auf einen Stromkreis ausgeübten Wirkung, wenn derselbe in seiner Nähe verschoben wird, und T′ das Potential der Wirkung eines zweiten Solenoïds BDA, das so gewählt ist, dass es mit dem ersten einen geschlossenen Strom bildet. Wir erhalten also für das gesammte Potential beider Solenoïde

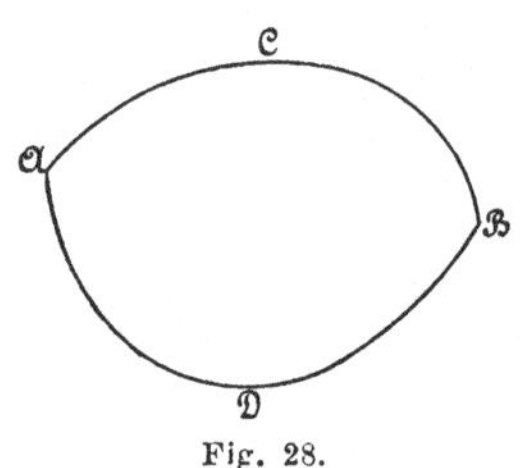

Fig. 28.

$$T + T' = 0.$$

Diese Gleichung bleibt bestehen, so lange das Solenoïd ACBDA geschlossen ist, welcher Art auch sonst die Veränderungen sind, die wir mit seinen Bestandtheilen vornehmen. Wenn wir speciell nur das Solenoïd ACB verändern, so besitzt das Potential von BDA noch denselben Werth T′, und in Folge der vorhergehenden Gleichung verändert sich auch T nicht. Das Potential eines Solenoïds ACB behält also denselben Werth, wenn seine Pole A und B in derselben Lage bleiben; mit anderen Worten, das Potential hängt nur von der Lage der Solenoïdpole ab.

125. Die vorhergehende Ueberlegung bleibt noch bestehen, wenn einer der Pole des Solenoïds ACB z. B. B in die Unendlichkeit rückt, denn es genügt zur Erhaltung eines geschlossenen Solenoïds, ein zweites mit demselben zu verbinden, dessen entgegengesetzter Pol B ebenfalls im Unendlichen liegt. Aber unter diesen Bedingungen beschränkt sich die Wirkung des Solenoïds ACB auf diejenige des Pols A; das Potential eines Solenoïdpols hängt also nur ab von seiner relativen Lage zu den auf ihn wirkenden Stromkreisen.

126. Wir wollen ferner daran erinnern, dass wir im Anfang des Abschnitts vom Elektromagnetismus annahmen, das Potential eines der Einwirkung geschlossener Ströme unterworfenen Magnetpols sei nur durch die relative Lage des Pols zu den Strömen bedingt, und allein auf diese Hypothese gründeten sich alle unsere Ueberlegungen. Da es sich mit dem Potential eines Solenoïdpols, welcher der Einwirkung geschlossener Ströme ausgesetzt ist, ebenso verhält, so wollen wir auf dieselbe Weise darthun, dass in unserem neuen Falle das Potential die nämliche Form besitzt. Das elektrodynamische Potential eines Solenoïdpols wird also dem Winkel proportional sein, unter dem von diesem Pol aus die positiven Flächen der auf ihn wirkenden Ströme erscheinen, und ferner proportional der magnetischen Masse $\pm \frac{i\,d\omega}{\delta}$, welche dem Solenoïdpol in den elektromagnetischen Wirkungen gleichwerthig ist. Da wir andererseits (**121**) angenommen haben, dass das Potential eines Stromes, der sich in Gegenwart eines anderen Stromes von der Intensität i' verschiebt, proportional mit i' ist, so erhalten wir für das Potential des der Wirkung eines einzigen Stromes unterworfenen Solenoïdpols

$$T = \pm a \frac{i\,i'\,d\omega}{\delta} \varphi .$$

Genaue Versuche haben gezeigt, dass der Koeffizient a gleich der Einheit ist, wenn die Intensitäten in elektromagnetischen Einheiten ausgedrückt werden; wir erhalten also

$$T = \pm \frac{i\,d\omega}{\delta} i' \varphi ,$$

d. h. die elektrodynamische Wirkung, welche zwischen einem Solenoïdpol und einem Strom auftritt, ist gleich der elektromagnetischen Wirkung zwischen diesem Strom und einer magnetischen Masse $\pm \frac{i\,d\omega}{\delta}$, deren Zeichen durch die Stromrichtung in dem Solenoïdpol bestimmt ist.

127. Wenn das Solenoid zwei Pole A und B besitzt (Fig. 29), so kann man ohne Aenderung der Wirkung ein Solenoïd B C anfügen, welches sich nach der Richtung C in's Unendliche erstreckt und von zwei gleich starken Strömen in entgegengesetzter Richtung durchlaufen wird. Haben diese die gleiche Intensität, wie der in AB verlaufende Strom, so kann das ganze System so aufgefasst werden, als bestände es aus zwei unendlich grossen Solenoïden, von denen das eine seinen Pol in A, das andere in B hat und in denen Ströme gleicher Intensität und entgegengesetzter Richtung cirkuliren. Diese beiden Pole sind gleichwerthig mit zwei gleichen magnetischen Massen von entgegengesetztem Zeichen, so dass das endliche Solenoïd A B sich verhält wie ein idealer Magnet von derselben Länge.

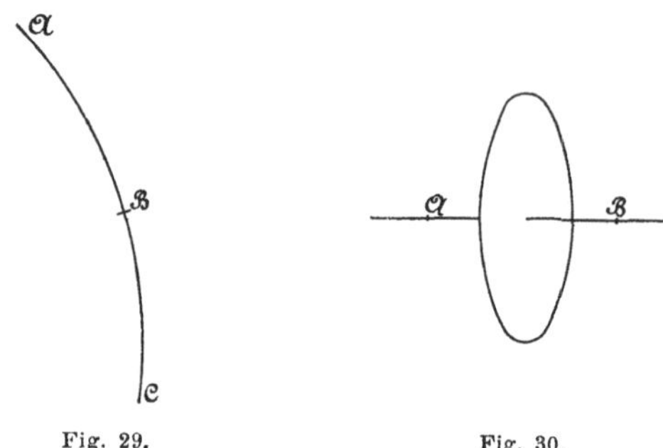

Fig. 29. Fig. 30.

128. Elektrodynamisches Potential eines unendlich kleinen Stromes. Ein unendlich kleiner Stromkreis kann als ein Solenoïd-Element von der Länge δ betrachtet werden. Wenn nämlich die Fläche desselben $d\omega$ ist und seine Intensität i, so kann er durch zwei magnetische Massen $+\frac{i\,d\omega}{\delta}$ und $-\frac{i\,d\omega}{\delta}$ ersetzt werden, die sich in A und B in einem Abstand δ von einander befinden.

Nennen wir Ω das Potential der Wirkung, welche das System der festen Ströme auf die Einheit des in A befindlichen (Fig. 30) positiven Magnetismus ausübt, so wird im unendlich nahen Punkt B das Potential die Grösse $\Omega + d\Omega$ haben. Folglich erhält man für das Potential der beiden, den unendlich kleinen Strom ersetzenden magnetischen Massen den Ausdruck

$$\Omega \frac{i\,d\omega}{\delta} - (\Omega + d\Omega)\frac{i\,d\omega}{\delta} = -\,d\Omega\,\frac{i\,d\omega}{\delta}\,.$$

Bezeichnen wir mit x, y, z die Koordinaten des Punktes A, so ist

$$d\Omega = \frac{\partial\Omega}{\partial x}dx + \frac{\partial\Omega}{\partial y}dy + \frac{\partial\Omega}{\partial z}dz$$

oder auch

$$d\Omega = -\,(\alpha\,dx + \beta\,dy + \gamma\,dz)\,,$$

wo α, β, γ die Komponenten der Kraft bedeuten, welche das System der festen Ströme auf die in A befindliche Einheit des Magnetpols ausübt.

Wenn wir l, m, n die Richtungskosinus der Normalen AB auf der unendlich kleinen Stromebene nennen, so haben die Grössen dx, dy, dz die Werthe

$$dx = l\delta, \qquad dy = m\delta, \qquad dz = n\delta,$$

und der Ausdruck von $d\Omega$ kann in die Form gebracht werden

$$d\Omega = -(\alpha l + \beta m + \gamma n)\,\delta.$$

Man erhält dann für das Potential des unendlich kleinen Stroms

$$-d\Omega\frac{i\,d\omega}{\delta} = i(\alpha l + \beta m + \gamma n)\,d\omega,$$

d. h. *das Potential eines Elementarstromes ist gleich dem Produkt aus seiner Intensität in den Kräftestrom, der durch seine positive Seite eintritt.*

129. Elektrodynamisches Potential eines geschlossenen Stromes. Hat man ein System fester Ströme, die auf einen endlichen beweglichen Stromkreis einwirken, so kann man den letzteren in eine unendliche Zahl von Elementarströmen gleicher Intensität und gleicher Richtung zerlegen. Das Potential des so zerlegten Stromes ist gleich der Summe aus den Potentialen der Elementarströme; es ist also

$$\text{(1)} \qquad \mathrm{T} = i\int(\alpha l + \beta m + \gamma n)\,d\omega,$$

worin man das Integral über den ganzen Inhalt einer beliebigen gekrümmten oder ebenen, durch den beweglichen Strom begrenzten Fläche zu erstrecken hat.

130. Anderer Ausdruck für das Potential eines Stromes. Das vorhergehende, über eine Fläche ausgedehnte Potential kann ersetzt werden durch ein Kurvenintegral, welches über den Stromkreis erstreckt wird. Es ist dies die entgegengesetzte Umformung, wie die in § **117** angewandte. Nach dem, was wir an dieser Stelle anführten, ist leicht einzusehen, dass das über den beweglichen Stromkreis erstreckte Integral

$$\text{(2)} \qquad \mathrm{T} = i\int_{\mathrm{C}}(\mathrm{F}\,dx + \mathrm{G}\,dy + \mathrm{H}\,dz)$$

gleich ist dem Ausdruck

$$i\int\left[l\left(\frac{\partial H}{\partial y}-\frac{\partial G}{\partial z}\right)+m\left(\frac{\partial F}{\partial z}-\frac{\partial H}{\partial x}\right)+n\left(\frac{\partial G}{\partial x}-\frac{\partial F}{\partial y}\right)\right]d\omega,$$

welchen man über die von demselben Stromkreis begrenzte Fläche auszudehnen hat. Wenn also das Integral (2) das in (1) gegebene Integral eines geschlossenen Stromes darstellen soll, so muss gelten

$$(3)\qquad \begin{cases} \alpha=\dfrac{\partial H}{\partial y}-\dfrac{\partial G}{\partial z}; \\ \beta=\dfrac{\partial F}{\partial z}-\dfrac{\partial H}{\partial x}, \\ \gamma=\dfrac{\partial G}{\partial x}-\dfrac{\partial F}{\partial y}. \end{cases}$$

Die so definirten Grössen nennt Maxwell die Komponenten des elektromagnetischen Moments.

131. Verschiebung eines Stroms in einem magnetischen Medium. Bis jetzt haben wir stillschweigend vorausgesetzt, dass beim Vorhandensein von Magneten in Gegenwart eines beweglichen Stromes dieser die Magnete nicht durchdringt. Untersuchen wir jetzt den Fall, wo der bewegliche Strom in einem magnetischen Medium verschoben wird.

Man kann unschlüssig sein, welche Grössen man für die Komponenten α, β, γ der auf die Poleinheit ausgeübten Kraft zu wählen hat. Wir haben im Kapitel über den Magnetismus den Fall betrachtet, wo sich ein Magnetpol im Innern einer in eine magnetische Masse gebohrten Höhlung befindet, und gesehen, dass die Kraft, welche auf denselben wirkt, von der Gestalt dieser Höhlung abhängt. Unter den Werthen, welche diese Kraft annehmen kann, haben wir zwei näher betrachtet: die eine (die magnetische Kraft) hat zu Komponenten

$$\alpha=-\frac{\partial\Omega}{\partial x},\quad \beta=-\frac{\partial\Omega}{\partial y},\quad \gamma=-\frac{\partial\Omega}{\partial z};$$

die andere (die magnetische Induktion):

$$a=\alpha+4\pi A;\quad b=\beta+4\pi B;\quad c=\gamma+4\pi C,$$

worin Ω das Potential des Magneten und A, B, C die Komponenten der Magnetisirung an dem betrachteten Punkt bedeuten.

Aber die Form der Gleichungen (3) gestattet leicht, die Unbestimmtheit zu heben, und zeigt, dass man die Komponenten der magnetischen Induktion hier einführen muss. Bildet man nämlich die Derivirten derselben resp. nach x, y und z, so erhält man

$$\frac{\partial \alpha}{\partial x} + \frac{\partial \beta}{\partial y} + \frac{\partial \gamma}{\partial z} = 0 .$$

Nun haben wir aber gesehen, dass diese Bedingung nicht für die Komponenten der magnetischen Kraft erfüllt ist, wenn es sich um einen inneren Punkt handelt, wohl aber für die Komponenten der Induktion. Man muss also diese letzteren in die Formeln einsetzen. Diese werden dann

$$(4) \qquad \begin{cases} a = \dfrac{\partial \mathrm{H}}{\partial y} - \dfrac{\partial \mathrm{G}}{\partial z} , \\ b = \dfrac{\partial \mathrm{F}}{\partial z} - \dfrac{\partial \mathrm{H}}{\partial x} , \\ c = \dfrac{\partial \mathrm{G}}{\partial x} - \dfrac{\partial \mathrm{F}}{\partial y} . \end{cases}$$

132. Eine Unbestimmtheit derselben Art greift für die Formeln des § **118** Platz, welche die Komponenten u, v, w der Stromgeschwindigkeit als Funktionen von α, β, γ angeben, aber man kann dieselbe leicht durch den Nachweis heben, dass man in diesem Fall nicht die Komponenten der Induktion wählen darf.

Nehmen wir z. B. den besonderen Fall an, wo der bewegliche Leiter von keinem Strom durchflossen ist; wir haben dann $u = v = w = 0$. Wenn man die Komponenten der magnetischen Induktion wählen würde, so folgte

$$\frac{\partial c}{\partial y} - \frac{\partial b}{\partial z} = 0 ; \quad \frac{\partial a}{\partial z} - \frac{\partial c}{\partial x} = 0 ; \quad \frac{\partial b}{\partial x} - \frac{\partial a}{\partial y} = 0 .$$

Diese Bedingungen sind aber nicht allgemein gültig. Wir dürfen also hier nicht die Komponenten der magnetischen Induktion nehmen, sondern die Komponenten α, β, γ der magnetischen Kraft (bei diesen ist nämlich $\frac{\partial \gamma}{\partial y} - \frac{\partial \beta}{\partial z} = 0$, da $\gamma = - \frac{\partial \Omega}{\partial z}$ ist etc.). Wir begnügen uns mit diesen beiden Betrachtungen in Ermangelung einer befriedigenderen Theorie.

133. Bestimmung der Komponenten des elektromagnetischen Moments. Verlassen wir nun den Fall, wo sich ein beweglicher Strom in einem magnetischen Medium verschiebt, und ermitteln die Komponenten F, G, H des magnetischen Moments.

Die drei Differentialgleichungen (3) genügen nicht zur Bestimmung dieser Grössen, denn es ist leicht einzusehen, dass, wenn F, G, H eine Lösung dieser Gleichungen ist, die Gruppe der Werthe

$$\mathrm{F} + \frac{\partial \chi}{\partial x}, \qquad \mathrm{G} + \frac{\partial \chi}{\partial y}, \qquad \mathrm{H} + \frac{\partial \chi}{\partial z},$$

wo χ eine beliebige Funktion der Koordinaten darstellt, ebenfalls diese Gleichungen befriedigen. In der That wird die rechte Seite der ersten Gleichung durch Einsetzung der vorhergehenden Werthe an Stelle von F, G, H

$$\frac{\partial}{\partial y}\left(\mathrm{H} + \frac{\partial \chi}{\partial z}\right) - \frac{\partial}{\partial z}\left(\mathrm{G} + \frac{\partial \chi}{\partial y}\right) = \frac{\partial \mathrm{H}}{\partial y} + \frac{\partial^2 \chi}{\partial y\, \partial z} - \frac{\partial \mathrm{G}}{\partial z} - \frac{\partial^2 \chi}{\partial y \partial z}$$

$$= \frac{\partial \mathrm{H}}{\partial y} - \frac{\partial \mathrm{G}}{\partial z}.$$

Das letzte Glied dieser Folge von Gleichungen ist gleich α, da nach der Voraussetzung F, G, H eine Lösung des Systems bilden. Durch eine ähnliche Ueberlegung findet man, dass die beiden anderen Gleichungen ebenfalls befriedigt werden.

134. Damit die Komponenten F, G, H vollständig bestimmt werden können, müssen sie noch einer Bedingungsgleichung genügen. Maxwell wählt als solche

$$\mathrm{J} = \frac{\partial \mathrm{F}}{\partial x} + \frac{\partial \mathrm{G}}{\partial y} + \frac{\partial \mathrm{H}}{\partial z} = 0. \tag{5}$$

Tragen wir dieser Beziehung Rechnung, so ist es möglich, zwischen den Komponenten u, v, w der Stromgeschwindigkeit und den Komponenten F, G, H des magnetischen Moments drei Gleichungen zu finden, welche gestatten, die Werthe dieser letzteren Grössen abzuleiten. Wir haben nach den Formeln des § 118 und den Formeln (3) des § 130

$$4\pi u = \frac{\partial\gamma}{\partial y} - \frac{\partial\beta}{\partial z} = \frac{\partial^2 G}{\partial x \partial y} - \frac{\partial^2 F}{\partial y^2} - \frac{\partial^2 F}{\partial z^2} + \frac{\partial^2 H}{\partial x \partial z},$$

oder, indem wir $\frac{\partial^2 F}{\partial x^2}$ auf der rechten Seite positiv und negativ zufügen und die Glieder passend gruppiren

$$4\pi u = \frac{\partial^2 F}{\partial x^2} + \frac{\partial^2 G}{\partial x \partial y} + \frac{\partial^2 H}{\partial x \partial z} - \frac{\partial^2 F}{\partial x^2} - \frac{\partial^2 F}{\partial y^2} - \frac{\partial^2 F}{\partial z^2},$$

oder endlich

$$4\pi u = \frac{\partial J}{\partial x} - \Delta F. \tag{6}$$

Wenn man annimmt, dass die Gleichung (5) immer erfüllt ist, d. h. dass es eine identische Gleichung ist, so sind die partiellen Derivirten von J Null und die Gleichung (6) reduzirt sich auf

$$\Delta F + 4\pi u = 0.$$

Da diese Gleichung der Poisson'schen analog ist, so kann F als das Potential einer anziehenden Masse von der Dichte u betrachtet werden. Nach unserer Kenntniss über die Form des Potentials, welches einer derartigen Gleichung genügt, dürfen wir unmittelbar schreiben

$$F = \int \frac{u}{r}\, d\tau,$$

wobei das Integral auf alle Elemente $d\tau$ des ganzen Raums auszudehnen ist; u stellt die Geschwindigkeitskomponente des Stroms nach der X-Axe im Schwerpunkt des Elements $d\tau$ dar und r den Abstand dieses Elements vom Punkt x, y, z.

Durch analoge Rechnung erhält man

$$G = \int \frac{v}{r}\, d\tau, \qquad H = \int \frac{w}{r}\, d\tau.$$

Diese Werthe von F, G, H genügen nothwendiger Weise den Differentialgleichungen (3); wir wollen nachweisen, dass die Bedingungsgleichung (5) ebenso erfüllt ist und bilden hierzu die partiellen Derivirten von F, G, H.

135. Geben wir einem Punkte mit den Koordinaten x, y, z eine Verschiebung von der Grösse dx parallel zur x-Axe, so wächst der Abstand dieses Punktes von den verschiedenen Elementen der fingirten anziehenden Materie von der Dichte u um dr, und das Potential F im betrachteten Punkt wird um $\frac{\partial F}{\partial x} dx$ vergrössert. Nehmen wir aber an, dass wir, anstatt den angezogenen Punkt x, y, z, wie es eben geschah, zu verschieben und die anziehende Materie fest zu lassen, nun den verschiedenen Punkten der anziehenden Materie eine Verschiebung gleich $-dx$ ertheilen und den Punkt x, y, z in Ruhe lassen, denn wird genau dasselbe stattfinden. Dies kommt auf die Annahme hinaus, dass die Dichte u im Schwerpunkt des Elements nach der Verschiebung den Werth $u + \frac{\partial u}{\partial x} dx$ annimmt. Wir haben also

$$\frac{\partial F}{\partial x} dx = \int \frac{u + \frac{\partial u}{\partial x} dx}{r} d\tau - \int \frac{u}{r} d\tau,$$

wobei das erste Integral über das ganze von der anziehenden Materie nach der Verschiebung eingenommene Volumen, das zweite auf dasjenige vor der Verschiebung auszudehnen ist. Diese beiden Integrationsgebiete sind nun dieselben, da beide den ganzen Raum umfassen; wir erhalten demnach einfach

$$\frac{\partial F}{\partial x} dx = \int \frac{\frac{\partial u}{\partial x} dx}{r} d\tau,$$

woraus folgt

$$\frac{\partial F}{\partial x} = \int \frac{1}{r} \cdot \frac{\partial u}{\partial x} d\tau.$$

Analoge Ausdrücke finden wir für die partiellen Differentialquotienten von G nach y und von H nach z; ihre Summe gibt

$$J = \frac{\partial F}{\partial x} + \frac{\partial G}{\partial y} + \frac{\partial H}{\partial z} = \int \frac{1}{r} \left(\frac{\partial u}{\partial x} + \frac{\partial v}{\partial y} + \frac{\partial w}{\partial z} \right) d\tau.$$

Das letzte Integral ist Null, da nach Maxwell's Annahme die Elektricität inkompressibel ist und der Ausdruck hierfür durch

$$\frac{\partial u}{\partial x}+\frac{\partial v}{\partial y}+\frac{\partial w}{\partial z}=0$$

gegeben wird.

Die Bedingungsgleichungen (5) sind demnach befriedigt.

136. Kehren wir zu dem Fall eines magnetischen Medium zurück, so sind die Komponenten F, G, H des elektromagnetischen Moments mit denen der Induktion durch die Gleichungen (4) verknüpft. Man kann sich leicht überzeugen, dass diese Gleichungen und die Bedingungsgleichungen (5) befriedigt werden, wenn man für F, G, H das Produkt der gefundenen Werthe in den Koeffizient μ des magnetischen Induktionsvermögens des Medium wählt; wir erhalten also

$$\mathrm{F}=\mu\int\frac{u}{r}\,d\tau; \qquad \mathrm{G}=\mu\int\frac{v}{r}\,d\tau; \qquad \mathrm{H}=\mu\int\frac{w}{r}\,d\tau.$$

137. Werthe von F, G, H für einen linearen Strom. Wir betrachten nun den speciellen Fall, dass ausser dem beweglichen Leiter nur ein Stromkreis vorhanden ist, der aus einem Draht von geringem Querschnitt $d\sigma$ besteht. Nennt man die Intensität dieses letzteren Stromes i, so ist die Geschwindigkeit der Elektricität $\frac{i}{d\sigma}$, und die Richtung derselben fällt mit der an den Stromkreis gelegten Tangente zusammen. Die Richtungskosinus dieser Tangente sind $\frac{\partial x}{\partial s}$, $\frac{\partial y}{\partial s}$, $\frac{\partial z}{\partial s}$ (wenn man mit ds das Bogenelement des Stromkreises bezeichnet), so dass man für die Geschwindigkeitskomponenten u, v, w der Elektricität die Werthe erhält

$$u=\frac{i}{d\sigma}\cdot\frac{\partial x}{\partial s}, \qquad v=\frac{i}{d\sigma}\cdot\frac{\partial y}{\partial s}, \qquad w=\frac{i}{d\sigma}\cdot\frac{\partial z}{\partial s}$$

oder da $d\sigma\, ds=d\tau$ ist

$$(7) \qquad u=i\frac{\partial x}{\partial \tau}, \qquad v=i\frac{\partial y}{\partial \tau} \qquad w=i\frac{\partial z}{\partial \tau}.$$

Demnach kann man für die Komponente F des magnetischen Moments in einem Punkt des Raumes schreiben

$$\mathrm{F}=\int\frac{u}{r}\,d\tau=\int\frac{i\,dx}{r}=i\int\frac{dx}{r}$$

und wir erhalten für die drei Komponenten

$$(8)\qquad F = i\int\frac{dx}{r}, \qquad G = i\int\frac{dy}{r}, \qquad H = i\int\frac{dz}{r}.$$

138. Formel von Neumann. Es sei C (Fig. 31) ein fester Stromkreis, der von einem Strom mit der Intensität i durchlaufen wird und C′ ein beweglicher Stromkreis mit der Intensität i'. Das elektrodynamische Potential T des Stromes C′ in Bezug auf den Strom C hat zum Werth

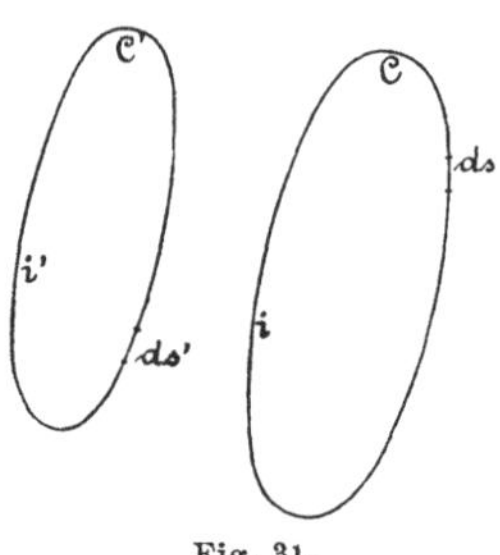

Fig. 31.

$$T = i'\int_{C'}(F\,dx' + G\,dy' + H\,dz').$$

In diesem Ausdruck beziehen sich F, G, H auf den Stromkreis C, da ausser diesem nur noch der bewegliche Stromkreis vorhanden ist. Wenn wir also voraussetzen, dass dieser Stromkreis aus einem Draht von sehr kleinem Querschnitt gebildet wird, so sind F, G, H durch die eben gefundenen Ausdrücke (8) gegeben, worin r den Abstand der Mitte des Elements ds von der Mitte des Elements ds' bedeutet. Setzen wir diese Werthe in den Ausdruck von T ein, so erhalten wir

$$T = i\,i'\int\int\frac{dx\,dx' + dy\,dy' + dz\,dz'}{r}$$

und wenn wir mit ε den Winkel zwischen den beiden Elementen ds und ds' bezeichnen

$$(9)\qquad T = i\,i'\int\int\frac{ds\,ds'\cos\varepsilon}{r}.$$

Dies ist die von Neumann angegebene Formel für das elektrodynamische Potential eines Stromes auf einen anderen.

Die Symmetrie dieser Formel für i und i', wie für ds und ds' zeigt, dass das elektrodynamische Potential von C′ auf C gleich ist demjenigen von C auf C′.

139. Anderer Ausdruck des elektrodynamischen Potentials eines Stromes. Die Formel

$$T = i\int(F\,dx + G\,dy + H\,dz)$$

kann leicht in eine andere Form gebracht werden, die uns im Folgenden nützlich sein wird.

Aus den im § 137 aufgestellten Werthen (7) folgt unmittelbar

$$i\,dx = u\,d\tau\,, \qquad i\,dy = v\,d\tau\,, \qquad i\,dz = w\,d\tau\,,$$

und durch Einsetzen dieser Ausdrücke in T erhält man

$$\mathrm{T} = \int (\mathrm{F}u + \mathrm{G}v + \mathrm{H}w)\,d\tau\,; \tag{10}$$

dies Integral ist über den Raum auszudehnen, welcher von der den beweglichen Stromkreis bildenden Materie erfüllt wird.

140. Elektrodynamisches Potential eines Stromes auf sich selbst (Selbstpotential). Man kann sich einen Stromkreis in unendlich viele Stromkreise von unendlich kleinen Querschnitten zerlegt denken. Jeder der so erhaltenen Ströme besitzt ein elektrodynamisches Potential auf den anderen; die Summe dieser Potentiale ist das, was man Selbstpotential eines Stromes nennt; wir wollen den Ausdruck hierfür suchen.

Es seien u, v, w die Geschwindigkeitskomponenten der Elektricität in einem Punkt des Stromkreises, F, G, H die Komponenten des elektromagnetischen Moments in demselben Punkt und T das Selbstpotential des Stromes. Geben wir u, v, w die Zuwachse du, dv, dw, so werden die Grössen F, G, H und T resp. die Zuwachse $d\mathrm{F}$, $d\mathrm{G}$, $d\mathrm{H}$ und $d\mathrm{T}$ erfahren. Der in dem Leiter fliessende Strom kann dann angesehen werden als Ergebniss des gleichzeitigen Vorhandenseins des ursprünglichen Stromes und desjenigen, welcher von dem der Elektricität ertheilten Geschwindigkeitszuwachse herrührt; wir wollen diesem letzteren den Namen Extrastrom geben. Der Zuwachs $d\mathrm{T}$ des Potentials kann also betrachtet werden als die Summe des Potentials des anfänglichen Stromes auf den Extrastrom und des Potentials des letzteren auf sich selbst. Das Potential des ursprünglichen Stromes auf den Extrastrom ist nach (10)

$$\int (u\,d\mathrm{F} + v\,d\mathrm{G} + w\,d\mathrm{H})\,d\tau\,.$$

Was das Potential des Extrastroms auf sich selbst betrifft, so wird dies eine unendlich kleine Grösse zweiter Ordnung sein und darf vernachlässigt werden; man erhält also

$$d\mathrm{T} = \int (u\,d\mathrm{F} + v\,d\mathrm{G} + w\,d\mathrm{H})\,d\tau\,.$$

Aber man kann auch dT gleich setzen dem Potential des Extrastromes auf den ursprünglichen Strom, vermehrt um das Potential des Extrastromes auf sich selbst. Unter Vernachlässigung dieses letzteren folgt

$$dT = \int (F\,du + G\,dv + H\,dw)\,d\tau\,,$$

Addirt man diese beiden Ausdrücke für dT und dividirt dann durch 2, so erhält man

$$dT = \frac{1}{2}\int (F\,du + u\,dF + G\,dv + v\,dG + H\,dw + w\,dH)\,d\tau\,,$$

oder

$$dT = \frac{1}{2}\,d\int (Fu + Gv + Hw)\,d\tau\,.$$

Die Integration liefert für den Werth des Selbstpotentials eines Stromes

$$T = \frac{1}{2}\int (Fu + Gv + Hw)\,d\tau\,. \tag{11}$$

141. Wir bemerken noch, dass die Ueberlegung, welche uns auf diesen Ausdruck geführt hat, ebenso gut auf den Fall eines Systems von mehreren Strömen ihre Anwendung findet, wie auf den eines einzigen Stromes. Dieser Ausdruck stellt also allgemein das elektrodynamische Potential eines Systems von Strömen auf sich selbst dar. Man muss dann die Integration auf den ganzen von den materiellen Leitern des Systems eingenommenen Raum ausdehnen, oder besser noch auf den gesammten Raum, was auf dasselbe herauskommt, da neben diesem System unsrer Annahme nach nicht gleichzeitig noch irgend ein anderes System von Strömen besteht.

142. Verschiedene Formen des Selbstpotentials eines Systems von Strömen. Wir haben im § 134 gefunden, dass die Komponente F des elektromagnetischen Moments an einem Punkt des Raumes durch die Formel

$$F = \int \frac{u'\,d\tau'}{r}$$

dargestellt wird, in welcher r den Abstand des betrachteten Punkts von dem Volumelement $d\tau'$, und u' die Geschwindigkeitskomponente des letzteren bedeutet. In einem Punkt des Raumes also, der von einem Volumelement $d\tau$ eines Stromsystems eingenommen wird, sind die Komponenten des elektromagnetischen Moments in Bezug auf das System selbst

$$F = \int \frac{u'\,d\tau'}{r}, \qquad G = \int \frac{v'\,d\tau'}{r}, \qquad H = \int \frac{w'd\tau'}{r}.$$

Setzt man diese Werthe in den Ausdruck (10) des elektrodynamischen Potentials des Systems auf sich selbst ein, so folgt

$$T = \frac{1}{2} \int \left(u \int \frac{u'\,d\tau'}{r} + v \int \frac{v'\,d\tau'}{r} + w \int \frac{w'\,d\tau'}{r} \right) d\tau.$$

Jedes Doppelintegral der rechten Seite dieser Gleichung muss über alle möglichen Kombinationen der beiden Elemente $d\tau$ und $d\tau'$ erstreckt werden. Da diese aber demselben System von Strömen angehören, so spielt ein und dasselbe Element die Rolle von $d\tau$ und von $d\tau'$ und jedes Integral enthält zweimal dasselbe Glied. Berücksichtigt man jedes Element nur einmal, so muss man in der vorhergehenden Gleichung das Doppelte des durch eine solche Integration erhaltenen Resultats nehmen. Der Faktor $\frac{1}{2}$ verschwindet dann und man erhält die Formel

$$(12) \qquad T = \int\int \frac{uu' + vv' + ww'}{r}\, d\tau\, d\tau'.$$

143. In dem Ausdruck (11) der elektrodynamischen Arbeit können wir u, v, w durch ihre Werthe:

$$u = \frac{1}{4\pi}\left(\frac{\partial\gamma}{\partial y} - \frac{\partial\beta}{\partial z}\right),$$

$$v = \frac{1}{4\pi}\left(\frac{\partial\alpha}{\partial z} - \frac{\partial\gamma}{\partial x}\right),$$

$$w = \frac{1}{4\pi}\left(\frac{\partial\beta}{\partial x} - \frac{\partial\alpha}{\partial y}\right)$$

(§ 118) ersetzen; wir erhalten dann

$$T = \frac{1}{8\pi}\int\left[F\left(\frac{\partial\gamma}{\partial y} - \frac{\partial\beta}{\partial z}\right) + G\left(\frac{\partial\alpha}{\partial z} - \frac{\partial\gamma}{\partial x}\right) + H\left(\frac{\partial\beta}{\partial x} - \frac{\partial\alpha}{\partial y}\right)\right] d\tau.$$

Aus dem Integral

$$\int F\frac{\partial\gamma}{\partial y}\,d\tau$$

folgt durch partielle Integration

$$\int F\frac{\partial\gamma}{\partial y}\,d\tau = \int F\gamma\,m\,d\omega - \int \gamma\frac{\partial F}{\partial y}\,d\tau,$$

wobei m den Cosinus des Winkels zwischen der Y-Axe und der Normalen zu dem Element $d\omega$ der Fläche bedeutet, welche das Integrationsgebiet begrenzt. Dehnen wir, was erlaubt ist, die dreifachen Integrale über den ganzen unendlichen Raum aus, so sind die Komponenten α, β, γ der Kraft, welche auf einen Punkt der das Volumelement begrenzenden Fläche ausgeübt wird, gleich Null, da dieser Punkt in die Unendlichkeit rückt. Die Elemente des zweifachen Integrals werden also Null, und damit auch das ganze Integral selbst. Wir haben demnach einfach

$$\int F\frac{\partial\gamma}{\partial y}\,d\tau = -\int \gamma\frac{\partial F}{\partial y}\,d\tau.$$

Durch Ausführung einer analogen Umformung für alle anderen Integrale des vorhergehenden Ausdrucks von T und durch Einsetzen der erhaltenen Werthe in denselben findet man

$$(13)\qquad T = \frac{1}{8\pi}\int\left[\alpha\left(\frac{\partial H}{\partial y} - \frac{\partial G}{\partial z}\right) + \beta\left(\frac{\partial F}{\partial z} - \frac{\partial H}{\partial x}\right) + \gamma\left(\frac{\partial G}{\partial x} - \frac{\partial F}{\partial y}\right)\right] d\tau.$$

144. Diese neue Form des Potentials kann durch Berücksichtigung der Gleichungen (3) und (4) (§§ 130 und 131) vereinfacht werden. Dieselben geben die Werthe der Differenzen der partiellen Derivirten von F, G, H für den Fall, dass sich das System von Strömen in einem nicht magnetischen Medium resp. in einem magnetischen Medium befindet. Wir haben in dem ersten Falle

$$T = \frac{1}{8\pi} \int (\alpha^2 + \beta^2 + \gamma^2)\, d\tau$$

und in dem zweiten

$$T = \frac{1}{8\pi} \int (\alpha a + \beta b + \gamma c)\, d\tau .$$

145. System von linearen Leitern. Wenn die das System bildenden Ströme linear sind, so kann das elektrodynamische Selbstpotential des Systems in die Form gebracht werden, welche Neumann dem Potential von zwei Systemen linearer Ströme auf einander gegeben hat. Nach den in § 137 aufgestellten Formeln (7) und (8) sind nämlich die Geschwindigkeitskomponenten der Elektricität in einem Punkt

$$u = \frac{i\,\partial x}{\partial \tau}, \qquad v = \frac{i\,\partial y}{\partial \tau}, \qquad w = \frac{i\,\partial z}{\partial \tau},$$

und die Komponenten des elektromagnetischen Moments in demselben Punkt

$$F = i' \int \frac{dx'}{r}, \qquad G = i' \int \frac{dy'}{r}, \qquad H = i' \int \frac{dz'}{r} .$$

Durch Einsetzen dieser verschiedenen Werthe in den Ausdruck (11) folgt

$$T = \frac{1}{2}\, ii' \int\!\!\int \frac{dx\, dx' + dy\, dy' + dz\, dz'}{r},$$

oder, wenn wir mit ε den von zwei beliebigen Elementen des Stromsystems gebildeten Winkel bezeichnen,

$$T = \frac{1}{2}\, ii' \int\!\!\int \frac{ds\, ds' \cos \varepsilon}{r} .$$

146. System von zwei linearen Stromkreisen. Wir nennen diese beiden Ströme C_1 und C_2 und bezeichnen die in unsere Formeln eintretenden Grössen mit den Indices 1 und 2, je nachdem sie sich auf C_1 oder C_2 beziehen. Die Komponenten des elektromagnetischen Moments in einem Punkte sind dann

$$F = i_1 \int \frac{dx_1}{r} + i_2 \int \frac{dx_2}{r},$$

$$G = i_1 \int \frac{dy_1}{r} + i_2 \int \frac{dy_2}{r},$$

$$H = i_1 \int \frac{dz_1}{r} + i_2 \int \frac{dz_2}{r};$$

sie sind also lineare, homogene Funktionen der Intensitäten i_1 und i_2 der beiden Ströme.

Das elektrodynamische Selbstpotential dieses Systems von Strömen ist durch die Formel (11) gegeben

$$T = \frac{1}{2} \int (Fu + Gv + Hw)\, d\tau .$$

Nun ist in einem Punkt des ersten Stroms

$$u\, d\tau = i_1\, dx_1, \quad v\, d\tau = i_1\, dy_1, \quad w\, d\tau = i_1\, dz_1,$$

und in einem Punkt des zweiten

$$u\, d\tau = i_2\, dx_2, \quad v\, d\tau = i_2\, dy_2, \quad w\, d\tau = i_2\, dz_2 .$$

Das Integral (11) wird demnach

$$T = \frac{i_1}{2} \int_{C_1} (F\, dx_1 + G\, dy_1 + H\, dz_1) + \frac{i_2}{2} \int_{C_2} (F\, dx_2 + G\, dy_2 + H\, dz_2) .$$

T ist also eine lineare, homogene Funktion von i_1 und i_2, sowie von F, G, H. Aber wir haben soeben gesehen, dass diese Grössen homogen und vom ersten Grad sind in Bezug auf i_1 und i_2; folglich ist T eine homogene Funktion zweiten Grades von i_1 und i_2, und wir können schreiben

$$T = \frac{1}{2} (L\, i_1^2 + 2\, M\, i_1\, i_2 + N\, i_2^2) .$$

Die Grössen L, M, N hängen offenbar nur von der Form und der gegenseitigen Lage der beiden Ströme C_1 und C_2 ab. Man kann übrigens leicht ihre Bedeutung einsehen; der Koeffizient M von $i_1 i_2$ in dem Werth von T ist nämlich gleich dem Integral

$$\int \frac{dx_1\, dx_2 + dy_1\, dy_2 + dz_1\, dz_2}{r},$$

das man längs des ganzen Leiters zu erstrecken hat; demnach ist dies das elektrodynamische Potential eines Stroms auf den anderen. Man kann ebenso einfach einsehen, dass L das Selbstpotential des Stromes C_1 ist, wenn er als allein vorhanden angenommen wird, und analog N dasjenige von C_2.

Kapitel IX.

Induktion.

147. Elektromotorische Induktionskräfte. Bei der Betrachtung der elektromagnetischen und elektrodynamischen Erscheinungen haben wir stillschweigend vorausgesetzt, dass die Stromintensität konstant bleibt. Es ist aber bekannt, dass bei einer relativen Bewegung von Stromkreisen oder von Stromkreisen und Magneten besondere Phänomene auftreten, die man mit dem Namen Induktionsströme bezeichnet und deren Entdeckung man Faraday verdankt. Dieselben bestehen aus temporären Strömen in den Leitern, deren Intensitäten zu den ursprünglichen Strömen sich addiren und die man elektromotorischen Induktionskräften zuschreiben kann.

Aus den Beobachtungen über Induktion ergibt sich, dass bei einem Anwachsen der Intensitäten i_1 und i_2 zweier unbewegter Stromkreise C_1 und C_2 um die Grössen di_1 und di_2 in dem Zeitintervall dt die in C_1 erzeugte elektromotorische Induktionskraft den Werth

$$A \frac{di_1}{dt} + B \frac{di_2}{dt}$$

besitzt, und die in C_2 hervorgebrachte Kraft die Grösse

$$B \frac{di_1}{dt} + C \frac{di_2}{dt}\,[1].$$

148. Wir wollen ferner den Ausdruck für die elektromotorische Kraft bei einer Bewegung von Leitern suchen, welche von Strömen mit konstanter Intensität durchflossen werden.

Betrachten wir zuerst den Fall, dass nur einer der Stromkreise

---

[1]) Die Bestimmung der Konstanten A, B, C erfolgt in § 149.

sich bewegt, etwa von C nach C', dann lehrt der Versuch, dass alles so vor sich geht, als wenn in C kein Strom vorhanden wäre, in C' dagegen ein neuer Strom von derselben Intensität entstünde. Nach den Auseinandersetzungen des vorhergehenden Paragraphen entspricht aber einer Veränderung di der Intensität i des Stromes C eine elektromotorische Induktionskraft $A\frac{di}{dt}$ in diesem Stromkreise. Folglich bringt das Aufhören des Stromes C, das einer Verminderung i der Intensität desselben entspricht, eine elektromotorische Kraft $-\frac{Ai}{dt}$ hervor; und das Entstehen des Stromes C' eine elektromotorische Kraft $(A+dA)\frac{i}{dt}$, wobei dA die Veränderung des Koeffizienten A beim Uebergang von C nach C' bedeutet. Wir erhalten also für die aus der Bewegung herrührende Kraft

$$(A+dA)\frac{i}{dt}-A\frac{i}{dt}=i\,\frac{dA}{dt}.$$

Es ist leicht einzusehen, dass beim Vorhandensein zweier Ströme C_1 und C_2 die durch ihre relative Bewegung erzeugte elektromotorische Kraft für den Stromkreis C_1 den Werth hat:

$$i_1\frac{dA}{dt}+i_2\frac{dB}{dt},$$

ebenso für C_2

$$i_1\frac{dB}{dt}+i_2\frac{dC}{dt}.$$

Wenn sich die Intensität beider Ströme ändert, und gleichzeitig auch eine Bewegung derselben stattfindet, so sind die elektromotorischen Induktionskräfte für jeden der beiden Stromkreise gleich der Summe der elektromotorischen Kräfte, welche aus beiden Arten von Veränderungen, jede für sich allein genommen, entstehen; man erhält dann für den Stromkreis C_1

$$A\frac{di_1}{dt}+B\frac{di_2}{dt}+i_1\frac{dA}{dt}+i_2\frac{dB}{dt}=\frac{d}{dt}(Ai_1+Bi_2)$$

und für C_2

$$B\frac{di_1}{dt}+C\frac{di_2}{dt}+i_1\frac{dB}{dt}+i_2\frac{dC}{dt}=\frac{d}{dt}(Bi_1+Ci_2).$$

149. Bestimmung der Koeffizienten A, B, C. Die in den Ausdruck für die elektromotorischen Induktionskräfte eingehenden Koeffizienten können mit Hülfe des Prinzips von der Erhaltung der Energie bestimmt werden.

Wir betrachten zwei Stromkreise, deren Intensitäten i_1 und i_2 von galvanischen Elementen mit den elektromotorischen Kräften E_1 und E_2 hervorgebracht werden. Die Menge der in dem Element verbrauchten chemischen Energie setzt sich theilweise in diesem selbst in Wärme um, während sich ein anderer Theil in der Form von Stromenergie wiederfindet. Durch den Versuch ergibt sich, dass die in der Zeit dt erzeugte Stromenergie den Werth besitzt

$$E_1 i_1 dt + E_2 i_2 dt.$$

Dieselbe tritt in den Leitern zum Theil in der Form von Wärme auf, deren Menge durch das Joule'sche Gesetz bestimmt wird, zum Theil als mechanische Arbeit, die durch die Bewegungen der Leiter geleistet wird. Bezeichnet man mit R_1 und R_2 die Widerstände der beiden Stromkreise, so sind die Mengen der frei werdenden Wärme $R_1 i_1^2 dt$ und $R_2 i_2^2 dt$. Die von dem System geleistete mechanische Arbeit ist gleich der Veränderung dT des elektrodynamischen Potentials des Systems auf sich selbst, oder genauer gleich dem Theil dieser Veränderung, der von der Verschiebung der Leiter herrührt, wobei man von dem Theil absieht, der durch eine Vergrösserung der Intensitäten hervorgerufen wird. Dies Potential hat, wenn zwei Ströme in Betracht kommen, den Werth (§ 146)

$$T = \frac{1}{2} [L i_1^2 + 2 M i_1 i_2 + N i_2^2].$$

Hieraus folgt

$$dT = \frac{1}{2} [i_1^2 dL + 2 i_1 i_2 dM + i_2^2 dN].$$

Der Ueberschuss von Stromenergie während der Zeit dt über die in der Form von Wärme und mechanischer Arbeit in derselben Zeit angesammelte Energie des Systems ist also

$$(1) \qquad E_1 i_1 dt + E_2 i_2 dt - R_1 i_1^2 dt - R_2 i_2^2 dt - dT.$$

Nach dem Prinzip von der Erhaltung der Energie muss dieser Ausdruck für einen vollkommenen Kreisprocess Null sein; andernfalls muss er ein vollständiges Differential darstellen. Hierdurch können die Werthe A, B, C bestimmt werden.

150. Zur Umformung des Ausdruckes (1) benutzen wir das Ohm'sche Gesetz für jeden der Ströme, unter Berücksichtigung des Umstandes, dass durch die Verschiebung der Ströme Induktionskräfte auftreten; wir haben dann

$$E_1 + \frac{d}{dt}(A i_1 + B i_2) = R_1 i_1,$$

und

$$E_2 + \frac{d}{dt}(B i_1 + C i_2) = R_2 i_2.$$

Multipliciren wir die beiden Seiten dieser Gleichungen resp. mit $i_1\,dt$ und $i_2\,dt$, so erhalten wir:

$$E_1 i_1\,dt - R_1 i_1^2\,dt = -i_1\,d(A i_1 + B i_2)$$

und

$$E_2 i_2\,dt - R_2 i_2^2\,dt = -i_2\,d(B i_1 + C i_2).$$

Wenn wir die vier ersten Glieder der Gleichung (1) durch die Summe der rechten Seiten der vorhergehenden Gleichungen ausdrücken, so finden wir

$$(2)\qquad -i_1\,d(Ai_1 + Bi_2) - i_2\,d(Bi_1 + Ci_2) - \frac{1}{2}[i_1^2\,dL + 2\,i_1 i_2\,dM + i_2^2\,dN].$$

Für den Fall, dass weder eine Verschiebung noch eine Formveränderung der Stromkreise stattfindet, vereinfacht sich dieser Ausdruck zu

$$-Ai_1\,di_1 - Bi_1\,di_2 - Bi_2\,di_1 - Ci_2\,di_2$$

oder

$$-\frac{1}{2}d(Ai_1^2 + 2\,Bi_1 i_2 + Ci_2^2);$$

er würde also das vollständige Differential der Grösse

$$(3)\qquad -\frac{1}{2}(Ai_1^2 + 2\,Bi_1 i_2 + Ci_2^2)$$

darstellen.

Findet auch eine Verschiebung der Stromkreise statt, so wird das Differential dieser Grösse

$$-\mathrm{A}i_1\,di_1 - \mathrm{B}i_1\,di_2 - \mathrm{B}i_2\,di_1 - \mathrm{C}i_2\,di_2 - \frac{1}{2}i_1^2\,d\mathrm{A} - i_1\,i_2\,d\mathrm{B} - \frac{1}{2}i_2^2\,d\mathrm{C};$$

damit nun der Ausdruck (2) das Differential derselben Grösse (3) bleibt, muss dieses Differential gleich sein dem entwickelten Ausdruck (2):

$$-\mathrm{A}i_1\,di_1 - \mathrm{B}i_1\,di_2 - \mathrm{B}i_2\,di_1 - \mathrm{C}i_2\,di_2 - i_1^2\,d\mathrm{A}$$
$$-2\,i_1\,i_2\,d\mathrm{B} - i_2^2\,d\mathrm{C} - \frac{1}{2}i_1^2\,d\mathrm{L} - i_1\,i_2\,d\mathrm{M} - \frac{1}{2}i_2^2\,d\mathrm{N}.$$

Durch Vergleichung beider Formeln erhält man die Beziehungen

$$\frac{1}{2}\,d\mathrm{A} = d\mathrm{A} + \frac{1}{2}\,d\mathrm{L},$$

$$d\mathrm{B} = 2d\mathrm{B} + d\mathrm{M},$$

$$\frac{1}{2}\,d\mathrm{C} = d\mathrm{C} + \frac{1}{2}\,d\mathrm{N},$$

die sich reduciren auf

$$d\mathrm{A} = -\,d\mathrm{L}, \qquad d\mathrm{B} = -\,d\mathrm{M}, \qquad d\mathrm{C} = -\,d\mathrm{N}.$$

Durch Integration folgt hieraus, wenn man die Integrationskonstante Null setzt:

$$\mathrm{A} = -\mathrm{L}, \qquad \mathrm{B} = -\mathrm{M}, \qquad \mathrm{C} = -\mathrm{N}.$$

Hiernach sind die Koefficienten, die in dem Ausdruck für die elektromotorische Induktionskraft auftreten, bis auf das Vorzeichen identisch mit den Koefficienten des elektrodynamischen Potentials des Stromsystems. Man nennt diese letzteren auch oft die Induktionskoefficienten, L und N die *Koefficienten der Selbstinduktion* und M den *Koefficient der wechselseitigen Induktion* beider Ströme.

151. Theorie von Maxwell. Die Theorie der Induktion wurde in der Form, die wir eben mitgetheilt haben, zuerst von Helmholtz in seiner Schrift über die Erhaltung der Kraft entwickelt, und kurze Zeit darauf von Sir W. Thomson; die Maxwell'sche Theorie ist anders und in vieler Beziehung vollständiger. Wendet man nämlich die Lagrange'schen Gleichungen auf die Bewegung der Moleküle des von Maxwell für die elektrischen Erscheinungen angenommenen imponderablen Fluidum an, so lassen sich sowohl die Gesetze der Induktion als auch die der Elektrodynamik ableiten.

152. In den vorhergehenden Kapiteln wurden wir zu dem Schluss geführt, dass die von dem englischen Gelehrten angenommenen Hypothesen nur vorläufige waren, und dass sie selbst in den Augen ihres Urhebers nicht mehr objektive Wirklichkeit besassen, als die Hypothese von den zwei Fluida, wenn sie uns auch besser befriedigte. *Hier jedoch begegnen wir, wie ich glaube, der wirklichen Vorstellung von Maxwell.*

Im Anfang seiner Theorie stellt Maxwell folgende beiden Hypothesen auf:

1. Die Koordinaten der Moleküle des imponderablen Fluidum hängen von den Koordinaten der materiellen, an den elektrischen Erscheinungen betheiligten Körpermoleküle ab, ebenso von den Koordinaten der Moleküle der hypothetischen Fluida (positive und negative Elektricität) nach der gewöhnlichen Elektricitätstheorie; aber das Gesetz dieser Abhängigkeit ist uns vollständig unbekannt.

2. Das elektrodynamische Potential eines Stromsystems ist nichts anderes, als die halbe lebendige Kraft des Maxwell'schen Fluidum; es ist also eine kinetische Energie.

153. Um in die Lagrange'schen Gleichungen die Parameter einzuführen, durch welche die Lage eines Moleküls des Maxwell'schen Fluidum definirt ist, muss man nach der ersten Hypothese die Parameter kennen, welche die Lage eines Moleküls unsrer hypothetischen Fluida bestimmen. Nun ist die Lage eines elektrischen Moleküls A, das einen linearen Stromkreis C durchfliesst, vollständig bestimmt, wenn man einerseits die Lage des Stromkreises im Raume kennt, andrerseits die Länge s des Leiters OA, die von einem bestimmten Ausgangspunkt O aus gerechnet ist. Bedeuten also x_1, x_2, x_3 .... die Parameter, welche die Lage der materiellen, den Stromkreis bildenden Moleküle bezeichnen, so hängt die Lage eines Moleküls des Maxwell'schen imponderablen Fluidum von den Parametern s, x_1, x_2, x_3 ab.

An Stelle von s kann man aber auch eine Funktion dieses Bogens setzen, denn die Kenntniss dieser Funktion würde gestatten, s zu bestimmen, und damit auch die Lage eines elektrischen Moleküls auf dem Stromkreis C; Maxwell wählt die Grösse

$$y = \int_0^t i\,dt,$$

welche, wie wir jetzt zeigen wollen, in der That eine Funktion von s darstellt. Der Querschnitt des Leiters nämlich, der von einem zum anderen Punkt veränderlich sein kann, ist eine Funktion $\varphi(s)$ des Bogens s; die Geschwindigkeit der Elektricität kann aber einerseits dargestellt werden als Quotient der Intensität durch den Querschnitt des Leiters $\frac{i}{\varphi(s)}$, andererseits durch die Grösse $\frac{ds}{dt}$; demnach muss gelten

$$\frac{ds}{dt} = \frac{i}{\varphi(s)}.$$

Hieraus folgt

$$\int i\,dt = \int \varphi(s)\,ds = \psi(s)$$

und

$$\int_0^t i\,dt = \psi(s) - \psi(s_0),$$

wo s_0 die Lage des elektrischen Moleküls am Anfang der Zeit bedeutet. Somit ist y eine Funktion von s allein, und wir können in der That als Parameter, von denen die Lage eines Moleküls des Maxwell'schen imponderablen Fluidum abhängt, die Grössen y, x_1, x_2, ... x_n wählen.

154. Anwendung auf zwei Stromkreise. Wenn wir mit i_1 und i_2 die Intensitäten der Stromkreise bezeichnen und setzen

$$y_1 = \int_0^t i_1\,dt \qquad \text{und} \qquad y_2 = \int_0^t i_2\,dt,$$

so wird die Lage eines Moleküls des Maxwell'schen imponderablen Fluidum abhängen von den Parametern y_1 und y_2, sowie von den n Parametern x_1, x_2, ... x_n, welche die Lage der materiellen Moleküle der Leiter bestimmen. Folglich wird die Bewegung des von den zwei Strömen gebildeten Systems gegeben durch ein System von $n+2$ Lagrange'schen Gleichungen (cf. Einleitung S. 5)

$$\frac{d}{dt}\frac{\partial T}{\partial q_i'} - \frac{\partial T}{\partial q_i} = Q_i,$$

wo q_i einen der Parameter bedeutet und Q_i den Koefficient von δq_i in dem Ausdruck

$$Q_1\,\delta q_1 + Q_2\,\delta q_2 + \ldots . \; Q_i\,\delta q_i + \ldots \; Q_n\,\delta q_n$$

für diejenige Arbeit, welche einer virtuellen Verrückung des Systems entspricht.

155. Die kinetische Energie T, welche in diesen Gleichungen auftritt, ist die Summe der halben lebendigen Kraft T_1 der materiellen Moleküle des Systems und der kinetischen Energie der Moleküle des Maxwell'schen imponderablen Fluidum. Diese letztere stellt aber, nach der zweiten Hypothese, das elektrodynamische Selbstpotential des Systems dar, so dass wir in dem betrachteten Fall, wo nur zwei Ströme vorhanden sind, erhalten:

$$T = T_1 + \frac{1}{2}\,(L i_1^2 + 2\,M i_1\, i_2 + N i_2^2)\,.$$

Hierbei hängt das erste Glied T_1 dieser Summe nur von den Differentialquotienten x_1', x_2', ... x_n' der Parameter x_1, x_2, ... x_n der materiellen Moleküle ab.

Da die Lage der Moleküle des imponderablen Fluidum eine Funktion der Parameter y_1, y_2, x_1, x_2, ... x_n ist, so könnten die drei letzten Glieder der vorhergehenden Summe von diesen n + 2 Parametern und ihren Differentialquotienten abhängen. Nun aber sind L, M, N nur durch die Form und die gegenseitige Lage der Stromkreise bestimmt und sind daher nur Funktionen von x_1, x_2, ... x_n; ebenso stellen i_1 und i_2, nach den Definitionsgleichungen für y_1 und y_2, die Differentialquotienten y_1' und y_2' dieser Grössen nach der Zeit dar. Folglich hängt die kinetische Energie der Moleküle des imponderablen Fluidum nur von x_1, x_2, ... x_n und von y_1' und y_2' ab.

156. Fassen wir jetzt die rechte Seite der Gleichungen näher in's Auge. Wenn wir annehmen, dass der den Stromkreis C_1 durchfliessende Strom durch eine Säule von der elektromotorischen Kraft E_1 unterhalten wird, so ist die während der Zeit dt in demselben entwickelte Energie $E_1\, i_1\, dt$ oder $E_1\, \delta y_1$. Da nun nach der Maxwell'schen Vorstellung die elektromotorische Kraft auf die Moleküle des imponderablen Fluidum wirkt, so ist $E_1 \delta y_1$ eine von der Verschiebung der Moleküle dieses Fluidum herrührende Arbeit.

Aber die elektromotorische Kraft ist nicht die einzige, welche auf die Moleküle des imponderablen Fluidum einwirkt; man muss auch noch den Widerstand in Betracht ziehen, den das Medium der Bewegung dieser Moleküle entgegensetzt; die hierbei geleistete Arbeit findet sich unter der Form von Wärme in dem Leiter wieder. Die so hervorgebrachte Wärmemenge wird nach dem Joule'schen Gesetze durch $R_1 i_1^2 dt$ gegeben, so dass diese von dem imponderablen Fluidum stammende Arbeit $-R_1 i_1^2 dt$ oder $-R_1 i_1 \delta y_1$ ist.

Wir erhalten also für die gesammte Arbeit des imponderablen Fluidum in dem Stromkreis C_1

$$(E_1 - R_1 i_1) \delta y_1 ,$$

und für die gesammte Arbeit beider Stromkreise

$$(E_1 - R_1 i_1) \delta y_1 + (E_2 - R_2 i_2) \delta y_2 .$$

Die Arbeit der materiellen Moleküle hängt nur von den Parametern $x_1, x_2, \ldots . x_n$ ab; wir wollen sie darstellen durch

$$X_1 \delta x_1 + X_2 \delta x_2 + \ldots . + X_n \delta x_n ,$$

so dass wir für die Arbeit, welche durch eine virtuelle Verrückung sowohl des imponderablen Fluidum, wie der materiellen Moleküle hervorgebracht wird, erhalten

$$(E_1 - R_1 i_1) \delta y_1 + (E_2 - R_2 i_2) \delta y_2 + X_1 \delta x_1 + X_2 \delta x_2 + \ldots + X_n \delta x_n .$$

Dann müssen wir in jeder der Lagrange'schen Gleichungen für die rechte Seite denjenigen Koefficienten des vorhergehenden Ausdrucks wählen, der sich auf den betreffenden Parameter bezieht.

157. Ausdruck für die elektromotorischen Induktionskräfte. Die Lagrange'sche Gleichung für den Parameter y_1 lautet

$$\frac{d}{dt}\left(\frac{\partial T_1}{\partial y_1'} + \frac{1}{2}\,\frac{\partial [L i_1^2 + 2 M i_1 i_2 + N i_2^2]}{\partial y_1'}\right) - \frac{\partial T}{\partial y_1} = E_1 - R_1 i_1 .$$

T hängt aber nicht von y_1 ab, da dies bei keinem seiner Glieder der Fall ist; folglich ist $\frac{\partial T}{\partial y_1} = 0$. Ebenso gilt $\frac{\partial T_1}{\partial y_1'} = 0$, denn T_1 repräsentirt die kinetische Energie der materiellen Moleküle und ist deshalb unabhängig von y_1'. Die vorhergehende Gleichung reducirt sich also auf

$$\frac{d}{dt}(\mathrm{L}i_1 + \mathrm{M}i_2) = \mathrm{E}_1 - \mathrm{R}_1 i_1 \;^{1)}$$

oder

$$\mathrm{E}_1 - \frac{d}{dt}(\mathrm{L}i_1 + \mathrm{M}i_2) = \mathrm{R}_1 i_1 .$$

Die elektromotorische Induktionskraft ist also der Differentialquotient von $\mathrm{L}i_1 + \mathrm{M}i_2$ nach der Zeit, aber mit dem negativen Zeichen; wir erhalten somit denselben Ausdruck, auf den wir durch die Helmholtz'sche Methode gekommen waren (cf. § 150).

Wenn wir die Lagrange'sche Gleichung für den zweiten Parameter y_2 aufstellen, so finden wir für die in dem zweiten Stromkreis entwickelte elektromotorische Kraft

$$-\frac{d}{dt}(\mathrm{M}i_1 + \mathrm{N}i_2) .$$

158. Arbeit der elektrodynamischen Kräfte. Nehmen wir eine der zu den Parametern $x_1, x_2, \ldots . x_n$ gehörigen Lagrange'schen Gleichungen, so erhalten wir die Arbeit der elektrodynamischen Kräfte für eine Verrückung, die dem Anwachsen des betrachteten Parameters um δx_i entspricht. Bedenken wir nämlich, dass $\mathrm{L}i_1^2 + 2\,\mathrm{M}i_1 i_2 + \mathrm{N}i_2^2$ nicht von dem Differentialquotient x_i' abhängt, ebenso T_1 nicht von x_i, und i_1 wie i_2 weder von x_i', noch von x_i, so finden wir

$$\frac{d}{dt}\left(\frac{\partial \mathrm{T}_1}{\partial x_i'}\right) - \frac{1}{2}\left(i_1^2 \frac{\partial \mathrm{L}}{\partial x_i} + 2\, i_1 i_2 \frac{\partial \mathrm{M}}{\partial x_i} + i_2^2 \frac{\partial \mathrm{N}}{\partial x_i}\right) = \mathrm{X}_i .$$

Setzen wir ausserdem voraus, das System sei in dem betrachteten Augenblick in Ruhe, so wird T_1 Null und wir erhalten für die von einer virtuellen Verrückung herrührende Arbeit

$$\mathrm{X}_i\, \delta x_i = -\frac{1}{2}(i_1^2\, \delta\mathrm{L} + 2\, i_1 i_2\, \delta\mathrm{M} + i_2^2\, \delta\mathrm{N}) .$$

---

[1]) Da $y_1 = \int_0^t i_1\, dt$ und daher $y_1' = i_1$ ist.

Dies ist aber die Arbeit der äusseren, auf die materiellen Moleküle des Systems wirkenden Kräfte, die Arbeit der elektrodynamischen Kräfte hat also das entgegengesetzte Vorzeichen. Sie ist demnach gleich der Variation der Funktion

$$\frac{1}{2}(Li_1^2 + 2\,Mi_1\,i_2 + Ni_2^2)\,,$$

und stellt, wie es auch sein muss, das elektrodynamische Selbstpotential des Systems dar.

159. Wir wollen jetzt die Arbeit der elektrodynamischen Kräfte bestimmen, welche von dem als fest vorausgesetzten Strom C_2 auf C_1 ausgeübt werden.

Da der Stromkreis C_2 sich nicht deformirt, ist δN Null und die Arbeit der elektrodynamischen Kräfte reducirt sich auf

$$\frac{1}{2}(i_1^2\,\delta L + 2\,i_1\,i_2\,\delta M)\,.$$

Das erste Glied dieser Summe bezieht sich aber auf die Wirkung, welche der Strom C_1 auf sich selbst ausübt. Demnach hat diejenige Arbeit der elektrodynamischen Kräfte, welche der Wirkung des Stromes C_2 auf C_1 zuzuschreiben ist, die Grösse $i_1\,i_2\,\delta M$. Nun besitzt $Mi_1 i_2$, das elektrodynamische Potential von C_1 auf C_2, den Werth (§ 129)

$$Mi_1 i_2 = i_1 \int (l\alpha + m\beta + n\gamma)\, d\omega\,,$$

wenn C_1 sich in einem nicht magnetischen Medium verrückt, oder allgemeiner

$$Mi_1 i_2 = i_1 \int (la + mb + nc)\, d\omega\,,$$

wenn C_1 sich in einem magnetischen Medium verschiebt, und zwar an einem Punkte, für welchen die Komponenten der magnetischen Induktion a, b, c sind; wir erhalten also für die Arbeit der elektrodynamischen Kräfte, welche zwischen C_1 und C_2 auftreten,

$$i_1\,\delta \int (la + mb + nc)\, d\omega\,.$$

160. Ausdruck für die elektrodynamischen Kräfte. Wenn wir mit $X d\tau$, $Y d\tau$, $Z d\tau$ die Komponenten der elektrodynamischen Kraft bezeichnen, die von der Wirkung des Stromes C_2 auf ein Element x, y, z des Stromes C_1 herrührt, so wird die Arbeit dieser Kräfte bei einer Verrückung des Elements um δx, δy, δz

$$(X\delta x + Y\delta y + Z\delta z)\, d\tau,$$

und folglich die Arbeit der elektrodynamischen auf C_1 wirkenden Kräfte, wenn der ganze Stromkreis verschoben wird oder seine Form ändert,

$$\int d\tau\,(X\delta x + Y\delta y + Z\delta z),$$

wobei die Integration über den Stromkreis C_1 auszudehnen ist. Durch Vergleichung dieses Ausdrucks für die Arbeit mit dem vorhin gefundenen erhalten wir die Beziehung

$$(1) \qquad \int d\tau\,(X\delta x + Y\delta y + Z\delta z) = i_1\,\delta \int (la + mb + nc)\, d\omega,$$

deren rechte Seite wir jetzt berechnen wollen.

Sei C_1 (Fig. 32) die Anfangslage des Stromkreises C_1, und C_1' seine Endlage, so können wir durch C_1 und C_1' eine Fläche A legen und als Integrationsgebiet von

$$\int (la + mb + nc)\, d\omega$$

das von der Kurve C_1 auf dieser Fläche begrenzte Stück nehmen.

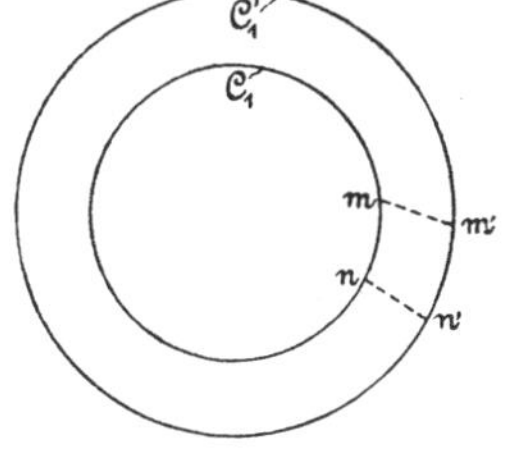

Fig. 32.

Die Veränderung dieses Integrals bei der Verschiebung des Stromkreises von C_1 nach C_1' ist dann gegeben durch den Werth desselben Integrals, welches sich über das von beiden Kurven begrenzte Flächenstück erstreckt. Um diesen Werth zu finden, betrachten wir ein Element mn des Stromes C_1, dessen Lage nach der Verschiebung $m'n'$ ist. Die Fläche $mnn'm'$ kann als ein Parallelogramm betrachtet werden, dessen Seite mn die Projektionen dx, dy, dz besitzt, während die Projektionen des Stücks mm', welches die Grösse der Verschiebung darstellt, δx, δy, δz sein mögen. Wir erhalten somit als Projektionsflächen dieses Parallelogramms auf die

Koordinatenebenen

$$l d\omega = \delta y\, dz - \delta z\, dy\,,$$

$$m d\omega = \delta z\, dx - \delta x\, dz\,,$$

$$n d\omega = \delta x\, dy - \delta y\, dx\,,$$

und folglich

$$\delta \int (la + mb + nc)\, d\omega = \int a\,(\delta y\, dz - \delta z\, dy)$$

$$+ b\,(\delta z\, dx - \delta x\, dz) + c\,(\delta x\, dy - \delta y\, dx)\,.$$

Durch Einsetzen dieses Werthes in die Gleichung (1) findet man:

$$\int d\tau\,(X\delta x + Y\delta y + Z\delta z) = i_1 \int (c dy - b dz)\,\delta x$$

$$+ (a dz - c dx)\,\delta y + (b dx - a dy)\,\delta z\,;$$

woraus dann folgt

$$X d\tau = i_1\,(c dy - b dz)\,,$$

$$Y d\tau = i_1\,(a dz - c dx)\,,$$

$$Z d\tau = i_1\,(b dx - a dy)\,.$$

Da aber bekanntlich die Geschwindigkeiten u, v, w der Elektricität ausgedrückt werden durch (cf. § 137):

$$u d\tau = i_1\, dx\,, \qquad v d\tau = i_1\, dy\,, \qquad w d\tau = i_1\, dz\,,$$

so lassen sich die drei vorhergehenden Gleichungen schreiben:

$$(2) \qquad \left|\begin{aligned} X &= cv - bw\,, \\ Y &= aw - cu\,, \\ Z &= bu - av\,. \end{aligned}\right.$$

161. Ströme in beliebiger Anzahl. — Elektrodynamische Kräfte. Die vorhergehenden Formeln lassen sich auch auf den Fall anwenden, wo eine beliebige Anzahl von Strömen C_2, C_3, ... C_n auf ein bestimmtes Element des Stromkreises C_1 einwirkt. Nennen wir nämlich a_2, b_2, c_2, a_3, b_3, c_3, ... c_n die Komponenten der von den verschiedenen Strömen herrührenden magnetischen Induktion an dem Punkte, in dem sich das Element von C_1 befindet, so ist die von der Gesammtheit der Ströme hervorgebrachte elektrodynamische Kraft die Resultante aus den von jedem einzelnen derselben erzeugten Kräften. Ihre Komponente nach der X-Axse ist demnach

$$X = c_2 v - b_2 w + c_3 v - b_3 w + \ldots + c_n v - b_n w$$

oder

$$X = (c_2 + c_3 + \ldots c_n) v - (b_2 + b_3 + \ldots b_n) w ,$$

oder endlich, wenn man mit a, b, c die Komponenten der Resultante aus den durch die Ströme C_2, C_3, ... C_n hervorgebrachten magnetischen Induktionen bezeichnet

$$X = cv - bw .$$

In gleicher Weise kann man der elektrodynamischen Kraft Rechnung tragen, die von dem Stromkreis C_1 selbst herrührt. Hierzu zerlegen wir den Strom in zwei Theile, von denen der eine nur das betrachtete Element enthält, der andere den übrigen Theil des Stromkreises. Da die Wirkung des ersteren Theils auf sich selbst vernachlässigt werden darf, so hat man insgesammt die elektrodynamische Kraft zu bestimmen, welche dem System der n Ströme c_1, c_2, ... c_n entspricht. Nennt man also a, b, c die Komponenten der magnetischen Induktion aller dieser Ströme, so erhält man als Komponente nach der X-Axe

$$X = cv - bw .$$

Die Formeln (2) gelten somit allgemein.

162. Elektromotorische Induktionskräfte. Wenn ausser C_1 nur noch ein einziger Stromkreis C_2 vorhanden ist, so wird, wie wir fanden, die gesammte, in C_1 entwickelte, elektromotorische Induktionskraft dargestellt durch

$$E = -\frac{d}{dt}(Li_1 + Mi_2) .$$

Das Glied $\frac{d}{dt}(Li_1)$ hängt allein von der Wirkung des Stromes C_1 auf sich selbst ab, so dass die elektromotorische Induktionskraft, welche nur von dem Strom C_2 herrührt, gleich $\frac{dMi_2}{dt}$ ist. Diesen Differentialquotienten wollen wir etwas umformen.

Die Variation δMi_2 der Grösse Mi_2, welche einer Verschiebung des Stromkreises C_1 und einer gleichzeitigen Veränderung der Stromintensitäten entspricht, kann betrachtet werden als die Summe der von der Verschiebung herrührenden Veränderung bei konstant bleibenden Intensitäten und der durch die Intensitätsschwankungen bewirkten Veränderung in den als fest vorausgesetzten Leitern. Wir haben nun gezeigt (§ 159 etc.), dass die Variation von Mi_1i_2, welche von einer relativen Verschiebung der beiden Stromkreise herrührt, in denen die Intensitäten dieselben Werthe behalten, gleich ist

$$\delta Mi_1i_2 = i_1 \int a(\delta y\, dz - \delta z\, dy) + b(\delta z\, dx - \delta x\, dz) + c(\delta x\, dy - \delta y\, dx).$$

Wir erhalten demnach für die Variation von Mi_2 das auf der rechten Seite stehende Integral.

Um ferner diejenige Variation von Mi_2 zu erhalten, welche von einer Schwankung der Intensitäten herrührt, wählen wir für Mi_1i_2 die Form (cf. § 139)

$$Mi_1i_2 = i_1 \int_{C_1} F dx + G dy + H dz.$$

Da die Stromkreise weder ihre Form verändern, noch sich verschieben, so bleibt der Integrationsweg derselbe und die Variation von Mi_2 beschränkt sich auf

$$\int_{C_1} \delta F dx + \delta G dy + \delta H dz.$$

Wir finden somit als vollständige Variation von Mi_2

$$\int a(\delta y\, dz - \delta z\, dy) + b(\delta z\, dx - \delta x\, dz) + c(\delta x\, dy - \delta y\, dx)$$

$$+ \int \delta F dx + \delta G dy + \delta H dz$$

und folglich für die elektromotorische Induktionskraft

$$-\frac{dMi_2}{dt} = -\int a(y'\,dz - z'\,dy) + b(z'\,dx - x'\,dz) + c(x'\,dy - y'\,dx)$$

$$-\int \frac{dF}{dt}\,dx + \frac{dG}{dt}\,dy + \frac{dH}{dt}\,dz$$

oder auch

$$-\frac{dMi_2}{dt} = \int \left(cy' - bz' - \frac{dF}{dt}\right) dx + \left(az' - cx' - \frac{dG}{dt}\right) dy$$

$$+ \left(bx' - ay' - \frac{dH}{dt}\right) dz\,.$$

163. Wenn wir mit P, Q, R die drei Komponenten der elektromotorischen Induktionskraft für die Einheit der Länge bezeichnen, so wird die elektromotorische Kraft in dem Stromkreis C_1 durch das Integral

$$\int_{C_1} P dx + Q dy + R dz$$

gegeben.

Durch Vergleichung mit dem vorhergehenden Ausdruck für die elektromotorische Kraft erhalten wir drei Gleichungen, deren erste lautet:

$$\int P dx = \int \left(cy' - bz' - \frac{dF}{dt}\right) dx\,.$$

Wir leiten daraus durch Differentiation ab:

$$(1) \qquad P = cy' - bz' - \frac{dF}{dt}\,;$$

aber es ist klar, dass wir der rechten Seite dieser letzten Gleichung den partiellen Differentialquotienten $-\frac{\partial \psi}{\partial x}$ einer homogenen Funktion $-\psi$ hinzufügen können, denn bei der Integration über eine geschlossene Kurve (C_1) wird das Integral dieses Gliedes Null. Wir finden somit als Komponenten der elektromotorischen Induktionskraft für die Längeneinheit:

$$
(2) \qquad \begin{cases} P = cy' - bz' - \dfrac{dF}{dt} - \dfrac{\partial\psi}{\partial x}, \\[2ex] Q = az' - cx' - \dfrac{dG}{dt} - \dfrac{\partial\psi}{\partial y}, \\[2ex] R = bx' - ay' - \dfrac{dH}{dt} - \dfrac{\partial\psi}{\partial z}. \end{cases}
$$

164. Wir wollen nun zeigen, dass diese Gleichungen auch gelten, wenn ausser C_1 noch eine beliebige Zahl von Strömen C_2, C_3, ... C_n vorhanden ist.

Die in C_1 durch die Gesammtheit der $n-1$ anderen Ströme erzeugte elektromotorische Induktionskraft ist gleich der Summe der von jedem derselben herrührenden elektromotorischen Kräfte; man hat also für die Komponente P,

$$
\begin{aligned} P = {} & c_2 y' - b_2 z' - \frac{dF_2}{dt} - \frac{\partial\psi_2}{\partial x} \\ & + c_3 y' - b_3 z' - \frac{dF_3}{dt} - \frac{\partial\psi_3}{\partial x} \\ & + \dots\dots\dots\dots \\ & + c_n y' - b_n z' - \frac{dF_n}{dt} - \frac{\partial\psi_n}{\partial x}, \end{aligned}
$$

oder

$$
P = y' \sum c - z' \sum b - \frac{d\Sigma F}{dt} - \frac{\partial \Sigma\psi}{\partial x}.
$$

Nun sind $\sum c$ und $\sum b$ zwei der Komponenten der magnetischen Induktion in einem bestimmten Punkt von C_1; $\sum F$ ist die Komponente des elektromagnetischen Moments in demselben Punkt, $\sum \psi$ eine homogene Funktion der Koordinaten. Demnach kann die erste der Gleichungen (2) auf eine beliebige Zahl von Strömen angewandt werden, wenn man nur für b, c und F diejenigen Werthe wählt, die der Gesammtheit der in Betracht kommenden Ströme entsprechen. In derselben Weise findet man, dass auch die beiden anderen Gleichungen ihre Gültigkeit behalten.

165. Auch die Einwirkung des Stromes C_1 auf sich selbst lässt sich berechnen: Der Stromkreis C_1 kann nämlich als aus zwei Theilen zusammengesetzt betrachtet werden, deren einer nur aus dem Stromelement besteht, für das man die Komponenten der elektromotorischen Kraft sucht, während der andere den ganzen Rest des Stromkreises umfasst. Für diesen letzteren Theil darf man den Stromkreis C_1 selbst einführen, so dass, bei Vernachlässigung der Selbstinduktion des kleinen Elements, die Induktion von den n Stromkreisen C_1, C_2, ... C_n herrührt. Die Komponenten der elektromotorischen Kraft werden also wieder durch die Formeln (2) gegeben und a, b, c, F, G, H sind dann die Werthe für alle Ströme zusammengenommen.

166. Bedeutung von ψ. Die Funktion ψ stellt eine beliebige Funktion der Koordinaten dar, welche nur der Bedingung zu genügen hat, dass sie homogen ist. Maxwell nimmt an, dass sie das elektrostatische Potential repräsentirt, welches von den in dem Feld etwa vorhandenen elektrischen Massen herrührt.

Diese Hypothese müsste experimentell geprüft werden durch die Uebereinstimmung der gemessenen Werthe der elektromotorischen Induktionskräfte mit den aus den Gleichungen (2) abgeleiteten, wobei dann ψ durch den Versuch zu bestimmen wäre, während die Grössen a, b, c, F, G, H gegeben sind durch die Formeln (§ 131)

$$a = \alpha + 4\pi \mathrm{A},$$

$$b = \beta + 4\pi \mathrm{B},$$

$$c = \gamma + 4\pi \mathrm{C},$$

und (§ 134)

$$\mathrm{F} = \int \frac{u\,d\tau}{r}, \qquad \mathrm{G} = \int \frac{v\,d\tau}{r}, \qquad \mathrm{H} = \int \frac{w\,d\tau}{r}.$$

Immerhin ist es stets gestattet, ψ als elektrostatisches Potential aufzufassen. Die Grössen F, G, H lassen sich nämlich nur unter der Bedingung bestimmen, dass man voraussetzt, sie seien durch die Differentialgleichung

$$\frac{\partial \mathrm{F}}{\partial x} + \frac{\partial \mathrm{G}}{\partial y} + \frac{\partial \mathrm{H}}{\partial z} = 0$$

verbunden (cf. § 134).

Nun haben wir für F, G, H Ausdrücke von der allgemeinen Form

$$F = \int \frac{u}{r} d\tau + \frac{\partial \chi}{\partial x}$$

gefunden (cf. § 133), wo χ eine beliebige Funktion der Koordinaten bedeutet, so dass wir als Werthe der Komponenten P, Q, R der elektromotorischen Kraft für die Längeneinheit erhalten:

$$P = cy' - bz' - \int \frac{du}{dt} \cdot \frac{d\tau}{r} - \frac{d}{dt} \frac{\partial \chi}{\partial x} - \frac{\partial \psi}{\partial x},$$

$$Q = az' - cx' - \int \frac{dv}{dt} \cdot \frac{d\tau}{r} - \frac{d}{dt} \frac{\partial \chi}{\partial y} - \frac{\partial \psi}{\partial y},$$

$$R = bx' - ay' - \int \frac{dw}{dt} \cdot \frac{d\tau}{r} - \frac{d}{dt} \frac{\partial \chi}{\partial z} - \frac{\partial \psi}{\partial z}.$$

Es lässt sich also stets durch passende Wahl der willkürlichen Funktion χ erreichen, dass die in diese Gleichungen und die Gleichungen (2) eingehende Funktion ψ das elektrostatische Potential darstellt.

Kapitel X.

Allgemeine Gleichungen des magnetischen Feldes.

---

167. Gleichungen des magnetischen Feldes. Wir wollen uns die Gleichungen wieder vergegenwärtigen, die bestehen zwischen den Komponenten der magnetischen Induktion an einem Punkt, der elektromagnetischen Kraft und ihres Moments, der elektromotorischen Induktionskraft und der Geschwindigkeit der Elektricität.

Im § 103 fanden wir: Wenn α, β, γ die Komponenten der magnetischen Kraft an einem Punkt eines magnetischen Medium bedeuten, dessen magnetisches Induktionsvermögen (Permeabilitätskoefficient) μ ist, dann werden die Komponenten der magnetischen Induktion an demselben Punkt gegeben durch die Gleichungen

$$\text{(I)} \qquad \left\{ \begin{aligned} a &= \mu\,\alpha\,, \\ b &= \mu\,\beta\,, \\ c &= \mu\,\gamma\,. \end{aligned} \right.$$

Die Geschwindigkeitskomponenten u, v, w der Elektricität an einem Punkte sind mit den Komponenten der magnetischen Kraft α, β, γ durch die im § 118 aufgestellten Gleichungen verbunden:

$$\text{(II)} \qquad \left\{ \begin{aligned} 4\pi u &= \frac{\partial \gamma}{\partial y} - \frac{\partial \beta}{\partial z}\,, \\ 4\pi v &= \frac{\partial \alpha}{\partial z} - \frac{\partial \gamma}{\partial x}\,, \\ 4\pi w &= \frac{\partial \beta}{\partial x} - \frac{\partial \alpha}{\partial y}\,. \end{aligned} \right.$$

Die Komponenten F, G, H des elektromagnetischen Momentes ferner sind mit denen der magnetischen Induktion durch die folgenden Differentialgleichungen verknüpft (§ 131):

$$\text{(III)} \quad \begin{cases} a = \frac{\partial H}{\partial y} - \frac{\partial G}{\partial z}, \\ b = \frac{\partial F}{\partial z} - \frac{\partial H}{\partial x}, \\ c = \frac{\partial G}{\partial x} - \frac{\partial F}{\partial y}. \end{cases}$$

Da aber a, b, c die Produkte von α, β, γ in einen konstanten Faktor μ sind, und da ausserdem α, β, γ von u, v, w abhängen, so sind die Komponenten F, G, H des elektromagnetischen Moments selbst Funktionen von u, v, w. Nach dem in den §§ 137 und 166 Gesagten werden diese Funktionen dargestellt durch:

$$\text{(IV)} \quad \begin{cases} F = \mu \int \frac{u}{r}\, d\tau + \frac{\partial \chi}{\partial x}, \\ G = \mu \int \frac{v}{r}\, d\tau + \frac{\partial \chi}{\partial y}, \\ H = \mu \int \frac{w}{r}\, d\tau + \frac{\partial \chi}{\partial z}. \end{cases}$$

Die von der elektromagnetischen Induktion und den elektrischen Massen im statischen Zustand herrührende elektromotorische Kraft hat, wie wir im § 163 gezeigt haben, zu Komponenten:

$$\text{(V)} \quad \begin{cases} P = cy' - bz' - \frac{dF}{dt} - \frac{\partial \psi}{\partial x}, \\ Q = az' - cx' - \frac{dG}{dt} - \frac{\partial \psi}{\partial y}, \\ R = bx' - ay' - \frac{dH}{dt} - \frac{\partial \psi}{\partial z}. \end{cases}$$

168. Gleichungen der Leiterströme. In den Formeln (II) bezeichnen u, v, w die Geschwindigkeitskomponenten der Elektricität ohne Unterschied der Bewegungsart: Leitung oder Verschiebung. Handelt es sich um einen Leiterstrom, dann müssen diese Komponenten ausserdem dem Ohm'schen Gesetze genügen. Wenn wir mit C die elektrische Leitungsfähigkeit des Mittels bezeichnen und mit X die Komponenten aller elektromotorischen Kräfte pro Längeneinheit, soweit sie nicht von einer statischen Potentialdifferenz herrühren, so erhalten wir nach § 87 Gleichungen von der Form:

$$\frac{u}{\mathrm{C}} = -\frac{\partial \psi}{\partial x} + \mathrm{X}.$$

Wenn man annimmt, dass diese elektromotorischen Kräfte nur Induktionskräfte sind, die durch Veränderung oder Verschiebung von Strömen oder magnetischen und elektrischen Massen hervorgebracht werden, so ist die rechte Seite dieser letzten Gleichung gleich P. Folglich finden wir dann für die drei Geschwindigkeitskomponenten der Elektricität bei einem Leiterstrom:

$$\text{(VI)} \qquad \begin{cases} u = \mathrm{CP}, \\ v = \mathrm{CQ}, \\ w = \mathrm{CR}. \end{cases}$$

169. Gleichungen der Verschiebungsströme. Die vorhergehenden Gleichungen können auf die Verschiebungsströme nicht angewendet werden, da diese nach unserer Annahme dem Ohm'schen Gesetz nicht folgen. Die Gleichungen (III) dagegen müssen befriedigt werden, da Maxwell, wie wir schon oben (§ 118) erwähnt haben, annimmt, dass die Verschiebungsströme den elektromagnetischen und elektrodynamischen Gesetzen von Ampère unterworfen sind. Aber ausser diesen letzteren Gleichungen giebt es noch drei andere, welche eine Beziehung zwischen den Geschwindigkeitskomponenten der Elektricität in einem Strome dieser Art und den Komponenten der elektromotorischen Kraft aufstellen.

Wir fanden nämlich (§ 72), dass die Komponenten der elektrischen Verschiebung durch drei Gleichungen gegeben werden, deren erste lautet:

$$f = -\frac{\mathrm{K}}{4\pi}\left(\frac{\partial \psi}{\partial x} - \mathrm{X}\right),$$

wobei X dieselbe Bedeutung besitzt, wie in dem vorigen Paragraphen. Wenn wir also annehmen, dass die elektromotorischen Kräfte nur durch eine Differenz des statischen Potentials sowie durch die Induktion von Magneten und von den in dem Feld befindlichen Strömen hervorgebracht werden, so ist der Klammerfaktor in dem Ausdruck für f gleich $-\mathrm{P}$; folglich erhalten wir dafür

$$
\text{(VII)} \qquad \left\{ \begin{aligned} f &= \frac{\mathrm{K}}{4\pi} \mathrm{P}, \\ g &= \frac{\mathrm{K}}{4\pi} \mathrm{Q}, \\ h &= \frac{\mathrm{K}}{4\pi} \mathrm{R}. \end{aligned} \right.
$$

Durch Differentiation dieser Gleichungen nach der Zeit folgt für die Geschwindigkeitskomponenten u, v, w der elektrischen Verschiebung:

$$
\text{(VIII)} \qquad \left\{ \begin{aligned} u &= \frac{\mathrm{K}}{4\pi} \cdot \frac{d\mathrm{P}}{dt}, \\ v &= \frac{\mathrm{K}}{4\pi} \cdot \frac{d\mathrm{Q}}{dt}, \\ w &= \frac{\mathrm{K}}{4\pi} \cdot \frac{d\mathrm{R}}{dt}. \end{aligned} \right.
$$

170. Gleichungen für die Ströme in einem unvollkommen isolirenden Medium. Die Gruppe der Gleichungen (VI) gilt für leitende Medien, z. B. für Metalle; die Gleichungen (VIII) dagegen für vollkommene Isolatoren. Wenn der Körper unvollkommen isolirt, so nimmt Maxwell an, dass die Komponenten des wirklichen elektrischen Stromes, durch den die elektromagnetischen Erscheinungen bedingt sind, aus der Summe der Komponenten des Leitungs- und des Verschiebungsstroms bestehen; wir erhalten also in diesem Fall

$$
\text{(IX)} \qquad \left\{ \begin{aligned} u &= \mathrm{CP} + \frac{\mathrm{K}}{4\pi} \cdot \frac{d\mathrm{P}}{dt}, \\ v &= \mathrm{CQ} + \frac{\mathrm{K}}{4\pi} \cdot \frac{d\mathrm{Q}}{dt}, \\ w &= \mathrm{CR} + \frac{\mathrm{K}}{4\pi} \cdot \frac{d\mathrm{R}}{dt}. \end{aligned} \right.
$$

Wir müssen hierbei darauf hinweisen, dass die Maxwell'sche Hypothese eine Schwierigkeit mit sich bringt. Da nämlich das Medium Eigenschaften besitzt, die zwischen denen der Leiter und der Isolatoren liegen, so muss die den Strom erzeugende elektromotorische Kraft zwei Arten von Widerständen überwinden, einen analog dem Widerstand der Metalle $\frac{1}{C}$, den anderen von der Art, wie ihn die Isolatoren aufweisen. Hieraus würde also folgen, dass entgegen den obigen Gleichungen von Maxwell die Stromintensität und folglich auch die Grössen u, v, w dann kleiner sein müssten, als in einem Leiter oder in einem vollständigen Isolator.

171. Potier stellte statt der Maxwell'schen Hypothese eine rationellere auf. Er nimmt an, dass die elektromotorische Kraft an einem Punkt gleich ist der Summe aus derjenigen Kraft, die den Leiterstrom erzeugt, und derjenigen, welche die Verschiebung hervorbringt. Wir erhalten also durch Addition der aus den Gleichungen (VI) und (VII) abgeleiteten Werthe der Komponenten der elektromotorischen Kraft:

$$\text{(X)} \qquad \left\{ \begin{aligned} P &= \frac{u}{C} + \frac{4\pi}{K} f, \\ Q &= \frac{v}{C} + \frac{4\pi}{K} g, \\ R &= \frac{w}{C} + \frac{4\pi}{K} h. \end{aligned} \right.$$

172. Die Formeln (IX) und (X) reduciren sich auf die der Leiterströme, wenn man $K = 0$, resp. $K = \infty$ setzt. Ein Leiter muss also nach Maxwell betrachtet werden als ein Dielektrikum von dem Induktionsvermögen Null, und nach Potier als ein solches von unbegrenztem Induktionsvermögen. Die Folgerung aus der Potier'schen Hypothese lässt sich bei der Zellentheorie leicht einsehen.

In dieser Theorie nämlich stellt man sich vor, dass ein vollkommenes Dielektrikum von vollkommen leitenden Zellen gebildet wird, welche von einander durch vollkommen isolirende Zwischenwände getrennt sind.

Wie gestaltet sich nun die Sache für einen Körper, der die Mitte zwischen einem Dielektrikum und einem Leiter hält, d. h. für ein unvollständiges Dielektrikum? Die Formeln von Maxwell und die von Potier geben verschiedene Lösungen dieser Frage.

Wenn wir die Formeln von Maxwell annehmen, so setzen wir damit voraus, dass die die Zellen trennenden Zwischenwände nicht vollkommen isoliren, dass also ihr specifisches Leitungsvermögen C nicht ganz Null ist.

173. Mit Potier dagegen würden wir annehmen, dass die leitenden Zellen nicht vollkommene Leiter sind, d. h. dass ihre Leitungsfähigkeit C nicht mehr unbegrenzt ist.

Allerdings dürften die Verhältnisse in Wirklichkeit schwerlich so einfach liegen, wie es Maxwell und Potier voraussetzen. Vielleicht müsste man beide Hypothesen verbinden: unvollkommen leitende Zellen, die durch unvollkommen isolirende Zwischenräume getrennt sind.

Alles dies besitzt übrigens geringe Wichtigkeit, denn diese sämmtlichen Hypothesen können nur als erste Annäherung betrachtet werden, die dem gegenwärtigen Stande der Wissenschaft entspricht; hiernach haben wir nur ein Interesse daran, einerseits gewöhnliche Leiter zu betrachten, andererseits vollkommene Dielektrika.

Kapitel XI.

Elektromagnetische Theorie des Lichtes.

174. Folgerungen aus den Maxwell'schen Theorien. Aus den verschiedenen, in den vorhergehenden Kapiteln auseinandergesetzten Theorien ergiebt sich unzweifelhaft, dass Maxwell fortwährend bestrebt ist, eine Erklärung der elektrischen und elektromagnetischen Erscheinungen, welche gewöhnlich auf Fernwirkung zurückgeführt werden, durch die Bewegung eines hypothetischen, den Raum erfüllenden Fluidum zu finden. Wir konnten feststellen, dass Maxwell seinen Zweck nur unvollkommen erreicht hat, besonders sahen wir in Kapitel IV, dass, wenn es möglich ist, den elektrostatischen Anziehungen und Abstossungen durch die Drucke und Spannungen eines die Dielektrika erfüllenden Fluidum Rechnung zu tragen, die Eigenschaften, welche man dann diesem Fluidum zuertheilen muss, unvereinbar sind mit denjenigen, welche ihm Maxwell in anderen Theilen seines Werkes zuschreibt. Trotz der Bemühungen Maxwell's haben wir also noch keine vollständige mechanische Erklärung dieser Erscheinungen; nichtsdestoweniger besitzen die Arbeiten dieses Physikers eine grundlegende Bedeutung: sie zeigen nämlich, dass eine solche Erklärung überhaupt möglich ist.

175. Wir wollen aber jetzt von den wenigen Widersprüchen absehen, die wir in dem Werke von Maxwell fanden, und uns eingehender mit der Theorie beschäftigen, welche er zur Erklärung des Elektromagnetismus und der Induktion aufgestellt hat und die wir in Kapitel IX auseinandersetzten. Eine der wichtigsten Ergebnisse aus dieser Theorie, welche an sich schon unsere ganze Bewunderung verdient, ist die Uebereinstimmung der wesentlichen Eigenschaften des Aethers, der nach Fresnel die Lichtschwingungen übermittelt, mit denjenigen des Fluidum, welches nach der Voraussetzung von Maxwell den elektromagnetischen Wirkungen zu Grunde liegt. Diese Uebereinstimmung der Eigenschaften ist in der That eine Bestätigung der Ansicht von dem Vorhandensein eines Fluidum, das als Träger der Energie dient.

„Es wäre philosophisch nicht zu rechtfertigen, wollte man, so oft es eine neue Erscheinung zu erklären giebt, den ganzen Raum auch mit einem neuen Medium füllen; hat aber das Studium zweier verschiedener Wissenszweige unabhängig zu der Conception eines Mediums geführt, und ist man zudem gezwungen, dem Medium, wenn es zur Erklärung der einen Erscheinungsklasse — der des Elektromagnetismus — dienen soll, dieselben Eigenschaften, wie wenn es zum Verständniss der anderen Erscheinungsklasse — der des Lichtes — benutzt wird, zuzusprechen, dann dürfte die Wahrscheinlichkeit für die physikalische Existenz eines solchen Mediums erheblich verstärkt werden." (Maxwell, Lehrbuch der Elektricität und des Magnetismus. Deutsche Uebersetzung von Weinstein. II, § 781.)

176. Da der Aether und das Maxwell'sche Fluidum dieselben Eigenschaften besitzen, so lässt sich das Licht als ein elektromagnetischer Vorgang betrachten, und die Schwingungsbewegung, welche auf unserer Netzhaut den Eindruck einer Lichterscheinung hervorruft, muss von periodischen Störungen des magnetischen Feldes herrühren. Wenn dem so ist, so wird man aus den allgemeinen Gleichungen dieses Feldes die Erklärung der Lichterscheinungen ableiten können. Dieser Erklärungsweise hat man den Namen der „Elektromagnetischen Theorie des Lichtes" gegeben.

Diese Theorie führt nothwendiger Weise zu Beziehungen zwischen den Werthen der optischen und elektrischen Konstanten eines Körpers. Wenn dieselben numerisch durch die Versuchsergebnisse bestätigt werden, so liefert dieser Umstand ebenso viele zwar indirekte, aber nichts desto weniger sehr triftige Beweise für die Richtigkeit der Theorie. Eine der besten Bestätigungen ist die befriedigende Uebereinstimmung zwischen den von Foucault, Fizeau und Cornu etc. gefundenen Werthen für die Fortpflanzungsgeschwindigkeit des Lichtes und denjenigen, welche aus der elektromagnetischen Theorie abgeleitet werden können. Wir wollen jetzt die Formel aufstellen, vermöge deren diese Geschwindigkeit als Funktion der messbaren elektrischen Konstanten des Medium, in welchem die Fortpflanzung vor sich geht, ausgedrückt werden kann.

177. Gleichungen für die Fortpflanzung einer magnetischen Störung in einem Dielektrikum. Da alle durchsichtigen Körper mehr oder weniger vollkommene Isolatoren sind, wobei man allerdings von elektrolytischen Lösungen absehen muss, so beschränken wir unsere Untersuchung zunächst auf die Betrachtung der Dielektrika.

Wir nehmen ferner an, dass die materiellen Moleküle des Medium, welches die magnetischen Störungen fortpflanzt, zunächst in Ruhe bleiben.

Nach dieser letzten Annahme sind die Komponenten x', y', z' der Geschwindigkeit eines materiellen Punktes Null, und die Gleichungen (V) des § 167 reduciren sich auf die folgenden:

$$P = -\frac{\partial F}{\partial t} - \frac{\partial \psi}{\partial x},$$

$$Q = -\frac{\partial G}{\partial t} - \frac{\partial \psi}{\partial y},$$

$$R = -\frac{\partial H}{\partial t} - \frac{\partial \psi}{\partial z}.$$

Da das elektrostatische Potential ψ von elektrischen Massen herrührt, die weder ihren Werth, noch ihre Lage ändern, so ist diese Grösse, ebenso wie ihre partiellen Differentialquotienten nach x, y, z, unabhängig von der Zeit; durch Differentiation der vorhergehenden Gleichungen nach t erhalten wir demnach

$$(1)\qquad \begin{cases} \dfrac{\partial P}{\partial t} = -\dfrac{\partial^2 F}{\partial t^2}, \\[2ex] \dfrac{\partial Q}{\partial t} = -\dfrac{\partial^2 G}{\partial t^2}, \\[2ex] \dfrac{\partial R}{\partial t} = -\dfrac{\partial^2 H}{\partial t^2}. \end{cases}$$

In Folge der Annahme, dass die magnetische Störung in einem dielektrischen Medium vor sich geht, sind die Geschwindigkeitskomponenten u, v, w der Elektricität mit den Komponenten der elektromotorischen Kraft durch die Gleichungen (VIII) verknüpft, aus denen wir die Differentialquotienten von P, Q, R nach t finden können. Setzen wir die Werthe dieser Differentialquotienten in die vorhergehenden Gleichungen ein, so ergibt sich:

$$(2)\qquad \begin{cases} 4\pi u = -K\dfrac{\partial^2 F}{\partial t^2}, \\[2ex] 4\pi v = -K\dfrac{\partial^2 G}{\partial t^2}, \\[2ex] 4\pi w = -K\dfrac{\partial^2 H}{\partial t^2}. \end{cases}$$

Um die Differentialgleichungen zu erhalten, welche F, G, H als Funktion der Zeit liefern, müssen wir u, v, w als Funktionen von F, G, H und deren Differentialquotienten ausdrücken. Hierzu benützen wir die Gleichungen (I), (II) und (III).

Die Gleichungen (I) und (III) geben uns:

$$\mu\alpha = \frac{\partial H}{\partial y} - \frac{\partial G}{\partial z},$$

$$\mu\beta = \frac{\partial F}{\partial z} - \frac{\partial H}{\partial x},$$

$$\mu\gamma = \frac{\partial G}{\partial x} - \frac{\partial F}{\partial y}.$$

Hieraus berechnen wir die Differentialquotienten von α, β, γ nach x, y, z und setzen die so gefundenen Werthe in die Gleichungen (II) ein; wir erhalten dann:

$$4\pi\mu u = \frac{\partial J}{\partial x} - \Delta F,$$

$$4\pi\mu v = \frac{\partial J}{\partial y} - \Delta G,$$

$$4\pi\mu w = \frac{\partial J}{\partial z} - \Delta H,$$

worin J die Summe der partiellen Differentialquotienten

$$J = \frac{\partial F}{\partial x} + \frac{\partial G}{\partial y} + \frac{\partial H}{\partial z}$$

bezeichnet.

Eliminiren wir aus diesen Gleichungen u, v, w mit Hülfe der Gleichungen (2), so finden wir die gesuchten Differentialgleichungen:

$$\text{(A)} \qquad \left\{ \begin{aligned} K\mu \frac{\partial^2 F}{\partial t^2} &= \Delta F - \frac{\partial J}{\partial x}, \\ K\mu \frac{\partial^2 G}{\partial t^2} &= \Delta G - \frac{\partial J}{\partial y}, \\ K\mu \frac{\partial^2 H}{\partial t^2} &= \Delta H - \frac{\partial J}{\partial z}. \end{aligned} \right.$$

In dieser Form sind die Gleichungen den Bewegungsgleichungen eines Moleküls in einem elastischen Medium[1]) ähnlich, und folglich auch denjenigen der Bewegung eines Aethermoleküls; hierin liegt eine erste Bestätigung der Annahme von der elektromagnetischen Natur der Lichtschwingungen.

178. Da diese linearen Gleichungen konstante Koefficienten besitzen, so stellen auch die nach einer beliebigen Variablen genommenen Differentialquotienten der Funktionen F, G, H, welche denselben Gleichungen genügen, eine Lösung der letzteren dar; ausserdem ist auch noch eine lineare Verbindung dieser Differentialquotienten anwendbar. Folglich genügen die Komponenten a, b, c der magnetischen Induktion, welche mit denen des elektromagnetischen Moments durch die Beziehungen (III) verknüpft sind, den Gleichungen (A). Uebrigens vereinfachen sich in diesem Fall die letzteren, denn die Grösse J wird dann

$$J = \frac{\partial a}{\partial x} + \frac{\partial b}{\partial y} + \frac{\partial c}{\partial z},$$

und wir wissen, dass die Summe dieser partiellen Differentialquotienten Null ist (§ 102). Wir haben also:

$$K\mu \frac{\partial^2 a}{\partial t^2} = \Delta a,$$

$$K\mu \frac{\partial^2 b}{\partial t^2} = \Delta b,$$

$$K\mu \frac{\partial^2 c}{\partial t^2} = \Delta c.$$

Die Komponenten α, β, γ der magnetischen Kraft müssen ebenfalls den Gleichungen (A) genügen, da sie sich von a, b, c nur durch einen konstanten Faktor unterscheiden; die Summe J der partiellen Differentialquotienten bleibt aber dann in den Gleichungen stehen.

Endlich sind die Komponenten u, v, w der Verschiebungsgeschwindigkeit, welche lineare und homogene Funktionen der Differentialquotienten von α, β, γ darstellen, ebenfalls Lösungen der Gleichungen (A). Da nun die Inkompressibilität der Elektricität

[1]) Siehe Théorie mathématique de la lumière § 33.

durch die Bedingungsgleichung

$$\frac{\partial u}{\partial x} + \frac{\partial v}{\partial y} + \frac{\partial w}{\partial z} = 0$$

dargestellt wird, so verschwindet auch hierbei J aus den Gleichungen.

179. Wenn übrigens, wie Maxwell annimmt (§ 134), die Komponenten F, G, H des elektromagnetischen Moments der Bedingung

$$J = \frac{\partial F}{\partial x} + \frac{\partial G}{\partial y} + \frac{\partial H}{\partial z} = 0$$

unterworfen sind, so enthalten die Gleichungen (A) und diejenigen, welche die Komponenten der magnetischen Kraft geben, nicht mehr die Grösse J. Aber der Verzicht auf diese Hypothese ändert in keiner Weise die Resultate, zu denen die elektromagnetische Lichttheorie führt, denn J verschwindet trotzdem, wenn man annimmt, dass die Störungen des magnetischen Felds periodisch verlaufen.

Differentiiren wir nämlich die Gleichungen (A) nach x, y, z und addiren dieselben, so erhalten wir

$$K\mu \frac{\partial^2 J}{\partial t^2} = 0.$$

J muss also eine lineare Funktion der Zeit sein, oder eine Konstante, oder Null; dasselbe gilt gleichzeitig für die Differentialquotienten von J nach x, y, z. Wenn nun F, G, H periodische Funktionen der Zeit darstellen, so sind J und seine Differentialquotienten ebenfalls periodische Funktionen; folglich können diese Grössen weder Funktionen ersten Grades von t sein, noch Konstanten; sie müssen also Null sein.

180. Ebene Wellen. Wir wollen annehmen, dass die elektromagnetischen Erscheinungen, die im Dielektrikum auftreten, nur von der Zeit und von der Z-Koordinate des betrachteten Punktes abhängen. In diesem Falle sind die Vorgänge im selben Augenblick die gleichen für alle Punkte einer zur XY-Ebene parallelen Ebene, das heisst, die magnetischen Störungen bilden *ebene Wellen*.

Die Komponenten F, G, H des elektromagnetischen Moments hängen dann nicht von x und y ab, so dass die Differentialquotienten dieser Grössen nach x und y Null sind, und die Gleichungen (A) sich (mit Hülfe der Gleichung $J = \frac{\partial F}{\partial x} + \frac{\partial G}{\partial y} + \frac{\partial H}{\partial z} = 0$) reduciren auf:

$$\text{(B)} \quad \begin{cases} K\mu \dfrac{\partial^2 F}{\partial t^2} = \dfrac{\partial^2 F}{\partial z^2}, \\[2ex] K\mu \dfrac{\partial^2 G}{\partial t^2} = \dfrac{\partial^2 G}{\partial z^2}, \\[2ex] K\mu \dfrac{\partial^2 H}{\partial t^2} = 0. \end{cases}$$

Diese letzte Gleichung zeigt, dass in dem Falle, wo die Störungen periodisch verlaufen, die Komponente H Null ist. Folglich liegt das elektromagnetische Moment in der Wellenebene. Dasselbe gilt von den anderen Grössen: der Geschwindigkeit der Elektricität, der elektromagnetischen Kraft etc., deren Komponenten analogen Gleichungen genügen. Man kann also, wie bei den Aetherschwingungen in der gewöhnlichen Lichttheorie, sagen, dass die periodischen elektromagnetischen Störungen transversaler Natur sind.

181. Fortpflanzungsgeschwindigkeit einer ebenen periodischen Welle. Wenn wir setzen

$$V = \frac{1}{\sqrt{K\mu}},$$

so werden die beiden ersten Gleichungen (B)

$$\frac{\partial^2 F}{\partial t^2} = V^2 \frac{\partial^2 F}{\partial z^2},$$

$$\frac{\partial^2 G}{\partial t^2} = V^2 \frac{\partial^2 G}{\partial z^2}.$$

In dieser Form sind die Gleichungen identisch mit denen, welche die Verschiebungskomponenten eines Moleküls in einem elastischen Medium für den Fall angeben, dass die Bewegung in transversalen ebenen Wellen vor sich geht. Wir können also annehmen, dass die elektromagnetischen Störungen sich mit einer Geschwindigkeit von $\frac{1}{\sqrt{K\mu}}$ fortpflanzen.

182. Grösse dieser Geschwindigkeit im luftleeren Raum. Da der Permeabilitäts-Koefficient μ für den luftleeren Raum im elektromagnetischen Maasssystem gleich 1 ist, so hat die Fortpflanzungsgeschwindigkeit der ebenen Wellen in diesem Medium den Werth $\frac{1}{\sqrt{K}}$, wobei K in demselben System ausgedrückt sein muss. Diese Grösse wollen wir nun bestimmen.

Die X-Komponente der elektrischen Verschiebung ist gegeben durch die Formel:

$$f = -\frac{K}{4\pi} \cdot \frac{\partial \psi}{\partial x}.$$

Das specifische Induktionsvermögen hat in dem elektrostatischen System keine Dimensionen, deshalb sind die Dimensionen der Verschiebung in diesem System diejenigen des Quotienten eines Potentials durch eine Länge und folglich einer Elektricitätsmenge durch das Quadrat einer Länge. Es folgt daraus, dass beim Uebergang aus einem Maasssystem zu einem anderen, wenn hierbei die Längeneinheit dieselbe bleibt, die Zahlen, welche die Verschiebung in beiden Systemen messen, in demselben Verhältnisse stehen, wie die, welche dieselbe Elektricitätsmenge ausdrücken. Wenn wir also mit v das Verhältniss der elektrostatischen Einheit einer Elektricitätsmenge zur elektromagnetischen Einheit bezeichnen, so ist die Zahl, welche eine Elektricitätsmenge oder eine Verschiebung im letzteren System angibt, gleich dem Produkt von $\frac{1}{v}$ in die Zahl, welche dieselbe Grösse im elektrostatischen Maasssystem ausdrückt. Andererseits verhalten sich bekanntlich die Einheiten der elektromotorischen Kraft in beiden elektrischen Maasssystemen umgekehrt wie die Dimensionen der Elektricitätsmenge; folglich ist die Zahl, welche $\frac{\partial \psi}{\partial x}$ im elektromagnetischen System ausdrückt, das Produkt von v in das Maass dieser Grösse nach der elektrostatischen Einheit. Hieraus folgt, dass der Werth des Quotienten von $f : \frac{\partial \psi}{\partial x}$ und demnach auch der Werth von K mit $\frac{1}{v^2}$ zu multipliciren ist, wenn man vom elektrostatischen zum elektromagnetischen System übergeht. Da das specifische Induktionsvermögen des leeren Raumes im elektrostatischen System 1 ist, so beträgt sein Werth im elektromagnetischen System $\frac{1}{v^2}$, und wir erhalten demnach für die Geschwindigkeit

$$V = \frac{1}{\sqrt{K}} = \frac{1}{\sqrt{\frac{1}{v^2}}} = v;$$

die Fortpflanzungsgeschwindigkeit einer elektromagnetischen Störung ist also gleich dem Verhältniss v der Einheiten der Elektricitätsmenge in den beiden elektrischen Maasssystemen.

183. Diese Grösse ist von zahlreichen Beobachtern nach verschiedenen Methoden bestimmt worden, die man in drei Klassen theilen kann, je nachdem v durch das Verhältniss der Einheiten der Elektricitätsmenge gegeben ist, oder durch das der elektromotorischen Kräfte, oder endlich durch Vergleichung der Kapacitäten. Die Resultate von einigen dieser Bestimmungen des Werthes von v im C.G.S, multiplicirt mit 10^{-10}, mögen hier folgen:

		$v \cdot 10^{-10}$
1. Gruppe.	Weber und Kohlrausch	3,1074
2. Gruppe.	Maxwell	2,8800
	Thomson	2,8250
	Kichan und King	2,8920
	Shida	2,9580
	Exner	2,9200
3. Gruppe.	Ayrton und Perry	2,9410
	J. J. Thomson	2,9630
	Klemencic	3,0180 3,0140
	Himstedt	3,0074 3,0081
	E. B. Rosa	2,9993 3,0004

Für die Lichtgeschwindigkeit im luftleeren Raum fand Cornu $3{,}004 \times 10^{10}$ cm mit einem wahrscheinlichen Fehler von unter $^1/_{1000}$. Man sieht, dass diese Zahl bis auf eine sehr kleine Grösse, von der Ordnung der Beobachtungsfehler, mit den von Klemencic, Himstedt und Rosa angegebenen Werthen übereinstimmt, deren Methoden die grösste Genauigkeit zu besitzen scheinen. Die Maxwell'sche Theorie erfährt also eine so ausreichende Bestätigung, als man nur wünschen kann.

Wir wollen hinzufügen, dass es in neuerer Zeit Hertz gelang, elektromagnetische Wellen in der Luft hervorzubringen und ihre Fortpflanzungsgeschwindigkeit zu messen; er fand hierbei eine Zahl von derselben Grössenordnung, wie die Lichtgeschwindigkeit. Es ist dies noch eine weitere, sehr befriedigende Bestätigung der elektromagnetischen Lichttheorie, zumal wenn man die Schwierigkeiten berücksichtigt, welche sich der Messung der in die Hertz'sche Berechnung eingehenden Grössen entgegenstellen. Wir werden später auf diese Versuche zurückkommen.

184. Beziehung zwischen dem Brechungsquotient und dem Induktionsvermögen einer isolirenden Substanz. Da die magnetische Permeabilität der durchsichtigen Medien sehr nahe gleich der des luftleeren Raumes ist, so ergibt sich für das Verhältniss der Fortpflanzungsgeschwindigkeit V_1 der elektromagnetischen Wellen im Vakuum zur Geschwindigkeit V dieser Wellen in einem durchsichtigen Medium

$$\frac{V_1}{V} = \sqrt{K};$$

hierbei bedeutet K das specifische Induktionsvermögen dieses letzteren Medium, ausgedrückt im elektrostatischen System.

Nach der gewöhnlichen Lichttheorie ist dies Verhältniss gleich dem absoluten Brechungsquotient n; es folgt deshalb

$$K = n^2.$$

Da aber n mit der Wellenlänge veränderlich ist, so kann diese Gleichung offenbar nur dann erfüllt werden, wenn die Grössen K und n sich auf Erscheinungen derselben Periode beziehen. Wir müssen also einen Brechungsquotienten wählen, der Wellen von sehr langer Periode entspricht, da diese allein vergleichbar sind mit den verhältnissmässig langsamen Vorgängen, mit deren Hülfe das specifische Induktionsvermögen bestimmt wird. Der Werth dieses Quotienten kann annähernd erhalten werden, indem man in der Cauchy'schen Formel

$$n = A + \frac{B}{\lambda^2} + \frac{C}{\lambda^4}$$

$\lambda = \infty$ setzt; man erhält dann $n = A$.

Aus Versuchen über das Wärmespektrum folgt indessen, dass die Formel von Cauchy nicht zur Darstellung der Brechungsquotienten für lange Wellen genügt; am besten eignet sich hierzu die Formel

$$n = A\lambda^2 + B + \frac{C}{\lambda^2}.$$

Man würde also für $\lambda = \infty$ die unzulässige Folgerung $n = \infty$ erhalten; jedenfalls sieht man hieraus deutlich, dass eine Extrapolation dieser Art wenig Vertrauen verdient. Zweifellos ist dies auch die Hauptursache für die Abweichungen, auf die wir später zurückkommen werden.

185. Zu der Zeit, als Maxwell seine Abhandlungen schrieb, war Paraffin das einzige Dielektrikum, für dessen Induktionsvermögen eine hinreichende genaue Bestimmung vorlag. An dieser Substanz allein liess sich also die Richtigkeit der Beziehung $K = n^2$ prüfen, doch fiel diese Prüfung noch wenig zufriedenstellend aus. Gibson und Barclay hatten für das Induktionsvermögen des festen Paraffins 1,975 gefunden. Die Quadratwurzel davon: 1,405 unterscheidet sich bedeutend von dem Werth 1,422 des Brechungsquotienten für eine unendlich grosse Wellenlänge, der sich aus den Versuchen von Gladstone mit geschmolzenem Paraffin ergibt. Allerdings beziehen sich die verglichenen Zahlen auf zwei verschiedene Aggregatzustände des Paraffins, so dass dies Resultat die Theorie nicht beeinträchtigen kann. So schliesst denn auch Maxwell nur daraus, dass die Quadratwurzel von K, wenn sie auch nicht vollständig den Brechungsquotienten darstellt, doch jedenfalls das wesentlichste Glied desselben bildet.

186. Seitdem sind zahlreiche Bestimmungen des specifischen Induktionsvermögens durchsichtiger Körper vorgenommen worden, deren Resultate wir hier von dem uns interessirenden Gesichtspunkt aus mittheilen.

Für die festen Körper unterscheidet sich die Quadratwurzel von K mitunter beträchtlich von dem Brechungsquotient. Nach Hopkinson sind die Brechungsquotienten der verschiedenen Glassorten immer kleiner als die Quadratwurzeln aus ihrem Induktionsvermögen; für gewisse Gläser betragen sie nur die Hälfte.

Etwas besser wird die Relation $K = n^2$ bei den Flüssigkeiten erfüllt; für gewisse flüssige Kohlenwasserstoffe ergeben die Versuche von Hopkinson, Negreano und Palaz eine hinreichende Uebereinstimmung. Von den beiden folgenden Tabellen enthält die erste die Resultate von Negreano, die zweite die von Palaz; der Brechungsquotient bezieht sich auf die Natriumlinie D.

I.

	K	$\sqrt{K}$	n_D
Reines Benzin	2,2921	1,5139	1,5062
Toluol	2,2420	1,4949	1,4912
Xylol (Gemisch mehrerer Isomere) . .	2,2679	1,5059	1,4897
Metaxylol	2,3781	1,5421	1,4977
Pseudocumol	2,4310	1,5591	1,4837
Cumol	2,4706	1,5716	1,4837
Terpentinöl	2,2618	1,5039	1,4726

II.

Benzin	2,3377	1,517	1,4997
Toluol No. 1	2,3646	1,537	1,4949
„ No. 2	2,3649	1,537	1,4848
Gewöhnliches Petroleum No. 1 .	2,1234	1,457	1,4487
„ „ No. 2 .	2,0897	1,445	1,4477
Rektificirtes Petroleum	2,1950	1,481	1,4766.

Die Uebereinstimmung ist viel weniger gut bei Pflanzen- oder Thierölen. Für diejenigen, welche Hopkinson untersuchte, fand er durchweg $n > \sqrt{K}$. Palaz kommt für Rüböl und Ricinusöl zum umgekehrten Resultat:

Rüböl	$\sqrt{K} = 1,737$	$n_D = 1,4706$
Ricinusöl . . .	„ $= 2,147$	„ $= 1,4772$.

Kürzlich hat Gouy[1]) das specifische Induktionsvermögen des Wassers durch Anziehung zweier elektrisirter Platten gemessen, zwischen denen sich eine Schicht dieser Flüssigkeit befand; er erhielt $K = 80$. Es würde hieraus nach der Maxwell'schen Gleichung ungefähr $n = 9$ folgen, eine Zahl, die fast sieben Mal grösser ist, als der wirkliche Brechungsquotient. Unsere Gleichung lässt uns also in diesem Fall vollständig im Stich. Allerdings wurde dieselbe nur für isolirende Körper aufgestellt, eine Bedingung, die für das Wasser bei Weitem nicht erfüllt ist, da es immer wegen der darin enthaltenen Salze mehr oder weniger leitet. Aber man sollte wenigstens für K Werthe finden, die immer kleiner werden, je reineres Wasser angewandt wird; in Wirklichkeit scheint aber gerade das Umgekehrte der Fall zu sein.

Bei den Gasen endlich finden wir eine sehr gute Ueberein-

[1]) C. R. CVI. S. 540, 1888.

stimmung zwischen den Grössen $\sqrt{K}$ und n. Die folgende Tabelle enthält einige dieser Werthe, und zwar rühren die Zahlen für das specifische Induktionsvermögen aus Versuchen von Boltzmann her.

	K	$\sqrt{K}$	n
Luft	1,000590	1,000295	1,000294
Kohlensäure . .	1,000946	1,000473	1,000449
Wasserstoff . .	1,000264	1,000132	1,000138
Kohlenoxyd . .	1,000690	1,000345	1,000340
Stickoxydul . .	1,000984	1,000492	1,000503
Oelbildendes Gas	1,001312	1,000656	1,000678
Sumpfgas . . .	1,000944	1,000472	1,000443.

187. Fassen wir das Vorhergehende zusammen, so können wir sagen, dass die Gleichung $K = n^2$ für alle Gase und einige Flüssigkeiten erfüllt wird; sie gilt dagegen nicht für die meisten Flüssigkeiten und festen Körper, besonders schlecht aber für Wasser. Trotz der grossen Zahl von Untersuchungen sind wir also nicht besser als Maxwell über den Genauigkeitsgrad dieser Gleichung unterrichtet.

Sieht man aber vom Wasser ab, das vermöge seiner elektrolytischen Natur bei dem geringsten Salzgehalt vollständig aus der Zahl der Dielektrika auszuscheiden ist, so sind die zwischen n und der Quadratwurzel von K festgestellten Unterschiede nicht derart, dass man diese Beziehung aufgeben müsste, zumal wenn man die mangelhaften Bedingungen in Erwägung zieht, unter denen man ihre Giltigkeit prüfte. Zunächst sind die zum Zweck der Bestätigung des Gesetzes untersuchten Substanzen oft durchaus nicht vollkommene Isolatoren, wie man es verlangen müsste. Die meisten festen Körper isoliren weit weniger gut als die Gase und einige Flüssigkeiten, wie z. B. Petroleum und gut gereinigtes Benzin; und gerade die letzteren Substanzen bestätigen das Maxwell'sche Gesetz am besten. In zweiter Linie sind sowohl das Induktionsvermögen wie auch der Brechungsquotient mit der Temperatur veränderlich, und im Allgemeinen wurden die Messungen der beiden zu vergleichenden Grössen bei verschiedenen Temperaturen angestellt. Endlich hängen die Resultate bekanntlich bei allen zur Bestimmung von K angewandten Methoden von der Geschwindigkeit der Aenderung des Feldes ab, in dem sich die betreffende Substanz befindet; vielleicht würden also die beiden Seiten der Gleichung besser erfüllt sein, wenn die Aenderungen des Feldes ebenso schnell erfolgten, als die Lichtschwingungen. Aus all diesen Gründen darf man sich nicht wundern, wenn die Uebereinstimmung nicht so befriedigend ausfällt, als die Vergleichung der Grösse v mit der Lichtgeschwindigkeit im luftleeren Raum.

188. Richtung der elektrischen Verschiebung. Wir betrachten eine ebene elektromagnetische Welle, die parallel zu der XY-Ebene liegen soll, und wählen zur X-Axe eine Parallele zum elektromagnetischen Moment; dann ist $G = H = 0$. Der Ausdruck für F hängt von der Natur der Störung ab; wir wollen annehmen, es sei

$$F = A \cos \frac{2\pi}{\lambda}(z - Vt).$$

Nach den Gleichungen (III) des vorhergehenden Kapitels erhalten wir dann für die Komponenten der magnetischen Induktion:

$$a = \frac{\partial H}{\partial y} - \frac{\partial G}{\partial z} = 0,$$

$$b = \frac{\partial F}{\partial z} - \frac{\partial H}{\partial x} = -A \frac{2\pi}{\lambda} \sin \frac{2\pi}{\lambda}(z - Vt),$$

$$c = \frac{\partial G}{\partial x} - \frac{\partial F}{\partial y} = 0.$$

Die magnetische Induktion fällt also in die Richtung der Y-Axe, d. h. sie steht senkrecht zur Richtung des elektromagnetischen Moments. Dasselbe gilt für die magnetische Kraft, welche dieselbe Richtung wie die Induktion besitzt, da die Komponenten dieser beiden Grössen sich nur durch einen konstanten Faktor μ unterscheiden.

Wenn die Komponenten der Induktion bekannt sind, gestatten die Gleichungen (II) diejenigen der Verschiebungsgeschwindigkeit zu berechnen; wir finden hierfür

$$4\pi u = \frac{\partial \gamma}{\partial y} - \frac{\partial \beta}{\partial z} = \frac{A}{\mu}\left(\frac{2\pi}{\lambda}\right)^2 \cos \frac{2\pi}{\lambda}(z - Vt),$$

$$4\pi v = \frac{\partial \alpha}{\partial z} - \frac{\partial \gamma}{\partial x} = 0,$$

$$4\pi w = \frac{\partial \beta}{\partial x} - \frac{\partial \alpha}{\partial y} = 0.$$

Diese Gleichungen zeigen, dass die Verschiebungsgeschwindigkeit, ebenso wie das elektromagnetische Moment, parallel zur X-Axe gerichtet ist. Offenbar gilt dies dann auch für die Richtung der

Verschiebung selbst, und nach den Gleichungen (VII) auch für die Richtung der sie erzeugenden elektromotorischen Kraft.

Somit haben an einem Punkt einer ebenen Welle die elektrische Verschiebung, die elektromotorische Kraft und das elektromagnetische Moment dieselbe Richtung; die elektromagnetische Kraft und die Induktion stehen senkrecht dazu; alle diese Richtungen liegen übrigens in der Wellenebene.

189. Es fragt sich nun, wie die elektrische Verschiebung zu der Polarisationsebene des Lichtes gerichtet ist, wenn die elektromagnetischen Störungen rasch genug verlaufen, um zu Lichterscheinungen Veranlassung zu geben. Die Hypothese von Maxwell für den Ausdruck der kinetischen Energie des Medium, in dem die Wellen erzeugt werden, und das Studium der verschiedenen Theorien, die zur Erklärung der Reflexion an durchsichtigen Medien aufgestellt wurden, gestatten eine leichte Lösung dieser Frage.

Bekanntlich lassen sich in der gewöhnlichen Lichttheorie die bei isotropen Medien beobachteten Erscheinungen ebensogut durch die Fresnel'sche Annahme erklären, nach der die Aetherschwingungen rechtwinkelig zur Polarisationsebene vor sich gehen, wie nach der Neumann'schen, bei der sie in der Polarisationsebene liegen. Wir haben ausserdem bei der Glasreflexion gezeigt[1]), dass diese beiden Hypothesen für die Dichte des Aethers zu entgegengesetzten Resultaten führen; wenn man die Hypothese von Fresnel annimmt, so muss die Dichte als variabel betrachtet werden; entscheidet man sich dagegen für die Neumann'sche Theorie, so ist die Dichte konstant zu setzen.

In der einen aber wie in der anderen Theorie besitzt die kinetische Energie den Werth

$$\frac{1}{2}\int \varrho\,(\xi'^2 + \eta'^2 + \zeta'^2)\,d\tau,$$

wo ρ die Dichte bezeichnet, und ξ', η', ζ' die Geschwindigkeitskomponenten des Aethermoleküls. Nach Maxwell ist die kinetische Energie dasselbe, wie das elektrodynamische Potential des in dem Medium befindlichen Stromsystems; der Ausdruck für diese Energie lautet also, wenn das Medium als magnetisch angenommen wird (§§ 143 und 144)

$$\frac{1}{8\pi}\int (\alpha a + \beta b + \gamma c)\,d\tau,$$

[1]) Théorie mathématique de la Lumière, §§ 199 p. p.

oder wenn man die Komponenten der Induktion durch die Komponenten der elektromagnetischen Kraft ausdrückt,

$$\frac{1}{8\pi}\mu\int(\alpha^2+\beta^2+\gamma^2)\,d\tau\,.$$

Um eine Uebereinstimmung der Maxwell'schen Theorie mit der gewöhnlichen Lichttheorie zu ermöglichen, die doch bis jetzt den Thatsachen Rechnung trägt, müssen wir annehmen, dass in diesen beiden Theorien die Ausdrücke für die kinetische Energie dieselben sind. Wir müssen also setzen

$$\varrho=\frac{\mu}{4\pi},$$

$$\xi'=\alpha,\quad \eta'=\beta,\quad \zeta'=\gamma\,.$$

Da nun μ für ein isotropes Medium konstant ist, so zeigt uns die erste dieser Gleichungen, dass die Dichte ρ des Aethers ebenfalls konstant sein muss; hierdurch werden wir also auf die Neumann'sche Hypothese geführt. Dann liegt aber die Richtung der elektromagnetischen Kraft, welche nach den drei letzten Gleichungen mit derjenigen der Schwingungen des Aethermoleküls zusammenfällt, in der Polarisationsebene. Wir kommen also nach dem im vorhergehenden Paragraphen Gesagten zu dem Schluss, dass die elektrische Verschiebung senkrecht zur Polarisationsebene steht, wenigstens wenn man die Hypothese von Maxwell annimmt.

190. Fortpflanzung in einem anisotropen Medium. — Doppelbrechung. Bis jetzt haben wir immer stillschweigend vorausgesetzt, dass das isolirende Medium, welches die elektromagnetischen Störungen fortpflanzt, isotrop sei; wir wollen jetzt zusehen, welche Gestalt die Gleichungen für ein anisotropes Medium annehmen.

In § 73 fanden wir, dass die Analogie der Elektricitätsbewegung innerhalb der Zellen eines Dielektrikum mit dem Gesetz von der Wärmebewegung nach der Fourier'schen Theorie, bei passender Wahl der Koordinaten, zu folgenden Werthen für die Komponenten der Verschiebung in einem anisotropen Medium führt:

$$f=-\frac{K}{4\pi}\left(\frac{\partial\psi}{\partial x}-X\right),$$

$$g=-\frac{K'}{4\pi}\left(\frac{\partial\psi}{\partial y}-Y\right),$$

$$h=-\frac{K''}{4\pi}\left(\frac{\partial\psi}{\partial z}-Z\right);$$

hierin bezeichnet ψ das elektrostatische Potential, X, Y, Z die Komponenten der elektromotorischen Kraft, die von einer beliebigen anderen Ursache herrühren. Nimmt man an, dass diese elektromotorische Kraft nur der Induktion durch Ströme und Magnete des Feldes zuzuschreiben ist, so werden unsere Gleichungen:

$$\text{(1)} \qquad \begin{cases} f = \dfrac{K}{4\pi} P, \\ g = \dfrac{K'}{4\pi} Q, \\ h = \dfrac{K''}{4\pi} R. \end{cases}$$

191. Es ist indessen zur Aufstellung dieser Formeln nicht nöthig, auf die Hypothese von der Zellenanordnung des Dielektrikum zurückzugreifen.

Nach den Formeln (VII) des vorhergehenden Kapitels sind die Komponenten der elektrischen Verschiebung in einem isotropen Medium denjenigen der elektromotorischen Kraft proportional; die einfachste Hypothese ist also die, anzunehmen, dass f, g, h für ein anisotropes Medium lineare, homogene Funktionen von P, Q, R darstellen:

$$f = A\ P + B\ Q + C\ R,$$
$$g = A'\ P + B'\ Q + C'\ R,$$
$$h = A''\ P + B''\ Q + C''\ R.$$

Die neun Koefficienten A, B, C, ... sind übrigens nicht vollkommen willkürlich; wir können vielmehr nachweisen, dass sie eine symmetrische Determinante bilden.

Wenn wir den Verschiebungskomponenten die Zuwachse df, dg, dh ertheilen, so wird der Ausdruck für die Arbeit der elektromotorischen Kraft

$$P\,df + Q\,dg + R\,dh,$$

oder, nach den vorhergehenden Gleichungen:

$$P(A\,dP + B\,dQ + C\,dR) + Q(A'\,dP + B'\,dQ + C'\,dR)$$
$$+ R(A''\,dP + B''\,dQ + C''\,dR),$$

oder endlich

$$(A\,P + A'\,Q + A''R)\,dP + (B\,P + B'\,Q + B''R)\,dQ + (C\,P + C'\,Q + C''\,R)\,dR.$$

Damit der Satz von der Erhaltung der Energie gilt, muss diese letztere Grösse ein vollständiges Differential sein. Diese Bedingung wird durch drei Gleichungen ausgedrückt, deren erste lautet:

$$\frac{\partial(A P + A' Q + A'' R)}{\partial R} = \frac{\partial(C P + C' Q + C'' R)}{\partial P}.$$

Es folgt hieraus

$$A'' = C.$$

Die beiden anderen Gleichungen liefern

$$B = A', \qquad C' = B''.$$

Hieraus geht hervor, dass die Determinante der Koefficienten symmetrisch ist; damit vermindert sich die Zahl derselben auf 6.

Durch die Wahl der Koordinatenaxen verfügen wir über die Werthe von drei derselben, wir können also die Richtung der Axen so wählen, dass die nicht auf der Diagonale der Determinante stehenden Grössen Null werden. Die Werthe von f, g, h reduciren sich dann auf die Ausdrücke (1).

192. Für die Gleichungen, welche die Komponenten a, b, c der magnetischen Induktion als Funktion der Komponenten α, β, γ der elektromagnetischen Kraft angeben, müssten wir, um sie als Funktionen von P, Q, R darzustellen, dieselbe Annahme machen, wie für die Grössen f, g, h. Wir hätten dann die Gleichungen (I) des vorhergehenden Kapitels durch drei Gleichungen derselben Form zu ersetzen, die sich nur dadurch unterscheiden, dass der Koefficient μ bei jeder von ihnen einen verschiedenen Werth μ, μ', μ'' besässe. Da indessen die magnetische Permeabilität der durchsichtigen Körper immer sehr nahe gleich 1 ist, so besitzt dieser Koefficient keinen Einfluss auf das Resultat der Rechnungen. Um die Darstellung nicht unnöthig zu kompliciren, nehmen wir μ als konstant und $= 1$ an.

193. Differentiiren wir die Gleichungen (1) nach t, so erhalten wir nach Einsetzen der § 177 gefundenen Werthe von

$$\frac{\partial P}{\partial t}, \quad \frac{\partial Q}{\partial t}, \quad \frac{\partial R}{\partial t}$$

in die rechte Seite folgende Relationen:

$$\text{C)} \quad \begin{cases} \dfrac{\partial^2 F}{\partial t^2} = -\dfrac{1}{K} 4\pi u, \\[2ex] \dfrac{\partial^2 G}{\partial t^2} = -\dfrac{1}{K'} 4\pi v, \\[2ex] \dfrac{\partial^2 H}{\partial t^2} = -\dfrac{1}{K''} 4\pi w. \end{cases}$$

Andrerseits besteht die Beziehung (§ 167)

$$\text{(D)} \quad \begin{cases} 4\pi u = \dfrac{\partial \gamma}{\partial y} - \dfrac{\partial \beta}{\partial z}, \\[2ex] 4\pi v = \dfrac{\partial \alpha}{\partial z} - \dfrac{\partial \gamma}{\partial x}, \\[2ex] 4\pi w = \dfrac{\partial \beta}{\partial x} - \dfrac{\partial \alpha}{\partial y}. \end{cases}$$

Die Gleichungen (III) des § 167 endlich werden, da wir $\mu = 1$ angenommen haben:

$$\text{(E)} \quad \begin{cases} \alpha = \dfrac{\partial H}{\partial y} - \dfrac{\partial G}{\partial z}, \\[2ex] \beta = \dfrac{\partial F}{\partial z} - \dfrac{\partial H}{\partial x}, \\[2ex] \gamma = \dfrac{\partial G}{\partial x} - \dfrac{\partial F}{\partial y}. \end{cases}$$

Dies sind die drei Gruppen von Gleichungen, welche es ermöglichen, für jeden beliebigen Augenblick den Verlauf einer magnetischen Störung an sämmtlichen Punkten eines anisotropen Medium zu bestimmen, vorausgesetzt, dass man ihre Anfangswerthe kennt.

194. Wenn das Licht wirklich einer Störung dieser Art zuzuschreiben ist, so müssen uns diese Gleichungen zur Erklärung der Doppelbrechung führen, die das Licht beim Durchgang durch ein anisotropes Medium aufweist. Das Studium, welches wir bereits diesem Gegenstande gewidmet haben[1]), gestattet uns, ohne lange Entwicklungen nachzuweisen, dass dies in der That der Fall ist.

---

[1]) Théorie mathématique de la Lumière § 144—198.

Bezeichnet man die Komponenten der Verrückung des Aethermoleküls in der Theorie von Sarrau mit ξ, η, ζ, in derjenigen von Neumann mit X, Y, Z und in der von Fresnel mit u, v, w, so bestehen bekanntlich die neun Beziehungen[1])

$$\frac{\partial^2 \xi}{\partial t^2} = -au,$$

$$\frac{\partial^2 \eta}{\partial t^2} = -bv,$$

$$\frac{\partial^2 \zeta}{\partial t^2} = -cw;$$

$$u = \frac{\partial Z}{\partial y} - \frac{\partial Y}{\partial z},$$

$$v = \frac{\partial X}{\partial z} - \frac{\partial Z}{\partial x},$$

$$w = \frac{\partial Y}{\partial x} - \frac{\partial X}{\partial y};$$

$$X = \frac{\partial \zeta}{\partial y} - \frac{\partial \eta}{\partial z},$$

$$Y = \frac{\partial \xi}{\partial z} - \frac{\partial \zeta}{\partial x},$$

$$Z = \frac{\partial \eta}{\partial x} - \frac{\partial \xi}{\partial y}.$$

Diese Gleichungen werden identisch mit den Gruppen (C), (D) und (E) des vorhergehenden Paragraphen, wenn wir setzen

$$a = \frac{1}{K}, \qquad b = \frac{1}{K'}, \qquad c = \frac{1}{K''},$$

$$u = 4\pi u, \ldots, \qquad X = \alpha, \ldots, \qquad \xi = F, \ldots$$

Die drei optischen Theorien von Fresnel, Neumann und Sarrau erklären nun alle Beobachtungen gleich gut, da bis jetzt kein Versuch die eine oder andere Theorie als richtiger erwiesen hat; wir dürfen also sicher sein, dass auch die Gruppen der aus der Maxwell'-

---

[1]) Loc. cit. § 178.

schen Theorie abgeleiteten Gleichungen (C), (D), (E) allen bekannten Erscheinungen genügen und mit keiner derselben im Widerspruch stehen.

195. Im Besonderen muss die Gleichung für die Fortpflanzungsgeschwindigkeit zweier ebenen Wellen, die von derselben einfallenden Welle ausgehen, in der elektromagnetischen Theorie und den optischen Theorien übereinstimmen. In diesen letzteren hat sie den Ausdruck

$$\frac{l^2}{V^2 - a} + \frac{m^2}{V^2 - b} + \frac{n^2}{V^2 - c} = 0,$$

wenn l, m, n die Richtungskosinus der Normale zur Wellenebene bedeuten; mit den Bezeichnungen der elektromagnetischen Theorie erhalten wir demnach

$$\frac{l^2}{V^2 - \frac{1}{K}} + \frac{m^2}{V^2 - \frac{1}{K'}} + \frac{n^2}{V^2 - \frac{1}{K''}} = 0.$$

Es folgt hieraus, dass die Fortpflanzungsgeschwindigkeiten in Richtung der Koordinatenaxen sich umgekehrt verhalten, wie die Quadratwurzeln aus den Induktionsvermögen in Richtung der nämlichen Axen oder, was dasselbe ist, dass diese Quadratwurzeln proportional sind den Brechungsindices nach den Elasticitätsaxen des Medium.

196. Diese Beziehung findet sich bei krystallisirtem Schwefel recht gut bestätigt. Die Induktionsvermögen nach den drei Elasticitätsaxen eines Krystalls aus dieser Substanz haben nach Boltzmann die Werthe[1]): 4,773, — 3,970, — 3,811. Die Quadratwurzeln dieser Zahlen: 2,184, — 1,99, — 1,95 sind wenig verschieden von den Brechungsquotienten für dieselben Richtungen: 2,143, — 1,96, — 1,89.

Die anderen untersuchten anisotropen Substanzen geben viel weniger zufriedenstellende Resultate.

Nach den Beobachtungen von J. Curie[2]) über den Quarz, den Kalkspath, den Turmalin, den Beryll etc. ist die Quadratwurzel von K immer viel grösser als der Brechungsquotient; allerdings besitzen die positiven Krystalle, wie der Quarz, in Uebereinstimmung mit der Theorie ein grösseres Induktionsvermögen in Richtung der

---

1) Wiener Sitzungsberichte LXX, (II) p. 342, 1874.

2) Lumière électrique XXIX, p. 127, 1888.

optischen Axe, als senkrecht zu derselben, während bei den negativen Krystallen, wie beim isländischen Kalkspath, das Umgekehrte stattfindet.

Die Gleichung $K = n^2$ findet also nur eine sehr ungenügende Bestätigung. Wir müssen indessen, wie bei den isotropen Medien, bedenken, dass die Bedingungen, unter welchen die Gleichung aufgestellt wurde, bei den untersuchten Substanzen nicht erfüllt sind. Mehrere derselben sind hygroskopisch und werden durch die sie bedeckende Wasserschicht leitend, wodurch sich bis zu einem gewissen Grade wenigstens die beobachteten Abweichungen erklären lassen. Diese Ansicht wird übrigens auch durch die guten Resultate für den Schwefel bestätigt, eine Substanz, welche sich sowohl durch ihre vorzügliche Isolationsfähigkeit auszeichnet, wie auch durch die Schwierigkeit, mit der sich Wasserdämpfe auf ihrer Oberfläche niederschlagen.

197. Die Vergleichung der Formeln in den §§ 193 und 194 ermöglicht es uns, die relativen Richtungen der verschiedenen Grössen zu bestimmen, durch welche der Verschiebungsstrom an einem Punkt definirt wird, sowie auch ihre Richtungen in Bezug auf den Lichtstrahl und die Polarisationsebene.

Die Schwingungsrichtungen ON und OF (Fig. 33) nach der Theorie von Neumann und von Fresnel stehen bekanntlich rechtwinkelig zu einander und liegen in der Wellenebene; die Schwingungsrichtungen OS und ON nach Sarrau und nach Neumann sind ebenfalls senkrecht zu einander und liegen in der Normalebene zum Lichtstrahl OR.

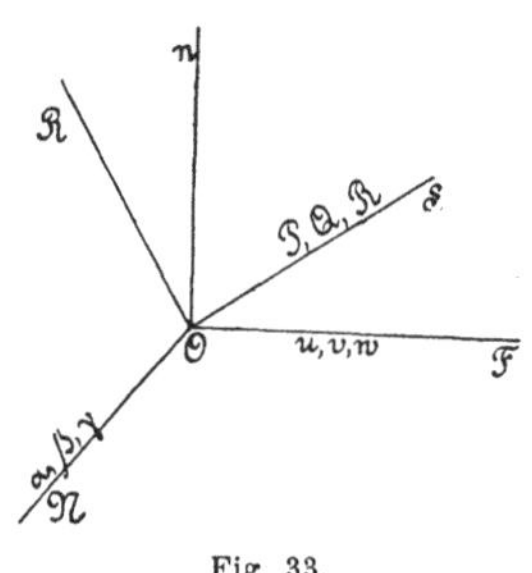

Fig. 33.

Aus der Identität der eben erwähnten Formeln folgt nun, dass die Geschwindigkeit der elektrischen Verschiebung parallel zur Fresnel'schen Schwingung verläuft, die magnetische Kraft parallel zu der von Neumann angenommenen, das elektro-magnetische Moment endlich und demnach auch die elektromotorische Kraft parallel zu den Sarrau'schen Schwingungen. Wir schliessen daraus, dass die elektrische Verschiebung in der Wellenebene senkrecht zur elektromagnetischen Kraft stattfindet, und dass diese letztere, in der Wellenebene gelegene Grösse senkrecht zur Richtung des Lichtstrahls und der elektromotorischen Kraft steht, welche ihrerseits normal zum Strahle gerichtet ist. Bei einem isotropen Körper fällt die Richtung dieses Strahls zusammen mit der Normale On zur Wellenebene, und die elektromotorische Kraft hat dann dieselbe Richtung, wie die Verschiebung, was uns ja schon bekannt war.

Für die Richtungen dieser Grössen zu der Polarisationsebene folgt aus dem, was wir von der Lage dieser Ebene zu den Aetherschwingungen wissen, dass die elektromotorische Kraft und die Verschiebung fast senkrecht zur Polarisationsebene stehen, während die elektromagnetische Kraft ihr nahezu parallel ist. Bei einem isotropen Medium werden diese Grössen genau rechtwinkelig resp. parallel zur Polarisationsebene.

198. Fortpflanzung in einem unvollkommen isolirenden Medium. Absorption des Lichts. Wir haben hier die Wahl zwischen den Formeln (IX) von Maxwell und (X) von Potier (§§ 170 und 171). Da diese beiden zu denselben Resultaten führen, so wählen wir die Maxwell'schen und untersuchen die Art der Fortpflanzung einer ebenen elektromagnetischen Welle.

Wenn wir die X Y-Ebene parallel zur Wellenebene annehmen und die X-Axe parallel zur Richtung des elektromagnetischen Moments, so ist $G = H = 0$ und die Gleichungen (1) des § 177 beschränken sich auf die erste

$$\frac{\partial P}{\partial t} = -\frac{\partial^2 F}{\partial t^2}.$$

Hieraus folgt bei Vernachlässigung der Integrationskonstante, welche für periodische Störungen Null sein muss,

$$P = -\frac{\partial F}{\partial t}.$$

Durch Einsetzen dieser Werthe in die erste der Gleichungen (IX) von Maxwell

$$u = CP + \frac{K}{4\pi} \cdot \frac{\partial P}{\partial t}$$

erhalten wir:

$$u = -C\frac{\partial F}{\partial t} - \frac{K}{4\pi} \cdot \frac{\partial^2 F}{\partial t^2}. \tag{1}$$

Die Gruppen der Gleichungen (I), (II), (III) des § 167 ergeben aber

$$4\pi u = \frac{\partial \gamma}{\partial y} - \frac{\partial \beta}{\partial z} = \frac{1}{\mu}\left(-\frac{\partial^2 F}{\partial y^2} - \frac{\partial^2 F}{\partial z^2}\right),$$

oder, da F in Folge der Wahl der Koordinatenaxen nicht von y abhängt

$$4\pi u = -\frac{1}{\mu} \cdot \frac{\partial^2 F}{\partial z^2}.$$

Wir erhalten also durch Elimination von u aus Gleichung (1) und dieser letzteren

$$\frac{\partial^2 F}{\partial z^2} = \mu K \frac{\partial^2 F}{\partial t^2} + 4\pi\mu C \frac{\partial F}{\partial t}. \tag{2}$$

Dieser Gleichung genügt eine nach der Zeit periodische Funktion von der Form

$$F = e^{i(nt - mz)},$$

wobei die Koefficienten n und m verbunden sind durch die Gleichung:

$$m^2 = \mu K n^2 - 4\pi\mu C n i.$$

Da aber n den Werth $\frac{2\pi}{T}$ hat, wo T die Periode der Funktion bedeutet, so ist diese Grösse reell; folglich ist m^2 eine komplexe Grösse, ebenso auch m, und wir können setzen

$$m = q - pi.$$

Führen wir diesen Werth von m in die vorhergehende Gleichung ein, so erhalten wir durch Vergleichung der reellen und imaginären Theile

$$\left\{ \begin{aligned} q^2 - p^2 &= \mu K n^2 \\ 2pq &= 4\pi\mu C n. \end{aligned} \right. \tag{3}$$

Die der Gleichung (2) genügende periodische Funktion lässt sich dann schreiben

$$F = e^{-pz} e^{i(nt - qz)};$$

der reelle Theil derselben, welcher uns hinsichtlich der experimentellen Folgerungen allein interessirt, lautet

$$F = e^{-pz} \cos(nt - qz).$$

199. Sieht man von den Veränderungen von F ab, soweit sie von dem Faktor cos $(nt - qz)$ herrühren, so zeigt dieser Ausdruck, dass der Werth des elektromagnetischen Momentes sich verändert, wie die Exponentialgrösse e^{-pz}. Nach der zweiten Bedingungsgleichung (3) haben nun p und q dasselbe Zeichen; wenn demnach die Fortpflanzung der betrachteten ebenen Welle in Richtung der positiven z vor sich geht, so sind p und q positiv und e^{-pz} nimmt mit wachsendem z ab. Der Werth des elektromagnetischen Moments wird also in demselben Maasse kleiner, als die Welle tiefer in das betreffende Medium eindringt.

Ebenso verhält es sich mit der elektrischen Verschiebung und der elektromagnetischen Kraft; da nämlich die Werthe dieser Grössen mit denen des elektromagnetischen Moments durch eine Reihe linearer Differentialgleichungen der ersten Ordnung zusammenhängen, so enthalten sie sämmtlich in ihren Ausdrücken den Faktor e^{-pz}.

Auch für die Verschiebungsgeschwindigkeit eines leuchtenden Aethermoleküls gilt dasselbe, da wir (§ 189) gesehen haben, dass diese Geschwindigkeit der elektromagnetischen Kraft proportional ist.

Wenn demnach die magnetischen Störungen schnell genug vor sich gehen, um Lichterscheinungen hervorzurufen, so wird die Intensität des Lichtes, die proportional dem Quadrat der mittleren Geschwindigkeit eines Aethermoleküls ist, wie e^{-2pz} abnehmen.

200. In dem Fall, wo die betrachtete Substanz ein sehr geringes specifisches Induktionsvermögen besitzt und eine magnetische Permeabilität nahe gleich 1, gehen die Gleichungen (3) über in

$$q^2 - p^2 = 0 \quad \text{oder} \quad q = p$$

und

$$2p^2 = 4\pi C n;$$

p ist also nahezu proportional der Quadratwurzel von C. Es folgt hieraus, dass die Intensität des durch einen solchen Körper hindurchgehenden Lichtes um so schwächer wird, je grösser C ist; mit anderen Worten: *je besser der Körper die Elektricität leitet, desto undurchsichtiger ist derselbe.*

Allerdings giebt es eine grosse Anzahl Ausnahmen von dieser Regel. Im Allgemeinen erweisen sich jedoch die durchsichtigen festen Körper als gute Isolatoren, während die Leiter sehr undurchsichtig sind. Ausserdem folgt aus den Untersuchungen von J. Curie[1])

[1]) Lumière électrique XXIX, p. 322, 1888.

über die Dielektrika, dass die nach wachsender Leitungsfähigkeit geordnete Tabelle dieser Körper fast identisch ist mit einer nach abnehmender Diathermanität geordneten. Es mögen hier diese beiden Tabellen folgen; diejenige der Diathermanität ist den Arbeiten von Melloni entnommen.

Elektrische Leitungsfähigkeit, nach dem Ende zu wachsend.	Diathermanität, nach dem Ende abnehmend.
Schwefel.	Steinsalz.
Steinsalz.	Schwefel.
Flussspath.	Flussspath.
Isländischer Spath.	Isländischer Spath.
Quarz.	Quarz.
Baryt.	Glas.
Alaun.	Baryt.
Glas.	Turmalin.
Turmalin.	Alaun.

Man könnte noch Ebonit anführen, das für dunkle Strahlen durchlässig ist.

201. Im Widerspruch zu dem vorhergehenden Gesetze sind die Elektrolyte gute Leiter für die Elektricität und trotzdem im Allgemeinen durchsichtig. Maxwell erklärt diese Thatsache durch den Hinweis darauf, dass die Leitungsfähigkeit der Elektrolyte nicht von derselben Art ist, wie bei den Metallen. Bei diesen sind die materiellen Moleküle in Ruhe und die Elektricität allein bewegt sich; bei den Elektrolyten dagegen bewegen sich die Ionen von einer Elektrode zur anderen, und der Uebergang der Elektricität wird durch die Ionen vermittelt, welche die Elektricität mit sich führen (Convectionsströme).

Man kann auch eine andere Erklärung hierfür finden, die ebenfalls von Maxwell gegeben wurde. Die beim Durchgang der Welle durch die Substanz absorbirte Energie muss sich nothwendiger Weise unter irgend einer Form wiederfinden. Bei den Metallen verwandelt sie sich in Wärme, bei den Elektrolyten dient sie zur Trennung der Ionen. Aber der Sinn der Bewegung der Ionen hängt von dem der elektrischen Bewegung ab; demnach wird der Effekt, welcher durch den Uebergang einer gewissen Elektricitätsmenge im einen Sinn hervorgebracht würde, durch den Uebergang einer gleichen Menge im entgegengesetzten Sinn aufgehoben, und eine Aufeinanderfolge von Wechselströmen, wie sie aus den das Licht erzeugenden Störungen herrühren, kann keine Zersetzung hervorrufen. Es wird also gar keine Energie absorbirt und die Lichtintensität muss beim Austritt aus dem Elektrolyt nahe die gleiche sein, wie die Intensität des einfallenden Lichtes.

202. Maxwell hat einige Versuche angestellt, um quantitativ zu prüfen, ob die Lichtintensität in der That wie die Exponentialgrösse e^{-2pz} abnimmt, und zwar untersuchte er Platin, Gold und Silber, welche in sehr dünnen Schichten das Licht hindurchlassen. Es scheint danach, dass die Durchsichtigkeit der Körper viel grösser ist, als es die Theorie fordert. Aber dies Resultat lässt sich leicht erklären; die Dicke der Lamellen ist nämlich nicht gleichmässig, und ein grosser Theil des Lichtes geht durch eine viel geringere Dicke hindurch, als dem in der Berechnung der Exponentialgrösse angenommenen Werthe von z entspricht.

203. Reflexion der Wellen. Die Gesetze der Lichtreflexion können aus den Gleichungen des magnetischen Feldes abgeleitet werden. In einer Anmerkung der französischen Uebersetzung des Maxwell'schen Werkes (II. S. 507) hat Potier gezeigt, dass man auf diese Weise die Formeln wiederfindet, die Fresnel für die Reflexion an durchsichtigen Medien aufgestellt hat, sowie diejenigen von Cauchy und Lamé für die Reflexion an Metall. Da diese Formeln mit den Versuchsergebnissen übereinstimmen, so ist ihre Ableitung aus der Theorie von Maxwell eine neue Bestätigung für die letztere. Indessen weichen die numerischen Werthe der durch die optischen und elektrischen Methoden ermittelten Konstanten von einander ab; die für durchsichtige Dielektrika schon merkliche Verschiedenheit ist bei den Metallen noch ausgesprochener. Speciell müsste sich die Reflexion des Lichts beim Eisen nach der Theorie von Maxwell von derjenigen der anderen Metalle wesentlich unterscheiden, da der Koefficient der magnetischen Permeabilität des Eisens ungefähr 30 Mal so gross ist, als bei den anderen Metallen. Nach den Versuchen hat sich aber bis jetzt für das Eisen keine Ausnahme in den Gesetzen der Lichtreflexion herausgestellt.

Dieser Umstand kann durch die Annahme erklärt werden, dass die magnetische Induktion keine Erscheinung ist, die augenblicklich eintritt; bei den ungeheuer raschen Schwingungen würde dann die Zeit zum Zustandekommen des Phänomens zu kurz sein.

Man könnte zur Unterstützung dieser Ansicht noch als Argument die Versuche von Fizeau über die Fortpflanzungsgeschwindigkeit der Elektricität in einem Draht anführen, welche gezeigt haben, dass diese Geschwindigkeit im Eisen geringer ist, als im Kupfer. Ein Grund hierfür ist leicht zu finden: In Folge der transversalen Magnetisirung, die in dem von einem Strom durchflossenen Eisendrahte zu Stande kommt, ist nämlich die Selbstinduktion des Eisens grösser, als die des Kupfers.

Die Versuche von Hertz dagegen ergeben für die Geschwindigkeit im Eisen denselben Werth, wie für das Kupfer, da bei diesen ungeheuer raschen Schwingungen, wie sie der berühmte Karlsruher Physiker hervorgebracht hat, das Eisen keine Zeit hatte, sich durch Induktion zu magnetisiren. „Auch Eisendrähte machen keine Ausnahme von der allgemeinen Regel; die Magnetisirbarkeit des Eisens kommt also bei so schnellen Bewegungen nicht in Betracht.“ (Hertz, Wiedemann's Annalen XXXIV, S. 558.)

204. Energie der Strahlung. Bei den gewöhnlichen Theorien des Lichts enthält das durchstrahlte Medium Energie in potentieller und kinetischer Form; die erstere rührt von der Deformation des als elastisch vorausgesetzten Medium her, die kinetische von der Schwingungsbewegung. Die Gesammtenergie eines Volumenelements bleibt konstant und folglich ändert sich die kinetische Energie um denselben Betrag wie die potentielle, aber im entgegengesetzten Sinne.

In der elektromagnetischen Theorie setzt man gleichfalls voraus, dass die Energie des Medium theilweise potentieller, theilweise kinetischer Natur ist. Die den elektrostatischen Vorgängen zuzuschreibende potentielle Energie hat den Ausdruck (32)

$$W = \int \frac{2\pi}{K} (f^2 + g^2 + h^2)\, d\tau;$$

die kinetische Energie ist das elektrodynamische Potential des in dem Medium befindlichen Stromsystems, d. h. (§ 144),

$$T = \int \frac{1}{8\pi} (\alpha a + \beta b + \gamma c)\, d\tau\,.\;.$$

Wir wollen den Werth dieser beiden Grössen für eine ebene, zur XY-Ebene parallele Welle bestimmen, deren elektromagnetisches Moment parallel zur X-Axe gerichtet ist. Nach § 188 erhalten wir dann:

$$G = H = 0\,, \qquad Q = R = 0\,, \qquad g = h = 0\,,$$

$$\alpha = \gamma = 0\,, \qquad a = c = 0\,,$$

und die Ausdrücke der beiden Energieformen lauten

$$W = \int \frac{2\pi}{K} f^2,$$

$$T = \int \frac{1}{8\pi\mu} b^2.$$

Aus den Gleichungen (VII) und (III) des elektromagnetischen Feldes folgt aber

$$f = \frac{K}{4\pi} P = -\frac{K}{4\pi} \cdot \frac{\partial F}{\partial t},$$

$$b = \frac{\partial F}{\partial z};$$

so dass wir für die auf die Volumeneinheit bezogenen Werthe der potentiellen und kinetischen Energie erhalten

(1) $$W = \frac{K}{8\pi} \left[\frac{\partial F}{\partial t}\right]^2,$$

(2) $$T = \frac{1}{8\pi\mu} \left[\frac{\partial F}{\partial z}\right]^2.$$

Die Funktion F muss aber der Differentialgleichung genügen (§ 180)

$$K\mu \frac{\partial^2 F}{\partial t^2} = \frac{\partial^2 F}{\partial z^2},$$

und ist deshalb von der Form

$$F = f(z - Vt),$$

worin

$$V = \frac{1}{\sqrt{K\mu}};$$

wir haben also

$$\frac{\partial F}{\partial t} = -V f'(z - Vt),$$

$$\frac{\partial F}{\partial z} = f'(z - Vt),$$

und folglich

$$K\left[\frac{\partial F}{\partial t}\right]^2 = \frac{1}{\mu}\left[\frac{\partial F}{\partial z}\right]^2.$$

Die Werthe (1) und (2) der beiden Energieformen sind demnach untereinander gleich; wenn einer derselben sich verändert, so geschieht dies auch beim anderen im selben Sinn und um denselben Betrag. Da jedoch das Princip von der Erhaltung der Energie in dem ganzen System gewahrt bleiben soll, so muss sich die in einem Volumenelement verlorene Energie nothwendiger Weise in einem anderen wieder finden. Diese Folgerungen stimmen nicht mit denen der gewöhnlichen Lichttheorien, die wir anfänglich erwähnten, überein.

205. Druck und Zug in einem vom Licht durchstrahlten Medium. Wir sahen (§ 81), dass bei einem im Spannungsgleichgewicht befindlichen, dielektrischen Medium das zu den Kraftlinien senkrechte Oberflächenelement einen Zug erleidet, dessen Werth pro Flächeneinheit gleich ist dem Produkt von $\frac{K}{8\pi}$ in das Quadrat der elektromotorischen Kraft, während auf die Elemente parallel zu den Kraftlinien Drucke ausgeübt werden, die pro Flächeneinheit denselben Werth wie diese Spannung besitzen. Wenn wir also die X-Axe parallel zu den Kraftlinien annehmen und mit Maxwell die Drucke durch negative Grössen darstellen, so erhalten wir für den Zug und Druck, welcher auf die Flächeneinheit der rechtwinklig zu den Koordinatenaxen stehenden Elemente ausgeübt wird, die Werthe

$$P_{xx} = \frac{K}{8\pi} P^2, \qquad P_{yy} = -\frac{K}{8\pi} P^2, \qquad P_{zz} = -\frac{K}{8\pi} P^2.$$

Bei dem gewählten Axensystem aber besitzt die auf die Volumeneinheit bezogene elektrostatische Energie den Werth

$$W = \frac{2\pi}{K} f^2 = \frac{K}{8\pi} P^2;$$

demnach ist der Zug und Druck auf die Flächeneinheit der betrachteten Elemente gleich der elektrostatischen Energie pro Volumeneinheit.

206. Da die Gesetze der Anziehung und Abstossung für die elektrischen und die magnetischen Massen die gleichen sind, so dürfen wir erwarten, für das magnetische Feld analoge Werthe für den Zug und den Druck zu finden. Maxwell behandelt den allgemeinen Fall, dass in dem Feld gleichzeitig Magnete und Ströme vorhanden sind. Die von ihm benutzte Methode ist allerdings nicht einwurfsfrei; aber es ist auch unnöthig, den allgemeinen Fall zu betrachten, da sich nach der Ampère'schen Hypothese der permanente Magnetismus durch Elementarströme erklären lässt. Man kann also annehmen, dass in dem Medium von der magnetischen Permeabilität $= 1$ nur Ströme vorhanden sind; die Folgerungen gewinnen dadurch wesentlich an Präcision.

Wir betrachten ein Volumenelement $d\tau$, und nennen die Geschwindigkeitskomponenten der Elektricität an dem betreffenden Punkt u, v, w; dann ist nach unserer Hypothese $(\mu = 1)$ die magnetische Induktion an diesem Punkt gleich der elektromagnetischen Kraft, und die Formeln (2) des § 160, welche die Komponenten der auf die Volumeneinheit bezogenen elektrodynamischen Kraft angeben, lauten

$$\begin{aligned} X &= \gamma v - \beta w, \\ Y &= \alpha w - \gamma u, \\ Z &= \beta u - \alpha v. \end{aligned}$$

Die Geschwindigkeitskomponenten u, v, w der Elektricität sind mit denen der elektromagnetischen Kraft durch die Gleichungen (II) (§ 167) verbunden, so dass man die erste der vorhergehenden Gleichungen schreiben kann

$$4\pi X = \gamma\left(\frac{\partial \alpha}{\partial z} - \frac{\partial \gamma}{\partial x}\right) - \beta\left(\frac{\partial \beta}{\partial x} - \frac{\partial \alpha}{\partial y}\right),$$

oder, nach Addition und Subtraktion des Produktes

$$\alpha \frac{\partial \alpha}{\partial x}$$

auf der rechten Seite,

$$4\pi X = \alpha \frac{\partial \alpha}{\partial x} + \beta \frac{\partial \alpha}{\partial y} + \gamma \frac{\partial \alpha}{\partial z} - \alpha \frac{\partial \alpha}{\partial x} - \beta \frac{\partial \beta}{\partial x} - \gamma \frac{\partial \gamma}{\partial x}.$$

Da aber die elektromagnetische Kraft denselben Werth, wie die magnetische Induktion besitzt, so wird die Beziehung (§ 102)

$$\frac{\partial a}{\partial x} + \frac{\partial b}{\partial y} + \frac{\partial c}{\partial z} = 0,$$

welche die Komponenten dieser letzteren Grösse verbindet, zu

$$\frac{\partial \alpha}{\partial x} + \frac{\partial \beta}{\partial y} + \frac{\partial \gamma}{\partial z} = 0.$$

Wir dürfen also das Produkt $\alpha\left(\frac{\partial \alpha}{\partial x} + \frac{\partial \beta}{\partial y} + \frac{\partial \gamma}{\partial z}\right)$ auf der rechten Seite der Gleichung für $4\pi X$ hinzufügen, ohne damit an der Richtigkeit derselben etwas zu ändern, und erhalten dann

$$4\pi X = \alpha\frac{\partial \alpha}{\partial x} + \beta\frac{\partial \alpha}{\partial y} + \gamma\frac{\partial \alpha}{\partial z} - \alpha\frac{\partial \alpha}{\partial x} - \beta\frac{\partial \beta}{\partial x} - \gamma\frac{\partial \gamma}{\partial x}$$

$$+ \alpha\frac{\partial \alpha}{\partial x} + \alpha\frac{\partial \beta}{\partial y} + \alpha\frac{\partial \gamma}{\partial z}.$$

Dies lässt sich aber auch schreiben:

$$4\pi X = \frac{\partial}{\partial x}\left(\frac{\alpha^2 - \beta^2 - \gamma^2}{2}\right) + \frac{\partial}{\partial y}(\alpha\beta) + \frac{\partial}{\partial z}(\alpha\gamma),$$

und analog

$$4\pi Y = \frac{\partial}{\partial x}(\beta\alpha) + \frac{\partial}{\partial y}\left(\frac{\beta^2 - \gamma^2 - \alpha^2}{2}\right) + \frac{\partial}{\partial z}(\beta\gamma),$$

$$4\pi Z = \frac{\partial}{\partial x}(\alpha\gamma) + \frac{\partial}{\partial y}(\gamma\beta) + \frac{\partial}{\partial z}\left(\frac{\gamma^2 - \alpha^2 - \beta^2}{2}\right).$$

207. Wir wollen jetzt annehmen, dass die elektrodynamischen Kräfte mit dem Zug und Druck zusammenhängen, der von der Elasticität des Medium herrührt, und bezeichnen die Komponenten des Zugs durch

$P_{xx}\,d\omega$, $P_{xy}\,d\omega$, $P_{xz}\,d\omega$, für ein Element senkrecht zur X-Axe,

$P_{yx}\,d\omega$, $P_{yy}\,d\omega$, $P_{yz}\,d\omega$, für ein Element senkrecht zur Y-Axe,

$P_{zx}\,d\omega$, $P_{zy}\,d\omega$, $P_{zz}\,d\omega$, für ein Element senkrecht zur Z-Axe.

Ein elementares Parallelepiped vom Volumen $d\tau$, dessen Flächen parallel zu den Koordinatenebenen stehen, muss unter der Wirkung dieser neun Kräfte und der drei Komponenten $X d\tau$, $Y d\tau$, $Z d\tau$ der elektrodynamischen Kraft im Gleichgewicht sein. Da das Parallelepiped keine Drehung um eine der Koordinatenaxen ausführen soll, so gelten die Beziehungen

$$P_{xy} = P_{yx}, \qquad P_{yz} = P_{zy}, \qquad P_{zx} = P_{xz};$$

und da auch ferner keine Verschiebung längs der Axen stattfinden darf:

$$X = \frac{\partial P_{xx}}{\partial x} + \frac{\partial P_{yx}}{\partial y} + \frac{\partial P_{zx}}{\partial z},$$

$$Y = \frac{\partial P_{xy}}{\partial x} + \frac{\partial P_{yy}}{\partial y} + \frac{\partial P_{zy}}{\partial z},$$

$$Z = \frac{\partial P_{xz}}{\partial x} + \frac{\partial P_{yz}}{\partial y} + \frac{\partial P_{zz}}{\partial z}.$$

Die Vergleichung dieser Werthe von X, Y, Z mit den aus den Gleichungen des vorhergehenden Paragraphen abgeleiteten, ergibt

$$P_{xx} = \frac{1}{8\pi}(\alpha^2 - \beta^2 - \gamma^2),$$

$$P_{yy} = \frac{1}{8\pi}(\beta^2 - \gamma^2 - \alpha^2),$$

$$P_{zz} = \frac{1}{8\pi}(\gamma^2 - \alpha^2 - \beta^2),$$

$$P_{xy} = P_{yx} = \frac{\alpha\beta}{4\pi},$$

$$P_{yz} = P_{zy} = \frac{\beta\gamma}{4\pi},$$

$$P_{zx} = P_{xz} = \frac{\gamma\alpha}{4\pi}.$$

Wenn man die Koordinatenaxen so wählt, dass die X-Axe parallel zur magnetischen Kraft verläuft, so wird $\beta = \gamma = 0$, folglich sind die sechs letzten Komponenten des Zugs Null. Die drei ersten lauten dann

$$P_{xx} = \frac{\alpha^2}{8\pi}, \qquad P_{yy} = -\frac{\alpha^2}{8\pi}, \qquad P_{zz} = -\frac{\alpha^2}{8\pi}.$$

Ein zu den magnetischen Kraftlinien senkrechtes Element erleidet also einen normal gerichteten Zug, und die zu den Kraftlinien parallelen Elemente einen normalen Druck. Die Werthe dieses Zuges und Druckes, auf die Flächeneinheit bezogen, sind unter einander gleich; sie sind auch gleich der elektrodynamischen Energie pro Volumeneinheit, da diese Energie in Folge der Wahl der Koordinatenaxen den Werth besitzt

$$T = \frac{\alpha^2}{8\pi}.$$

208. Wir wollen diese Resultate auf den Fall anwenden, dass sich ebene Wellen durch ein Medium fortpflanzen, und wollen die XY-Ebene parallel zur Welle annehmen, ferner die X-Axe parallel zum elektromagnetischen Moment.

Da die elektromotorische Kraft dieselbe Richtung, wie das elektromagnetische Moment besitzt, so verlaufen die elektrischen Kraftlinien parallel zur X-Axe; ein senkrecht zu der letzteren stehendes Element erleidet demnach einen normalen Zug, dessen Werth pro Flächeneinheit gleich ist der auf die Volumeneinheit bezogenen elektrostatischen Energie W. Die magnetischen Kraftlinien ferner stehen senkrecht zu den elektrischen Kraftlinien, da die magnetische und die elektromotorische Kraft normal zu einander gerichtet sind; folglich liegt das betrachtete Element parallel zu den magnetischen Kraftlinien und erleidet deshalb einen normalen Druck, dessen Werth pro Flächeneinheit gleich ist der auf die Volumeinheit bezogenen elektrodynamischen Energie T. Da diese beiden Grössen W und T immer den nämlichen Werth haben (204), so heben sich Zug und Druck für das betreffende Element auf.

Ebenso verhält es sich für ein zur Y-Axe senkrechtes Element.

Für ein zur Z-Axe senkrechtes Element dagegen, das also parallel zur Wellenebene liegt, kommt der elektrostatische Druck zu dem elektromagnetischen hinzu, so dass der auf die Flächeneinheit wirkende Gesammtdruck gleich ist der Gesammtenergie pro Flächeneinheit.

209. Maxwell berechnete den Druck, der auf eine von der Sonne bestrahlten Fläche ausgeübt wird. Nimmt man an, dass die Lichtenergie, die von einem starken Sonnenstrahl auf einen Quadratmeter ausgestrahlt wird, 124,1 kgm in der Sekunde beträgt, so ist die in einem Kubikmeter des durchstrahlten Raumes enthaltene Energie ungefähr $41{,}36 \times 10^{-8}$ kgm; also der mittlere Druck auf den Quadratmeter $41{,}36 \times 10^{-8}$ kg oder 0,0004136 g.

Da die Hälfte dieses Drucks gleich der elektrostatischen und elektrodynamischen Energie ist, so kann man leicht die Werthe der auf die Längeneinheit bezogenen elektromotorischen Kraft und der elektromagnetischen Kraft erhalten. Maxwell fand, dass die elektromotorische Kraft ungefähr 600 Volt für den Meter und die elektromagnetische Kraft 0,193 in elektromagnetischem Maass beträgt, also etwas mehr als den zehnten Theil der Horizontalkomponente der erdmagnetischen Kraft in England.

210. Bedeutung des elektrodynamischen Drucks. Wir wiesen darauf hin (§ 84), dass das Vorhandensein elektrostatischer Drucke schlecht mit der Grundhypothese stimmt, dass die Energie in dem dielektrischen Medium lokalisirt ist. Der elektrodynamische Druck lässt sich leichter verstehen, und Maxwell gab in einer im Philosophical Magazine[1]) veröffentlichten Abhandlung eine Erklärung für denselben, die ein gewisses Interesse darbietet. Da die elektrodynamische Energie $\int \frac{\alpha^2 + \beta^2 + \gamma^2}{8\pi} d\tau$ als kinetisch betrachtet wird, so können wir annehmen, dass das Medium, in welchem die elektrodynamischen Erscheinungen zu Stande kommen, aus Molekülen zusammengesetzt ist, die Rotationsbewegungen ausführen. Wenn α', β', γ' die Komponenten der Rotation eines als frei angenommenen Moleküls darstellen, so ist die von dieser Bewegung herrührende kinetische Energie proportional $\frac{\alpha'^2 + \beta'^2 + \gamma'^2}{2}$. Man kann also den Ausdruck für die elektrodynamische Energie mit demjenigen der Energie des wirbelnden Medium in Uebereinstimmung bringen, wenn man die Rotationskomponenten proportional denen der elektromagnetischen Kraft annimmt. Die Richtung dieser Kraft wird dann dieselbe, wie diejenige der Rotationsaxe des Moleküls.

Vorausgesetzt, dass dieses Molekül die Gestalt einer Kugel besitzt, so sucht es sich an den Polen abzuplatten und am Aequator auszudehnen. Auf jedes zur Drehungsaxe senkrecht stehende Element wirkt eine nach dem Mittelpunkt des Moleküls gerichtete Kraft; auf ein am Aequator parallel zur Axe gelegenes Element dagegen eine nach Aussen ziehende Kraft. Da die Drehungsaxe dieselbe Richtung wie die magnetische Kraft besitzt, so wird auf ein zu dieser Kraft senkrechtes Element ein Zug ausgeübt, auf ein dazu paralleles Element dagegen ein Druck. Der algebraïsche Unterschied zwischen den Werthen dieses Zugs und Drucks rührt

[1]) Phil. Mag. 1861 und 1862.

von der Centrifugalkraft her; diese Grösse ist gleich $\alpha'^2 + \beta'^2 + \gamma'^2$, d. h. dem Doppelten der kinetischen Energie. Wir erhalten also vollkommen die Resultate des § 207.

Maxwell nimmt in seiner Abhandlung an, dass sich die Drehung der magnetischen Moleküle von einem zum anderen durch gewisse Zwischenglieder überträgt; diese bestehen aus kleinen Kugelmolekülen, welche nach der Art von Zahnrädern wirken. Die magnetische Induktion muss dann der Trägheit der drehenden Moleküle zugeschrieben werden, die elektromotorische Kraft ist die auf den Verbindungsmechanismus ausgeübte Wirkung, die Verschiebung der Elektricität endlich die von den Formveränderungen dieses Mechanismus herrührende Verrückung.

Kapitel XII.

Magnetische Drehung der Polarisationsebene.

---

211. Gesetz der Erscheinung. Die Drehung der Polarisationsebene des Lichtes unter der Wirkung eines magnetischen Feldes, das durch Magnete oder Ströme hervorgebracht wird, ist die bemerkenswertheste aller Erscheinungen, welche die Wechselwirkung von Licht und Elektricität veranschaulichen.

Das von Faraday im Jahre 1845 entdeckte Phänomen wurde später von Verdet genau studirt, welcher folgende Gesetze fand:

1. Die Drehung der Polarisationsebene eines monochromatischen Lichtes ist proportional der Dicke des von dem Strahle durchsetzten Medium, und nahezu umgekehrt proportional dem Quadrate der Wellenlänge des betreffenden Lichtes.

2. Sie ist proportional der in die Richtung des Lichtstrahles fallenden Komponente der Intensität des magnetischen Feldes; die Drehung ist also am grössten, wenn die Richtung des Strahles mit derjenigen des Feldes übereinstimmt, und sie verändert sich mit dem cos. des Winkels zwischen den beiden Richtungen, wenn letztere nicht zusammenfallen.

3. Ihre Grösse und Richtung hängen von der Natur des Medium ab. Die diamagnetischen Körper zeigen eine Drehung der Polarisationsebene in dem Sinne des Stromes, welcher bei seinem Umlaufe um den Lichtstrahl dem Felde seine thatsächlich vorhandene Richtung geben würde; die magnetischen Körper, wie die Lösungen von Eisenchlorid in Alkohol oder Aether, weisen die entgegengesetzte Drehung auf. Allerdings erleidet dies letztere Gesetz einige Ausnahmen; so zeigt das neutrale chromsaure Kali, obwohl es diamagnetisch ist, ebenso wie das Eisenchlorid eine der Richtung des Stromes entgegengesetzte Drehung.

212. Zwischen der magnetischen Drehung der Polarisationsebene und derjenigen, welche gewisse Krystalle, wie der Quarz, und mehrere Flüssigkeiten, wie das Terpentinöl etc., von Natur zeigen, existirt ein wesentlicher Unterschied.

Bei dieser letzteren Erscheinung ist die Drehung der Polarisationsebene ebenfalls proportional der Dicke der durchsetzten Substanz, aber der Sinn der Drehung wechselt gleichzeitig mit der Fortpflanzungsrichtung des Strahles; mit anderen Worten: der Sinn der Drehung bleibt stets derselbe für einen Beobachter, der so steht, dass der Lichtstrahl zu ihm hingelangt. In Folge dessen werden die Polarisationsebenen zweier Strahlen, welche in entgegengesetzter Richtung eine gleich dicke Schicht aktiver Substanz durchsetzen, gleiche Drehungen, aber im entgegengesetzten Sinne, erleiden. Wenn demnach ein geradlinig polarisirter Strahl, nachdem er solch eine Substanz durchsetzt hat, in seiner Einfallsrichtung reflektirt wird, so dass er dieselbe zum zweiten Male im entgegengesetzten Sinne durcheilt, dann fällt die Polarisationsebene des austretenden Lichtes mit derjenigen des eintretenden wieder zusammen.

Bei der magnetischen Drehung der Polarisationsebene ist der Sinn der Drehung unabhängig von der Richtung des Strahles; er hängt für eine bestimmte Substanz nur von der Richtung des magnetischen Feldes ab. Ein Lichtstrahl, den man durch Reflexion zweimal in der entgegengesetzten Richtung durch dieselbe Substanz sendet, erleidet also eine doppelt so grosse Drehung, als wenn er nur ein einziges Mal hindurchgegangen wäre.

Diese Eigenschaft benützte man, um die beobachtete Drehung beträchtlich zu vergrössern, indem man denselben Strahl S mehrmals

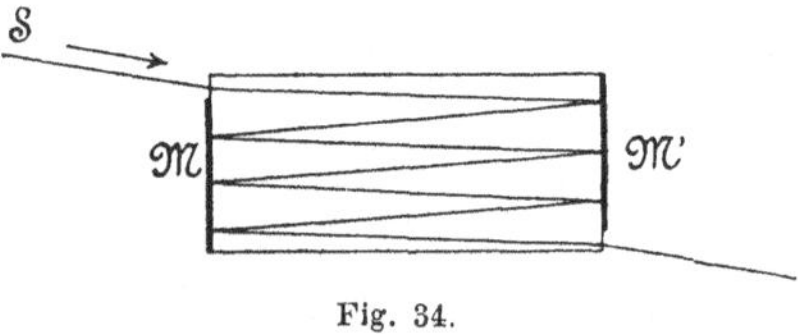

Fig. 34.

die Substanz passiren liess, und zwar mit Hülfe zweier ebener Spiegel M und M', welche fast senkrecht zur Fortpflanzungsrichtung des Strahles aufgestellt waren. Dieser Kunstgriff, sowie die Anwendung eines sehr starken magnetischen Feldes ermöglichten es Becquerel und Bichat, fast gleichzeitig das Drehungsvermögen der Gase zu entdecken, das den Beobachtungen von Faraday und von Verdet entgangen war.

213. Erklärungsversuche der magnetischen Drehung der Polarisationsebene. Schon vor Maxwell waren mehrfache Versuche gemacht worden, die Drehung der Polarisationsebene unter dem Einflusse eines magnetischen Feldes zu erklären.

In dem der Entdeckung von Faraday folgenden Jahre gab Airy[1]) mehrere Formeln an, welche diese Drehung als Funktion der Wellenlänge des zur Anwendung gelangten Lichtes im leeren Raume und des Brechungsquotienten der Substanz für diese Lichtart ausdrückte, und zwar wurde Airy durch die früheren Arbeiten von MacCullagh über die Drehung des Quarzes auf diese Formeln geführt. Wie wir in einem anderen Werke[2]) gesehen haben, lässt sich die Drehung der Polarisationsebene eines Lichtstrahles, der sich längs der Axe des Krystalls fortpflanzt, dadurch erklären, dass man auf der rechten Seite der Bewegungsgleichungen für ein Aethermolekül noch gewisse Differentialquotienten dritter Ordnung den Verschiebungskomponenten des Aethermoleküls hinzufügt.

Diese Gleichungen werden dann, wenn man als Z-Axe die Richtung des Lichtstrahles wählt:

$$\varrho \frac{\partial^2 \xi}{\partial t^2} = \frac{\partial^2 \xi}{\partial z^2} + a \frac{\partial^3 \eta}{\partial z^3},$$

$$\varrho \frac{\partial^2 \eta}{\partial t^2} = \frac{\partial^2 \eta}{\partial z^2} - a \frac{\partial^3 \xi}{\partial z^3}.$$

Ersetzt man die Differentialquotienten dritter Ordnung nach z durch die Differentialquotienten derselben Ordnung nach z und t, nämlich

$$+ \frac{\partial^3 \eta}{\partial z^2 \partial t} \quad \text{und} \quad - \frac{\partial^3 \xi}{\partial z^2 \partial t},$$

so erhält man nach Airy:

$$\text{(I)} \qquad \theta = m \frac{i^2}{\lambda^2} \left(i - \lambda \frac{\partial i}{\partial t} \right),$$

worin der Koefficient m von der Intensität des magnetischen Feldes abhängt, λ die Wellenlänge im luftleeren Raume und i den Brechungsquotient bedeutet.

---

[1]) Phil. Mag. Juni 1846.

[2]) Théorie mathématique de la lumière § 125.

Die Einführung der Differentialquotienten dritter Ordnung nach der Zeit allein,

$$+\frac{\partial^3\eta}{\partial t^3} \quad \text{und} \quad -\frac{\partial^3\xi}{\partial t^3},$$

führte Airy auf eine andere Formel

$$\text{(II)} \qquad \theta = m\frac{1}{\lambda^2}\left(i - \lambda\frac{\partial i}{\partial t}\right).$$

Indem er endlich nur die ersten Differentialquotienten nach der Zeit

$$+\frac{\partial\eta}{\partial t} \quad \text{und} \quad -\frac{\partial\xi}{\partial t}$$

einsetzte, gelangte er zu einer dritten Formel:

$$\text{(III)} \qquad \theta = m\left(i - \lambda\frac{\partial i}{\partial t}\right).$$

214. Obgleich unter einander sehr verschieden, konnten doch diese Formeln sämmtlich den von Faraday beobachteten Erscheinungen Rechnung tragen, da derselbe keine einzige quantitative Bestimmung vorgenommen hatte. Er hatte nur gezeigt, dass die Drehung von der Beschaffenheit der Strahlen abhängt, da das durch den Analysator hervorgebrachte Bild bei Anwendung von weissem Lichte mit der Stellung des Hauptschnittes des Analysators ungemein rasch die Farbe wechselt; demnach musste jede Formel, welche überhaupt die Wellenlänge enthielt, genügen. Im Jahre 1847 verglich Ed. Becquerel[1]) die von Faraday beobachtete Erscheinung mit der Drehung der Polarisationsebene von Zuckerlösung und fand beide Phänomene durchaus analog. Demnach schien das Biot'sche Gesetz auch auf die magnetische Drehung anwendbar zu sein, d. h. die Drehung musste umgekehrt proportional dem Quadrate der Wellenlänge sein. Die Formel (III), welche diese Bedingung nicht erfüllt, war also zu verwerfen.

Im Jahre 1863 stellte Verdet mit der grössten Sorgfalt Beobachtungen an, um bei einfarbigen Strahlen mit bekannten Wellenlängen die Drehung der Polarisationsebene unter dem Einfluss eines magnetischen Feldes zu messen. Die gefundenen Resultate wurden

---

[1]) Comptes rendues de l'Académie des sciences. Bd. XXI S. 952.

mit den Werthen verglichen, welche jede der oben angeführten Formeln lieferte, nachdem der Koefficient m mit Hülfe einer besonderen experimentellen Untersuchung bestimmt worden war. Wie sich nach den Resultaten von Becquerel bereits erwarten liess, ergab die Formel (III) Werthe, welche weit von den durch das Experiment gefundenen abwichen; die Gleichung (II) stimmte schon besser überein, aber der Formel (I) gebührte der Vorzug. Speciell beim Schwefelkohlenstoff unterscheiden sich die durch diese letztere Formel gelieferten Werthe von den Resultaten der Beobachtung nur um Grössen von der Ordnung der Beobachtungsfehler. Von den drei durch Airy vorgeschlagenen Gleichungen ist also nur die erste beizubehalten.

215. Aber wenn auch die Uebereinstimmung der Formel (I) mit der Beobachtung die Einführung der Differentialquotienten

$$\frac{\partial^3 \eta}{\partial z^2 \partial t} \quad \text{und} \quad \frac{\partial^3 \xi}{\partial z^2 \partial t}$$

auf den rechten Seiten der Bewegungsgleichungen eines Aethermoleküls rechtfertigte, so forderte doch keine theoretische Ueberlegung die Wahl gerade dieser Derivirten mit Ausschluss der anderen; man besass deshalb also doch noch nicht eine Theorie der magnetischen Drehung. In der That hatte auch Airy seine Formeln nicht vorgeschlagen, um damit eine mechanische Erklärung der Drehung der Polarisationsebene zu liefern, sondern nur, wie er sagte, „um zu zeigen, dass sich diese Drehung durch Gleichungen erklären lässt, welche offenbar aus irgend einer wahrscheinlichen mechanischen Hypothese abgeleitet werden können, wenn man auch diese Hypothese noch nicht formulirt hat."

Einige Jahre, bevor Verdet seine Untersuchungen anstellte, hatte C. Neumann[1]) versucht, diese Lücke auszufüllen. Er setzt voraus, dass die Moleküle des elektrischen Fluidum der Elementarströme, welche nach Ampère im Innern eines magnetischen Körpers entstehen, auf die Aethermoleküle einwirken; ausserdem nimmt er an, dass diese gegenseitigen Einwirkungen, ebenso wie diejenigen der elektrischen Moleküle in der Weber'schen Theorie, von der relativen Geschwindigkeit dieser Moleküle abhängen. Aus diesen Annahmen ergibt sich, dass ein Aethermolekül nicht nur den Kräften

---

[1]) Die magnetische Drehung der Polarisationsebene des Lichtes. Halle 1863.

unterworfen ist, welche aus der Elasticität des Aethers entspringen, sondern auch noch Kräften, welche von der Zeit abhängen und auf die Wirkung der benachbarten elektrischen Moleküle zurückzuführen sind. Neumann weist nach, dass die Resultante dieser letzteren Kräfte in jedem Augenblicke der Geschwindigkeit der Aethermoleküle und der magnetischen Kraft proportional ist, und dass dieselbe zur Ebene dieser beiden Richtungen senkrecht steht. Betrachten wir also eine ebene Welle, die sich in der Richtung des magnetischen Feldes fortpflanzt und wählen wir die XY-Ebene parallel zu der Ebene der Welle, dann werden die nach X und Y genommenen Komponenten dieser Resultante die Werthe

$$+a\frac{\partial\eta}{\partial t} \qquad \text{und} \qquad -a\frac{\partial\xi}{\partial t}$$

erhalten, wobei der Koefficient a der Intensität des Feldes proportional ist.

Wir finden demnach als Bewegungsgleichungen für ein Aethermolekül:

$$\varrho\frac{\partial^2\xi}{\partial t^2}=\frac{\partial^2\xi}{\partial z^2}+a\frac{\partial\eta}{\partial t}$$

$$\varrho\frac{\partial^2\eta}{\partial t^2}=\frac{\partial^2\eta}{\partial z^2}-a\frac{\partial\xi}{\partial t}.$$

Die Gleichungen unterscheiden sich von denjenigen von Airy (§ 213) nur dadurch, dass an Stelle der Differentialquotienten dritter Ordnung von η und ξ nach z die Derivirten eben dieser Grössen nach t treten; sie werden also für die Grösse der Drehung der Polarisationsebene eine Formel liefern, welche mit der Formel (III) von Airy übereinstimmt, mit dem Experimente jedoch im vollsten Widerspruch steht. Die Neumann'sche Theorie, die sich durch die Einfachheit der Hypothesen auszeichnet, muss demnach ebenfalls aufgegeben werden.

216. Theorie von Maxwell. Dieser Umstand war damals, als Maxwell seine Abhandlung schrieb, bereits anerkannt, und ebenso die Thatsache, dass von den durch Airy vorgeschlagenen Formeln die erste am besten mit den Resultaten des Experiments im Einklange stand. Es genügte also, zur Aufstellung einer annehmbaren Theorie der magnetischen Drehung eine befriedigende Hypothese für die Einführung der Differentialquotienten

$$+\frac{\partial^3 \eta}{\partial z^2 \partial t} \quad \text{und} \quad -\frac{\partial^3 \xi}{\partial z^2 \partial t}$$

in die Bewegungsgleichungen für das Aethermolekül zu finden.

Dies kann, unabhängig von jeder theoretischen Ueberlegung, auf zwei verschiedene Arten geschehen.

Hierzu rufen wir uns mit einigen Worten in's Gedächtniss zurück, wie man zu den Bewegungsgleichungen eines Aethermoleküls in einem isotropen Medium gelangt[1]). Nennen wir U die Funktion der Kräfte, welche aus der Elasticität des Aethers entspringen, wenn sich eine Erschütterung in diesem Medium fortpflanzt, dann wird die Bewegung eines Moleküls von der Masse m, das eine Verschiebung ξ in Richtung der X-Axe erleidet, gegeben durch die Gleichung:

$$m\frac{\partial^2 \xi}{\partial t^2} = \frac{\partial U}{\partial \xi}. \tag{1}$$

Wenn wir mit η und ζ die beiden anderen Verschiebungskomponenten bezeichnen, so erhalten wir ausserdem noch zwei analoge Gleichungen. Nimmt man an, dass die Kräfte, welche zwischen den Molekülen auftreten, nur auf sehr kleine Entfernungen hin wirken, so lässt sich die Funktion U schreiben

$$U = \int W \, d\tau,$$

wobei W den auf die Volumeneinheit bezogenen Werth der Kräftefunktion in dem Punkte bedeutet, wo sich das Element $d\tau$ befindet, und das Integral sich über den ganzen vom Aether eingenommenen Raum erstreckt. Eine genauere Untersuchung von W ergibt, dass dies eine Funktion der partiellen Differentialquotienten verschiedener Ordnung von ξ, η, ζ nach den Koordinaten x, y, z ist, und die Bewegungsgleichungen (1) nehmen nach mehreren Umformungen folgende Gestalt an:

$$\varrho\frac{\partial^2 \xi}{\partial t^2} = -\sum \frac{\partial}{\partial x}\frac{\partial W}{\partial \xi'} + \sum \frac{\partial}{\partial x^2}\frac{\partial W}{\partial \xi''} \cdots ;$$

hierbei ist ξ' eine der Derivirten von ξ nach x, y, z, ξ'' eine der zweiten Derivirten von ξ nach denselben Variabeln. Diese Glei-

[1]) Théorie mathématique de la lumière §§ 1—39 und §§ 121—124.

chungen zeigen, dass die Glieder von W, welche diese Derivirten nur in der ersten Potenz enthalten, verschwinden müssen, wenn man voraussetzt, dass die Verschiebungen periodisch vor sich gehen. Vernachlässigen wir nun die Glieder dritter Ordnung in Bezug auf diese Derivirten und bezeichnen mit W_2 die Gesammtheit der Glieder zweiten Grades, dann lässt sich die vorhergehende Gleichung schreiben:

$$\varrho \frac{\partial^2 \xi}{\partial t^2} = -\sum \frac{\partial}{\partial x} \frac{\partial W_2}{\partial \xi'} + \sum \frac{\partial}{\partial x^2} \frac{\partial W_2}{\partial \xi''}. \tag{2}$$

Im Allgemeinen enthält die rechte Seite dieser Gleichung Differentialquotienten von ξ, η, ζ nach x, y, z jeder Ordnung von der zweiten an gerechnet, aber für die isotropen Medien verschwinden die Derivirten ungerader Ordnung. Die Gleichung vereinfacht sich noch für den Fall, dass man eine ebene Welle betrachtet, die auf der Z-Axe senkrecht steht; dann bleiben nämlich nur noch die Differentialquotienten gerader Ordnung von ξ nach z bestehen, und die obige Gleichung erhält die Form:

$$\varrho \frac{\partial^2 \xi}{\partial t^2} = A_0 \frac{\partial^2 \xi}{\partial z^2} + A_1 \frac{\partial^4 \xi}{\partial z^4} + \ldots . \tag{3}$$

Die beiden anderen Bewegungsgleichungen findet man, wenn man in der letzten ξ resp. durch η und ζ ersetzt.

Nun lassen sich die allgemeinen Gleichungen von der Art der Gleichung (2) in der von Lagrange angegebenen Form schreiben

$$\frac{\partial}{\partial t} \frac{\partial T}{\partial \xi'} - \frac{\partial T}{\partial \xi} = \frac{\partial U}{\partial \xi}, \tag{4}$$

in der U dieselbe Bedeutung hat, wie bisher, und T die kinetische Energie

$$T = \frac{\varrho}{2} \int (\xi'^2 + \eta'^2 + \zeta'^2)\, d\tau$$

bezeichnet; ξ', η', ζ' sind aber hier die Derivirten in Bezug auf die Zeit. Da diese letzte Gleichung nur eine Umformung der Gleichung (2) bedeutet, so ist es klar, dass auch sie nur Differentialquotienten gerader Ordnung enthalten kann, wenn es sich um ein isotropes Medium handelt. Damit also die Bewegungsgleichungen auch Derivirte ungerader Ordnung aufweisen, muss man Zusatzglieder einführen, und zwar entweder in den Ausdruck der Funktion U, der sich auf isotrope Körper bezieht, oder in den Ausdruck für die kinetische Energie T. Man hat somit zwei verschiedene Wege, um zu den Formeln von Airy zu gelangen.

217. In den gewöhnlichen Theorien des Lichtes ändert man immer, wenn es sich darum handelt, die bei den anisotropen Medien auftretenden Erscheinungen zu erklären, die Funktion U, welche, mit entgegengesetztem Vorzeichen genommen, die potentielle Energie des Medium darstellt. Bei Maxwell's Theorie der magnetischen Drehung der Polarisationsebene wird umgekehrt gerade die kinetische Energie T geändert, während U dieselbe Form behält, wie bei einem isotropen Medium. Die Gründe, welche Maxwell anführt, um diese Aenderung zu rechtfertigen und namentlich, um die Zusatzglieder zu erhalten, durch deren Einführung in T er zur Formel (I) gelangt, lassen an Präcision und Klarheit viel zu wünschen übrig. Wir werden später darauf zurückkommen; für den Augenblick wollen wir ohne Erklärung das Ergebniss der Spekulationen von Maxwell annehmen und nachweisen, wie die Gleichung (4) und die beiden anderen, welche sich durch die Substitution von η und ζ für eine ebene Welle aus dieser ergeben, zu der Formel (I) führen.

Setzen wir

$$\frac{d\varphi}{d\nu} = \alpha \frac{\partial \varphi}{\partial x} + \beta \frac{\partial \varphi}{\partial y} + \gamma \frac{\partial \varphi}{\partial z}$$

wobei φ irgend welche Funktion bedeutet, und α, β, γ die Komponenten der magnetischen Kraft, so ist das Zusatzglied, welches Maxwell in den Ausdruck für die kinetische Energie einführt, gegeben durch:

$$(5) \qquad C\int \left[\xi' \frac{d}{d\nu}\left(\frac{\partial \zeta}{\partial y} - \frac{\partial \eta}{\partial z}\right) + \eta' \frac{d}{d\nu}\left(\frac{\partial \xi}{\partial z} - \frac{\partial \zeta}{\partial x}\right) + \zeta' \frac{d}{d\nu}\left(\frac{\partial \eta}{\partial x} - \frac{\partial \xi}{\partial y}\right)\right] d\tau .$$

In dem Falle, wo wir es mit einer ebenen, zur XY-Ebene parallelen Welle zu thun haben, hängen die Komponenten ξ, η, ζ weder von x, noch von y ab; in Folge dessen erhalten wir:

$$\frac{d\varphi}{d\nu} = \gamma \frac{\partial \varphi}{\partial z}$$

und das Zusatzglied reducirt sich auf:

$$C \int \gamma \left(\eta' \frac{\partial^2 \xi}{\partial z^2} - \xi' \frac{\partial^2 \eta}{\partial z^2} \right) d\tau .$$

Die kinetische Energie ist also dann gleich

$$T = \frac{\varrho}{2} \int (\xi'^2 + \eta'^2 + \zeta'^2)\, d\tau + C \int \gamma \left(\eta' \frac{\partial^2 \xi}{\partial z^2} - \xi' \frac{\partial^2 \eta}{\partial z^2} \right) d\tau .$$

218. Wir wollen nun zusehen, was aus der Gleichung (4) wird, wenn wir diesen Werth von T einführen.

Setzen wir λ als konstant voraus, so haben wir

$$\frac{\partial}{\partial t} \frac{\partial T}{\partial \xi'} = \int \left(\varrho \frac{\partial^2 \xi}{\partial t^2} - C\gamma \frac{\partial^3 \eta}{\partial z^2 \partial t} \right) d\tau$$

Das Hauptglied liefert für $\frac{\partial T}{\partial \xi}$ keinen Beitrag; das Zusatzglied haben wir umzuformen, um dessen Differentialquotient nach ξ zu berechnen. Nun kann man schreiben:

$$\int \eta' \frac{\partial^2 \xi}{\partial z^2} d\tau = \int \lambda \eta' \frac{\partial \xi}{\partial z} d\omega - \int \frac{\partial \eta'}{\partial z} \cdot \frac{\partial \xi}{\partial z} d\tau ,$$

wobei das erste Integral rechter Hand über die Oberfläche des betrachteten Volumens auszudehnen ist und λ den cos. des Winkels zwischen der Normale des Oberflächenelements $d\omega$ und der X-Axe bedeutet. Setzen wir voraus, dass die Volumenintegrale sich über den ganzen, unendlichen Raum erstrecken, so beziehen sich die Elemente des Flächenintegrals auf Punkte, die im Unendlichen liegen. Da man aber annehmen darf, dass ξ, η, ζ im Unendlichen Null sind, so sind auch die Elemente dieses Integrals Null und wir können setzen:

$$\int \eta' \frac{\partial^2 \xi}{\partial z^2} d\tau = - \int \frac{\partial \eta'}{\partial z} \cdot \frac{\partial \xi}{\partial z} d\tau .$$

Führen wir für das Integral auf der rechten Seite dieser Gleichung eine analoge Umformung durch, so erhalten wir

$$- \int \frac{\partial \eta'}{\partial z} \cdot \frac{\partial \xi}{\partial z} d\tau = \int \xi \frac{\partial^2 \eta'}{\partial z^2} d\tau .$$

Der nach ξ genommene Differentialquotient dieses letzten Integrals ist

$$\int \frac{\partial^2 \eta'}{\partial z^2}\, d\tau .$$

Das Zusatzglied von T liefert also für Gleichung (4)

$$-\,C\gamma \int \frac{\partial^3 \eta}{\partial z^2\, \partial t}\, d\tau$$

und man kann die letztere schreiben:

$$\varrho \frac{\partial^2 \xi}{\partial t^2} - 2\, C\, \gamma \frac{\partial^3 \eta}{\partial z^2 \partial t} = \frac{\partial W}{\partial \xi} .$$

Nach Cauchy gilt für $\frac{\partial W}{\partial \xi}$ in einem isotropen Medium der Ausdruck:

$$A_0 \frac{\partial^2 \xi}{\partial z^2} + A_1 \frac{\partial^4 \xi}{\partial z^4} + \cdots$$

Dies ist genau derselbe Ausdruck, der auf der rechten Seite der Gleichung (3) stand. Unsere Gleichung (4) und diejenige, welche daraus hervorgeht, wenn man ξ durch η ersetzt, werden also

$$(6)\qquad \begin{cases} \varrho \dfrac{\partial^2 \xi}{\partial t^2} - 2\, C\, \gamma \dfrac{\partial^3 \eta}{\partial z^2 \partial t} = A_0 \dfrac{\partial^2 \xi}{\partial z^2} + A_1 \dfrac{\partial^4 \xi}{\partial z^4} + \cdots . \\[2ex] \varrho \dfrac{\partial^2 \eta}{\partial t^2} - 2\, C\, \gamma \dfrac{\partial^3 \xi}{\partial z^2 \partial t} = A_0 \dfrac{\partial^2 \eta}{\partial z^2} + A_1 \dfrac{\partial^4 \eta}{\partial z^4} + \cdots . \end{cases}$$

219. Wir wollen diesen Gleichungen zu genügen suchen, indem wir einführen:

$$(7)\qquad \begin{cases} \xi = r \cos (nt - qz) \\ \eta = r \sin (nt - qz); \end{cases}$$

dies bedeutet, dass das betrachtete Molekül einen Kreis vom Radius r beschreibt. Setzen wir diese Werthe von ξ und η ein, so finden wir nach Streichung der gemeinschaftlichen Faktoren die Bedingungsgleichung:

$$(8)\qquad \varrho\, n^2 - 2\, C\, \gamma\, q^2\, n = A_0\, q^2 + A_1\, q^4 + \cdots .$$

Dividirt man beide Seiten durch q^2, dann erhält man eine Gleichung zweiten Grades für $\left(\frac{n}{q}\right)$. Dieser Bruch bedeutet aber die Fortpflanzungsgeschwindigkeit der Bewegung, wir finden demnach für die letztere zwei Werthe. Da nun der Koefficient A_0 positiv ist und die Koefficienten $A_1 \ldots.$ sehr klein sind, so wird die eine Wurzel negativ und man braucht sie nicht zu berücksichtigen, wenn man sich nur mit den Erscheinungen befasst, welche sich oberhalb der XY-Ebene abspielen.

Geben wir dem n zwei Werthe, welche sich nur durch das Vorzeichen unterscheiden, was darauf hinausläuft, dass zwei Moleküle den Kreis mit dem Radius r in entgegengesetzter Richtung durchlaufen, so sind die positiven Werthe von $\frac{n}{q}$ verschieden, vorausgesetzt, dass γ nicht gleich Null ist. Ein rechts rotirender Strahl pflanzt sich also nicht mit derselben Geschwindigkeit fort, wie ein links rotirender, in Folge dessen erhält der eine vor dem anderen einen Vorsprung, und wenn diese beiden Strahlen von einem und demselben geradlinig polarisirten Strahle herrühren, so setzen sie sich beim Austritte aus dem Medium zusammen, um wiederum einen geradlinig polarisirten Strahl zu geben, dessen Polarisationsebene jedoch nicht dasselbe Azimuth besitzt, wie das einfallende Licht; es hat also eine Drehung der Polarisationsebene stattgefunden.

220. Wir wollen diese Drehung bestimmen. Wie wir wissen, ist sie gleich der Hälfte der Phasendifferenz, welche die rechts- und linksrotirenden Strahlen beim Durchgange durch das Medium gegen einander gewinnen, und zwar ist der Sinn der Drehung gegeben durch die Bewegungsrichtung der Moleküle des Strahles, der die grössere Fortpflanzungsgeschwindigkeit besitzt. Bezeichnen wir also mit q' und q'' die Werthe von q für einen rechtsrotirenden und einen linksrotirenden Strahl, und mit c die Dicke des durchlaufenen Medium, so wird sich die Polarisationsebene im Sinne der Uhrzeiger um einen Winkel drehen, der gegeben ist durch

$$\theta = \frac{c}{2}(q'' - q').$$

Nun hängt nach Gleichung (8) q von γ ab. Da ausserdem die auf die magnetische Wirkung zurückzuführende Aenderung von q stets nur einen ganz geringen Bruchtheil seines Werthes ausmacht, so können wir setzen:

$$q = q_0 + \frac{\partial q}{\partial \gamma} \gamma ,$$

wobei q_0 den Werth von q bezeichnet, welcher der magnetischen Kraft Null entspricht. Diese Grösse q_0 muss dann der Gleichung (8) genügen, wenn man darin $\gamma = 0$ setzt; man erhält also:

$$\varrho n^2 = A_0 q_0^2 + A_1 q_0^4 + \ldots .$$

Auch die Grössen q' und q'' müssen dieser Gleichung (8) Genüge leisten, wenn man dem n Werthe beilegt, die sich nur durch das Vorzeichen unterscheiden. Hierbei wird dem positiven Werthe von n der Werth q'' entsprechen, da man nach Gleichung (7) einen linksrotirenden Strahl erhält, welcher sich in der Richtung der positiven Z-Axe fortpflanzt, wenn n positiv ist; dem negativen Werthe von n wird dagegen die Grösse q' entsprechen. Demnach finden wir:

$$\varrho n^2 + 2 C \gamma q'^2 n = A_0 q'^2 + A_1 q'^4 + \ldots .$$

$$\varrho n^2 - 2 C \gamma q''^2 n = A_0 q''^2 + A_1 q''^4 + \ldots .$$

Eine Vergleichung der drei letzten Beziehungen ergibt unmittelbar, dass $q' > q_0$ und $q'' < q_0$; wir müssen also setzen:

$$q' = q_0 + \frac{\partial q'}{\partial \gamma} \gamma ; \qquad q'' = q_0 - \frac{\partial q''}{\partial \gamma} \gamma .$$

Führen wir diese Werthe von q' und q'' in den Ausdruck für die Drehung ein, dann erhalten wir

$$\theta = - \frac{c\gamma}{2} \left(\frac{\partial q'}{\partial \gamma} + \frac{\partial q''}{\partial \gamma} \right) ,$$

oder, wenn man die Werthe der Differentialquotienten von q' und q'' nach γ einander gleich setzt,

$$\theta = - c \gamma \frac{\partial q}{\partial \gamma} . \tag{9}$$

221. Durch Differentiation der Gleichung (8) nach γ erhalten wir, wenn wir n als konstant betrachten:

$$- 2 C q^2 n - 4 C \gamma q n \frac{\partial q}{\partial \gamma} = (2 A_0 q + 4 A_1 q^3 + \ldots) \frac{\partial q}{\partial \gamma} = \frac{\partial Q}{\partial q} \cdot \frac{\partial q}{\partial \gamma} .$$

Nun bedeutet die von uns gemachte Annahme, dass die Grösse q unter der Wirkung eines magnetischen Feldes sich nur sehr wenig ändert, nichts anderes, als dass der Koefficient C sehr klein ist. Wir dürfen also das Glied $4\,C\,\gamma\,q\,n\,\frac{\partial q}{\partial \gamma}$ gegenüber den Gliedern auf der rechten Seite vernachlässigen, und erhalten damit

$$\frac{\partial q}{\partial \gamma} = -\,2\,C q^2 n \frac{1}{\frac{\partial Q}{\partial q}}. \tag{10}$$

Betrachten wir weiter in der Gleichung (8) γ als konstant und differentiiren nach n, so ergibt sich:

$$2\,\varrho\,n - 2\,C\gamma\,q^2 - 4\,C\gamma q n \frac{\partial q}{\partial n} = (2\,A_0\,q + 4\,A_1 q^3 + \cdots)\frac{\partial q}{\partial n} = \frac{\partial Q}{\partial q}\cdot\frac{\partial q}{\partial n}.$$

Aus demselben Grunde, wie oben, kann das Glied $2\,C\gamma q^2$ gegenüber dem Glied $2\,\varrho n$ vernachlässigt werden, und ebenso der Ausdruck $4\,C\gamma q n\,\frac{\partial q}{\partial n}$ gegenüber den Gliedern auf der rechten Seite der Gleichung; wir erhalten also:

$$2\,\varrho\,n = \frac{\partial Q}{\partial q}\cdot\frac{\partial q}{\partial n}.$$

Setzen wir den aus dieser Gleichung für $\frac{\partial Q}{\partial q}$ sich ergebenden Werth in die Gleichung (10) ein, dann finden wir:

$$\frac{\partial q}{\partial \gamma} = -\,\frac{C q^2}{\varrho}\cdot\frac{\partial q}{\partial n}. \tag{11}$$

Um diesen Differentialquotient als Funktion der Wellenlänge λ der betrachteten Lichtart im leeren Raume und des Brechungsquotienten i des Medium auszudrücken, bedenken wir, dass

$$q\,\lambda = 2\,\pi\,i \qquad \text{und} \qquad n\,\lambda = 2\,\pi\,V,$$

wobei V die Fortpflanzungsgeschwindigkeit im leeren Raume bedeutet. Aus diesen beiden Gleichungen finden wir:

$$q = \frac{in}{V}$$

und demnach

$$\frac{\partial q}{\partial n} = \frac{1}{V}\left(i + n\frac{\partial i}{\partial n}\right).$$

Durch Differentiation der zweiten der obigen Gleichungen erhält man ausserdem:

$$\lambda\, dn + n\, d\lambda = 0$$

oder

$$\frac{n}{dn} = -\frac{\lambda}{d\lambda} \qquad \text{und} \qquad n\frac{di}{dn} = -\lambda\frac{di}{d\lambda}.$$

Obige Gleichung lässt sich demnach schreiben:

$$\frac{\partial q}{\partial n} = \frac{1}{V}\left(i - \lambda\frac{\partial i}{\partial \lambda}\right).$$

Führen wir diesen Werth in die Gleichung (11) ein und ersetzen darin noch q durch $\frac{2\pi i}{\lambda}$, dann erhalten wir:

$$\frac{\partial q}{\partial \gamma} = -\frac{4\pi^2 C}{\varrho V}\cdot\frac{i^2}{\lambda^2}\left(i - \lambda\frac{\partial i}{\partial \lambda}\right).$$

Demnach wird, wenn wir endlich setzen:

$$\frac{4\pi^2 C}{\varrho V} = m$$

der Werth für die durch Gleichung (9) gegebene Drehung der Polarisationsebene

$$\theta = m c \gamma \frac{i^2}{\lambda^2}\left(i - \lambda\frac{\partial i}{\partial \lambda}\right).$$

Damit haben wir also die Formel (I) von Airy gewonnen.

222. Erklärung des Zusatzgliedes zum Ausdrucke für die kinetische Energie. Es handelt sich jetzt darum, die Einführung des Zusatzgliedes (5) in den Ausdruck für die kinetische Energie des Medium zu erklären. Wie wir schon erwähnt haben, besitzen die Ausführungen von Maxwell nicht ganz die Strenge, welche man hierbei wohl wünschen möchte; immerhin wollen wir sie wiederzugeben versuchen.

Maxwell stellt folgende Ueberlegung an: Die Erfahrung lehrt, dass ein isotropes Medium unter der Wirkung eines magnetischen Feldes die Polarisationsebene des Lichtes dreht; in Folge dessen pflanzt sich ein rechts cirkular polarisirter Strahl nicht mit derselben Geschwindigkeit fort, wie ein links polarisirter. Wenn nun die Verschiebungskomponenten eines Aethermoleküls durch die Gleichungen (7) dargestellt werden, so erhalten wir einen rechts oder links rotirenden Strahl, je nachdem n negativ oder positiv ist.

Die Fortpflanzungsgeschwindigkeit nach der Z-Axe ist $= \frac{n}{q}$; da diese nun für die beiden Arten von Strahlen einen verschiedenen Werth hat, so müssen zwei Werthen von n, welche sich nur durch das Vorzeichen unterscheiden, zwei verschieden grosse und mit entgegengesetzten Vorzeichen behaftete Werthe von q entsprechen, oder, was auf dasselbe hinauskommt, zu einem einzigen Werthe von q gehören zwei Werthe von n, die dem absoluten Betrage und dem Vorzeichen nach verschieden sind. Nun aber stellt das betreffende Medium ein dynamisches System dar, dessen jeweiliger Zustand durch eine gewisse Anzahl von Gleichungen charakterisirt ist. Wir haben also von der Thatsache Rechenschaft abzulegen, dass es für einen bestimmten Werth von q und r zwei verschiedene Werthe von n gibt, welche diesen Gleichungen Genüge leisten.

Wir wollen die Gleichung von Lagrange in Bezug auf den Parameter r aufstellen:

$$\frac{\partial}{\partial t}\frac{\partial \mathrm{T}}{\partial r'} - \frac{\partial \mathrm{T}}{\partial r} = \frac{\partial \mathrm{U}}{\partial r}.$$

Da dieser Parameter r einen bestimmten Werth besitzt, der sich mit der Zeit nicht ändert, so ist $r' =$ Null, und somit verschwindet das erste Glied der obigen Gleichung, welche dadurch übergeht in die Form

$$\frac{\partial \mathrm{T}}{\partial r} + \frac{\partial \mathrm{U}}{\partial r} = 0.$$

Nun ist T, die kinetische Energie des Systems, eine homogene Funktion zweiten Grades der Geschwindigkeiten, sie enthält also n^2, da n die Winkelgeschwindigkeit eines Aethermoleküls bedeutet. T kann ausserdem noch Glieder enthalten, in welchen die Produkte von n mit anderen Geschwindigkeiten vorkommen, und endlich auch noch solche, in denen nur diese anderen Geschwindigkeiten in der zweiten Potenz auftreten, n aber gar nicht. Was U anbetrifft, so nimmt Maxwell an, dass es den Werth beibehält, den es in einem der Wirkung des magnetischen Feldes nicht unterworfenen Medium besitzt; demnach enthält U nur Differentialquotienten von ξ und η nach z, nicht aber n. Der allgemeinste Ausdruck der Gleichung von Lagrange, die wir soeben betrachtet haben, wird also

$$An^2 + Bn + C = 0.$$

Da diese Gleichung nach dem Vorangegangenen durch zwei Werthe von n erfüllt sein muss, die ihrer absoluten Grösse nach verschieden sein sollen, so darf B nothwendiger Weise nicht Null sein. Nun stammen die Glieder Bn einzig aus der kinetischen Energie, diese letztere enthält also wenigstens zwei Reihen von Ausdrücken. Die eine, An^2, ist homogen und vom zweiten Grade in Bezug auf n; es ist dies der Ausdruck für die kinetische Energie eines Medium, das der Wirkung des Magnetismus nicht unterworfen ist. Die andere enthält die erste Potenz von n; sie rührt von dem magnetischen Felde her und repräsentirt also das Zusatzglied, um dessen Erklärung es sich handelt, oder wenigstens einen Theil dieses Zusatzgliedes.

223. Maxwell zog aus dem Vorangegangenen folgende Schlüsse:

„Alle Glieder von T sind in Bezug auf die Geschwindigkeiten von der zweiten Dimension; die Glieder, welche n zum Faktor haben, werden also noch von anderen Geschwindigkeiten abhängen. Da wir r und q in Bezug auf die Zeit als konstant anzusehen haben, können r' und q' nicht zu diesen anderen Geschwindigkeiten gehören. Es muss also in dem Medium noch eine Geschwindigkeit vorhanden sein, die von der als Licht aufgefassten Erscheinung nicht hervorgebracht wird.

Weiter ist T eine skalare Grösse, daher muss die noch erforderliche Geschwindigkeit so beschaffen sein, dass ihr Produkt mit n eine skalare Grösse liefert, d. h. diese Geschwindigkeit muss die direkte oder die entgegengesetzte Richtung der Geschwindigkeit n haben. Sie ist also eine Winkelgeschwindigkeit einer um die Z-Axe vor sich gehenden Rotation.

Dreht man ferner das Medium herum, so ändert sich, wie die Erfahrung lehrt, nichts an der Erscheinung der elektromagnetischen Rotation der Polarisationsebene; die besagte Geschwindigkeit kann also nicht etwas dem Medium für sich Zukommendes bilden, sie muss direkt von der magnetischen Kraft abhängen.

Aus alle dem ziehen wir den Schluss, dass diese Geschwindigkeit ein steter Begleiter der magnetischen Kraft ist, wenn sie in Medien wirkt, in denen sie die Polarisationsebene eines Lichtstrahls zu drehen vermag (Maxwell, Lehrbuch der Elektricität und des Magnetismus. Deutsch von B. Weinstein, II, § 820).

Etwas später (§ 822) fügt Maxwell hinzu:

„Die nähere Untersuchung der Wirkung des Magnetismus auf polarisirtes Licht führt, wie wir gesehen haben, zu dem Schlusse, dass in einem Medium, welches unter dem Einflusse einer magnetischen Kraft steht, nebenbei noch etwas vorgeht, was mathematisch derselben Klasse wie eine Winkelgeschwindigkeit angehört, deren Axe in die Richtung der magnetischen Kraft fällt. Diese Winkelgeschwindigkeit kann nicht einem Theile des Medium als Ganzes angehören. Es rotiren also im Medium nicht etwa Theile von endlichen Dimensionen, vielmehr muss man annehmen, dass die magnetische Rotation von den kleinsten Theilchen des Medium dadurch, dass diese sich um ihre eigenen Axen drehen, ausgeführt wird. Diese Annahme bildet die Hypothese von den molekularen Wirbeln."

224. So muss sich, nach Maxwell, die magnetische Drehung der Polarisationsebene aus dem Vorhandensein von Wirbeln in dem Medium ergeben, das der Wirkung eines magnetischen Feldes unterworfen ist, und schon bei Gelegenheit der Erklärung der elektrodynamischen Drucke (§ 210) wurden wir ja auf solche Wirbel geführt. Welches aber sind die Gesetze, die diese Wirbelbewegungen befolgen? Maxwell gesteht ein, dass wir hierüber absolut nichts wissen, und nimmt deshalb an, dass die Wirbelbewegungen eines magnetischen Medium denselben Bedingungen unterworfen sind, wie diejenigen, welche Helmholtz[1]) in die Hydrodynamik einführte, und dass die Komponenten der Wirbelbewegung in einem Punkte denjenigen der magnetischen Kraft in demselben Punkte gleich sind.

Eine der Eigenschaften der Helmholtz'schen Wirbel lässt sich folgendermaassen aussprechen: Wenn vermöge der Bewegung des Medium zwei auf der Axe des Wirbels befindliche benachbarte Moleküle P und Q nach P′ und Q′ wandern, so stellt die Gerade P′ Q′ die Richtung der neuen Wirbelaxe dar, und die Grösse der Wirbel hat sich geändert im Verhältniss von P′Q′ : PQ.

Wir wollen diese Eigenschaft auf die Wirbel eines Medium anwenden, das unter der Einwirkung des Magnetismus steht. Bezeichnen wir mit α, β, γ die Komponenten der magnetischen Kraft in P und mit α', β', γ' die Komponenten derselben Kraft für den

---

[1]) v. Helmholtz, Ueber Integrale der hydrodynamischen Gleichungen, welche den Wirbelbewegungen entsprechen. Crelle Bd. 55, p. 25 ff. (1858) oder gesammelte Abh. 101 ff.

Fall, dass der Punkt P nach P′ gekommen ist, endlich mit ξ, η, ζ die Verschiebungskomponenten des Punktes P, dann erhalten wir:

$$(12)\quad \begin{cases} \alpha' = \alpha + \alpha \dfrac{\partial \xi}{\partial x} + \beta \dfrac{\partial \xi}{\partial y} + \gamma \dfrac{\partial \xi}{\partial z}, \\ \beta' = \beta + \alpha \dfrac{\partial \eta}{\partial x} + \beta \dfrac{\partial \eta}{\partial y} + \gamma \dfrac{\partial \eta}{\partial z}, \\ \gamma' = \gamma + \alpha \dfrac{\partial \zeta}{\partial x} + \beta \dfrac{\partial \zeta}{\partial y} + \gamma \dfrac{\partial \zeta}{\partial z}. \end{cases}$$

225. Die Komponenten der Winkelgeschwindigkeit eines Punktes des Medium haben den Werth

$$(13)\quad \begin{cases} \omega_1 = \dfrac{1}{2} \cdot \dfrac{\partial}{\partial t} \left(\dfrac{\partial \zeta}{\partial y} - \dfrac{\partial \eta}{\partial z} \right), \\ \omega_2 = \dfrac{1}{2} \cdot \dfrac{\partial}{\partial t} \left(\dfrac{\partial \xi}{\partial z} - \dfrac{\partial \zeta}{\partial x} \right), \\ \omega_3 = \dfrac{1}{2} \cdot \dfrac{\partial}{\partial t} \left(\dfrac{\partial \eta}{\partial x} - \dfrac{\partial \xi}{\partial y} \right). \end{cases}$$

Da nun nach den Ausführungen des § 223 die kinetische Energie diese Geschwindigkeit enthalten soll, so muss das betreffende Glied für den Fall, dass die Koordinatenaxen in Bezug auf die Richtung der magnetischen Kraft eine beliebige Lage haben, von folgender Form sein

$$2\,C\,(\omega_1\,\alpha' + \omega_2\,\beta' + \omega_3\,\gamma'),$$

und das Zusatzglied zur kinetischen Energie für ein bestimmtes Volumen des Medium wird:

$$2\,C \int (\omega_1\,\alpha' + \omega_2\,\beta' + \omega_3\,\gamma')\,d\tau.$$

Ersetzen wir in diesem Ausdrucke α', β', γ' und ω_1, ω_2, ω_3 durch ihre in (12) und (13) gegebenen Werthe, so erhalten wir:

$$
14)\left\{\begin{aligned}
& C\int\left[\alpha\left(\frac{\partial\zeta'}{\partial y}-\frac{\partial\eta'}{\partial z}\right)+\beta\left(\frac{\partial\xi'}{\partial z}-\frac{\partial\zeta'}{\partial x}\right)+\gamma\left(\frac{\partial\eta'}{\partial x}-\frac{\partial\xi'}{\partial y}\right)\right]d\tau,\\
&+C\int\left[\alpha\frac{\partial\xi}{\partial x}\left(\frac{\partial\zeta'}{\partial y}-\frac{\partial\eta'}{\partial z}\right)+\beta\frac{\partial\xi}{\partial y}\left(\frac{\partial\zeta'}{\partial y}-\frac{\partial\eta'}{\partial z}\right)+\gamma\frac{\partial\xi}{\partial z}\left(\frac{\partial\zeta'}{\partial y}-\frac{\partial\eta'}{\partial z}\right)\right]d\tau,\\
&+C\int\left[\alpha\frac{\partial\eta}{\partial x}\left(\frac{\partial\xi'}{\partial z}-\frac{\partial\zeta'}{\partial x}\right)+\beta\frac{\partial\eta}{\partial y}\left(\frac{\partial\xi'}{\partial z}-\frac{\partial\zeta'}{\partial x}\right)+\gamma\frac{\partial\eta}{\partial z}\left(\frac{\partial\xi'}{\partial z}-\frac{\partial\zeta'}{\partial x}\right)\right]d\tau,\\
&+C\int\left[\alpha\frac{\partial\zeta}{\partial x}\left(\frac{\partial\eta'}{\partial x}-\frac{\partial\xi'}{\partial y}\right)+\beta\frac{\partial\zeta}{\partial y}\left(\frac{\partial\eta'}{\partial x}-\frac{\partial\xi'}{\partial y}\right)+\gamma\frac{\partial\zeta}{\partial z}\left(\frac{\partial\eta'}{\partial x}-\frac{\partial\xi'}{\partial y}\right)\right]d\tau.
\end{aligned}\right.
$$

(Hierbei bedeuten ξ', η', ζ' die Derivirten nach der Zeit.)

Nun lässt sich nachweisen, dass bei Ausdehnung der Integration auf den gesammten Raum das erste Integral für den vorliegenden Fall den Werth Null gibt. Das erste Glied dieses Integrals liefert nämlich bei partieller Integration:

$$\int \alpha \frac{\partial\zeta'}{\partial y}\, d\tau = \int \alpha\,\zeta'\, dx\, dy - \int \zeta' \frac{\partial\alpha}{\partial y}\, d\tau\,.$$

Da das Oberflächenintegral sich auf eine Grenzfläche erstreckt, welche nach unserer Annahme im Unendlichen liegt, so sind ζ' und α Null, also auch das ganze Integral. In dem dreifachen Integrale auf der rechten Seite tritt die Derivirte $\frac{\partial\alpha}{\partial y}$ auf; wenn nun das magnetische Feld ein gleichförmiges ist, wie das bei den Untersuchungen über die magnetische Drehung der Polarisationsebene meistentheils zu sein pflegt, so wird dieser Differentialquotient Null und damit auch das dreifache Integral. Dasselbe lässt sich für die sämmtlichen Glieder des ersten, zum Zusatzgliede gehörigen Ausdruckes nachweisen, — sie sind alle gleich Null. Wir haben also nur noch die drei übrigen Integrale dieses Ausdruckes zu discutiren.

Diese lassen sich in eine andere Form bringen. Durch theilweise Integration wird beispielsweise das erste Glied des zweiten Integralausdruckes:

$$\int \alpha \frac{\partial\xi}{\partial x}\cdot\frac{\partial\zeta'}{\partial y}\, d\tau = \int \alpha\zeta' \frac{\partial\xi}{\partial x}\, dx\, dz - \int \alpha\zeta' \frac{\partial^2\xi}{\partial x\,\partial y}\, d\tau$$

oder, da das Oberflächenintegral aus den schon oben angeführten Gründen Null wird:

$$\int \alpha \frac{\partial \xi}{\partial x} \cdot \frac{\partial \zeta'}{\partial y} d\tau = - \int \alpha \zeta' \frac{\partial^2 \xi}{\partial x \partial y} d\tau .$$

Das zweite Glied des dritten Integrals in dem Zusatzgliede liefert uns aber, wenn wir es ebenso behandeln:

$$- \int \alpha \frac{\partial \eta}{\partial x} \cdot \frac{\partial \zeta'}{\partial x} d\tau = + \int \alpha \zeta' \frac{\partial^2 \eta}{\partial x^2} d\tau$$

und wir erhalten also für die Summe beider

$$\int \alpha \zeta' \frac{\partial}{\partial x} \left(\frac{\partial \eta}{\partial x} - \frac{\partial \xi}{\partial y} \right) d\tau .$$

Führen wir bei allen Gliedern eine analoge Umformung durch und vereinigen sie in passender Weise, so reducirt sich die Gleichung (14) auf den Ausdruck (5), den wir als Zusatzglied für die kinetische Energie des unter der Wirkung eines magnetischen Feldes stehenden Medium eingeführt haben.

226. Schwierigkeiten, welche durch die Maxwell'sche Theorie entstehen. In der Theorie, welche wir soeben auseinandersetzten, scheint Maxwell die elektromagnetische Lichttheorie vollkommen verlassen zu haben. Wir hatten nämlich mit Maxwell implicite vorausgesetzt, dass bei der Fortpflanzung einer Welle unter der Einwirkung eines magnetischen Feldes die Verschiebungskomponenten ξ, η, ζ eines Aethermoleküls nicht direkt von der magnetischen Kraft abhängen. Nun sahen wir (cf. § 189), dass die Uebereinstimmung der elektromagnetischen Lichttheorie mit den für die Erklärung der optischen Erscheinung thatsächlich bereits angenommenen Theorien erforderte, dass die nach der Zeit genommenen Differentialquotienten von ξ, η, ζ gleich sind den Komponenten α, β, γ der magnetischen Kraft. Dies müsste auch der Fall sein, wenn sich die Maxwell'sche Theorie der magnetischen Drehung mit der elektromagnetischen Lichttheorie in Einklang bringen lassen sollte, es scheint aber nicht so zu sein.

Andrerseits dürften sich die Formeln von Helmholtz nur schwer auf unsern Fall anwenden lassen, denn sie stützen sich auf die Principien der Hydrodynamik, die man schwerlich auf den Aether ausdehnen kann, da man sonst auch hier einen gleichförmigen Druck nach allen Richtungen annehmen müsste. Sie setzen ausserdem voraus, dass zwischen den Komponenten der Verschiebung und denjenigen der Wirbel gewisse Beziehungen bestehen, die sich folgendermaassen ausdrücken lassen:

$$\alpha = \frac{\partial^2 \zeta}{\partial y \partial t} - \frac{\partial^2 \eta}{\partial z \partial t},$$

$$\beta = \frac{\partial^2 \xi}{\partial z \partial t} - \frac{\partial^2 \zeta}{\partial x \partial t},$$

$$\gamma = \frac{\partial^2 \eta}{\partial x \partial t} - \frac{\partial^2 \xi}{\partial y \partial t}.$$

Dies berücksichtigt Maxwell jedoch nicht.

227. Nehmen wir für den Augenblick einmal an, dass die Differentialquotienten ξ', η', ζ' gleich seien α, β, γ, und sehen zu, was sich aus dieser Hypothese ergibt.

Das Hauptglied der kinetischen Energie wird:

$$\frac{\mu}{8\pi}\int (\alpha^2 + \beta^2 + \gamma^2)\, d\tau .$$

Die Binomialglieder aus der Gleichung (14) für das Zusatzglied, oder die nach der Zeit genommenen Derivirten der Glieder, welche sich in der Formel (5) für denselben Ausdruck finden, erhalten dann die Werthe

$$\frac{\partial \zeta'}{\partial y} - \frac{\partial \eta'}{\partial z} = \frac{\partial \gamma}{\partial y} - \frac{\partial \beta}{\partial z},$$

$$\frac{\partial \xi'}{\partial z} - \frac{\partial \zeta'}{\partial x} = \frac{\partial \alpha}{\partial z} - \frac{\partial \gamma}{\partial x},$$

$$\frac{\partial \eta'}{\partial x} - \frac{\partial \xi'}{\partial y} = \frac{\partial \beta}{\partial x} - \frac{\partial \alpha}{\partial y}.$$

Nun sind nach den Formeln (II) des § 167 die rechten Seiten dieser Gleichungen gleich $4\pi u$, $4\pi v$, $4\pi w$. Da aber u, v, w die nach der Zeit genommenen Differentialquotienten der elektrischen Verschiebungskomponenten f, g, h bedeuten, so erhalten wir durch Integration:

$$(15)\quad \begin{cases} \dfrac{\partial\zeta}{\partial y} - \dfrac{\partial\eta}{\partial z} = 4\pi f, \\[2ex] \dfrac{\partial\xi}{\partial z} - \dfrac{\partial\zeta}{\partial x} = 4\pi g, \\[2ex] \dfrac{\partial\eta}{\partial x} - \dfrac{\partial\xi}{\partial y} = 4\pi h. \end{cases}$$

In Folge dessen lässt sich der Ausdruck (5) für das Zusatzglied schreiben:

$$(16)\qquad 4\pi C \int \left(\alpha \frac{df}{d\nu} + \beta \frac{dg}{d\nu} + \gamma \frac{dh}{d\nu} \right) d\tau.$$

Die durch die Symbole $\frac{df}{d\nu} \cdots$ dargestellten Grössen enthalten die Produkte aus den Komponenten der magnetischen Kraft in die nach x, y, z genommenen Differentialquotienten der elektrischen Verschiebung; in Folge dessen ist das Zusatzglied in Bezug auf diese Grössen vom dritten Grade. Im Hauptgliede von T treten α, β, γ in der zweiten Potenz auf, aber die Differentialquotienten der elektrischen Verschiebung kommen darin überhaupt nicht vor. Deshalb werden die Bewegungsgleichungen im Allgemeinen linear sein, wie dies auch in den gewöhnlichen Theorien des Lichtes der Fall ist; bei der Drehung der Polarisationsebene hören sie jedoch in Folge der Einführung des Zusatzgliedes auf, linear zu sein. Hieraus ergibt sich, dass im letzteren Falle die Fortpflanzungsgeschwindigkeit der Störungen, welche das Licht repräsentiren, von α, β, γ abhängt und damit auch von der Intensität des Lichtes, denn diese ist eine Funktion von α, β, γ. Diese Folgerung steht aber im direkten Widerspruche zu den Thatsachen, welche sich bei allen anderen optischen Erscheinungen auf experimentellem Wege ergeben haben. Man darf also wohl mit Recht bezweifeln, dass zwischen der elektromagnetischen Lichttheorie und der Theorie von der magnetischen Drehung Uebereinstimmung herrscht.

228. Immerhin braucht man wegen dieses Schlusses die letztere Theorie noch nicht sogleich zu verwerfen. Man befindet sich nämlich bei den Bedingungen, unter welchen die Experimente angestellt werden, in einem der besonderen Fälle, dass die Bewegungsgleichungen linear sind, obgleich das Zusatzglied vom dritten Grade ist.

Um dies nachzuweisen, fassen wir eine ebene, polarisirte Welle in's Auge und wählen als XY-Ebene eine zur Welle parallele

Ebene. Da die elektrische Verschiebung in der Wellenebene vor sich geht (§ 180), so ist die Komponente h gleich Null; ausserdem hängen f und g weder von x noch von y ab. In Folge dessen reducirt sich das Zusatzglied (16) auf:

$$4\pi C \int \gamma \left(\alpha \frac{\partial f}{\partial z} + \beta \frac{\partial g}{\partial z} \right) d\tau .$$

Die Komponenten α, β, γ der magnetischen Kraft können betrachtet werden als die Summe aus den Komponenten der magnetischen Kraft des konstanten Feldes, in welchem sich das vom Lichtstrahl durchsetzte Medium befindet, und aus den Komponenten der magnetischen Kraft des Feldes, dessen periodische Störungen die Lichterscheinungen verursachen. Diese letzteren Komponenten sind veränderlich mit der Zeit. Aber wir wissen, dass die magnetische Kraft des periodischen Feldes parallel der Wellenebene gerichtet ist, die Komponente nach der Z-Axe ist also im vorliegenden Falle Null. Demnach wird die Grösse γ, welche in dem obigen Ausdrucke für das Zusatzglied vorkommt, dargestellt durch die Z-Komponente des konstanten Feldes, das durch die Magnete oder die Ströme hervorgebracht ist. Da diese konstant ist, so wird das Zusatzglied nur noch vom zweiten Grade in Bezug auf α, β, $\frac{\partial f}{\partial z}$ und $\frac{\partial g}{\partial z}$ sein, und die Bewegungsgleichungen werden wieder linear.

Es lässt sich auch noch auf einem anderen Wege nachweisen, dass γ konstant ist. Stellen wir nämlich die Lagrange'sche Gleichung für diese Grösse auf, so erhalten wir

$$\frac{\partial}{\partial t} \frac{\partial T}{\partial \gamma'} + \frac{\partial T}{\partial \gamma} = \frac{\partial U}{\partial \gamma} .$$

Nun hängt nach Cauchy U nicht von ζ ab, es ist also auch unabhängig von γ und die rechte Seite dieser Gleichung wird Null. Das erste Glied der linken Seite ist gleichfalls Null, da T, das hier den Werth

$$T = \frac{\mu}{8\pi} \int (\alpha^2 + \beta^2 + \gamma^2)\, d\tau + 4\pi C \int \gamma \left(\alpha \frac{\partial f}{\partial z} + \beta \frac{\partial g}{\partial z} \right) d\tau$$

besitzt, γ' nicht enthält. Daher reducirt sich die vorhergehende Gleichung auf

$$\frac{\partial T}{\partial \gamma} = 0,$$

oder, indem man T durch den obigen Werth ersetzt und die Differentiation ausführt,

$$\frac{\mu}{4\pi}\gamma + 4\pi C\left(\alpha\frac{\partial f}{\partial z} + \beta\frac{\partial g}{\partial z}\right) = 0.$$

Die Grösse γ wird konstant sein, wenn das zweite Glied der Gleichung konstant ist. Bei Berücksichtigung der Gleichungen (15) für die Verschiebungskomponenten erhalten wir aber für diesen Ausdruck:

$$C\left[\alpha\left(\frac{\partial^2\zeta}{\partial y\partial z} - \frac{\partial^2\eta}{\partial z^2}\right) + \beta\left(\frac{\partial^2\xi}{\partial z^2} - \frac{\partial^2\zeta}{\partial x\partial z}\right)\right]$$

oder, da die Wellenoberfläche senkrecht zur Z-Axe liegt

$$C\left(\beta\frac{\partial^2\xi}{\partial z^2} - \alpha\frac{\partial^2\eta}{\partial z^2}\right),$$

oder endlich

$$C\left(\eta'\frac{\partial^2\xi}{\partial z^2} - \xi'\frac{\partial^2\eta}{\partial z^2}\right).$$

Nun genügen ξ und η als Verschiebungskomponenten eines Aethermoleküls den Gleichungen:

$$\xi = r\cos(nt - qz)$$

$$\eta = r\sin(nt - qz).$$

Berechnen wir hieraus die ersten Differentialquotienten von ξ und η nach t, und die zweiten Differentialquotienten nach z, und setzen die so gefundenen Werthe in den vorhergehenden Ausdruck ein, so erhalten wir:

$$C r^2 n q^2 [-\cos(nt - qz)\cos(nt - qz) - \sin(nt - qz)\sin(nt - qz)] = -C r^2 n q^2.$$

Dies ist aber eine von t unabhängige Grösse, somit ist γ konstant.

229. Noch eine andere Schwierigkeit erwächst aus der Anwendung der Eigenschaften der Helmholtz'schen Wirbel auf die Molekularwirbel eines im magnetischen Felde befindlichen Medium. Nothwendiger Weise muss nämlich die Energie dieses Medium den Werth besitzen:

$$\frac{\mu}{8\pi}\int(\alpha^2+\beta^2+\gamma^2)\,d\tau\,.$$

Wenn aber, wie Maxwell annimmt, α, β, γ die Komponenten eines Helmholtz'schen Wirbels sind, dann erhält die kinetische Energie des Systems einen ganz anderen Werth.

Es dürfte nicht leicht sein, diese Schwierigkeit zu beseitigen, und es würde dies überhaupt nur gelingen, wenn man die Maxwell'sche Theorie von Grund aus änderte; eine solche Aenderung aber würde sie der von Potier aufgestellten Theorie nähern.

230. Theorie von Potier. Diese Theorie beruht auf folgenden beiden Hypothesen:

1. Die ponderabele Materie nimmt in einem gewissen, von der Wellenlänge abhängigen Maasse an der Aetherbewegung Theil.

2. Die Moleküle eines ponderabelen Körpers werden unter der Einwirkung eines magnetischen Feldes zu wirklichen Magneten.

Die erste, bereits von Fresnel aufgestellte Hypothese scheint durch die Versuche von Fizeau über das Mitwandern des Aethers bestätigt worden zu sein; die zweite steht in Uebereinstimmung mit der gewöhnlichen Erklärungsweise für die magnetischen oder diamagnetischen Eigenschaften der ponderabelen Medien.

Aus diesen beiden Hypothesen folgt, dass jedes magnetisirte Molekül des Medium eine periodische Lagenveränderung erleidet, wenn ein Lichtstrahl das Medium durchsetzt. Im Allgemeinen besteht diese Lagenveränderung nicht nur aus einer Fortbewegung, da die beiden Pole des Magneten sich um ungleich grosse Strecken verschieben; vielmehr ändert sich die Richtung der magnetischen Axe eines Moleküls periodisch, ebenso, wie die Komponenten seines magnetischen Moments, und in Folge dessen entstehen elektromotorische Induktionskräfte in dem Medium. Diese Kräfte kommen noch zu denjenigen hinzu, welche aus den magnetischen, das Wesen des Lichtes bildenden Störungen entspringen; hierdurch wird das Gesetz, welches diese Störungen mit der Zeit verknüpft, geändert, und man begreift, dass die Polarisationsebene eine Drehung erfahren muss.

231. Wir wollen nun nachweisen, dass die Hypothesen von Potier gestatten, das Maxwell'sche Zusatzglied in den Ausdruck für die kinetische Energie einzuführen, und in Folge dessen die Formel (I) von Airy zu erhalten.

Es seien x, y, z und $x + \delta x$, $y + \delta y$, $z + \delta z$ die Koordinaten der Pole eines in der normalen Stellung befindlichen magnetischen Moleküls und $+m$, $-m$ resp. die magnetischen Massen dieser Pole, dann erhalten wir für die Komponenten des magnetischen Moments dieses Moleküls die Werthe

$$m\,\delta x, \qquad m\,\delta y, \qquad m\,\delta z.$$

Um die neuen Werthe für diese Komponenten zu finden, wenn das Molekül durch die Lichtbewegung aus seiner Gleichgewichtslage entfernt ist, müssen wir die Richtung kennen, in welcher die ponderabele Materie durch diese Störung mitgeführt wird. Wir wollen, was das Natürlichste ist, annehmen, dass diese Richtung mit derjenigen der elektrischen Verschiebung zusammenfällt. Da nun ausserdem in der elektromagnetischen Lichtheorie die elektrische Verschiebung auf der Polarisationsebene senkrecht steht (cf. § 189), so kommt diese Hypothese auf die Annahme hinaus, dass die Verschiebung der ponderabelen Materie nach der Richtung der von Fresnel angenommenen Lichtschwingung vor sich geht. Bezeichnen nun f, g, h die Komponenten der elektrischen Verschiebung im Punkte x, y, z, und ε einen Proportionalitätsfaktor, so erhalten wir für die Koordinaten eines der Pole des verschobenen Moleküls:

$$x + \varepsilon f; \qquad y + \varepsilon g; \qquad z + \varepsilon h$$

und für die Koordinaten des anderen Pols

$$x + \delta x + \varepsilon f + \varepsilon\,\delta f; \qquad y + \delta y + \varepsilon g + \varepsilon\,\delta g; \qquad z + \delta z + \varepsilon h + \varepsilon\,\delta h.$$

Die Aenderung δf der Verschiebungskomponente f bei den Aenderungen δx, δy, δz der Koordinaten lässt sich nach wachsenden Potenzen dieser letzteren Grössen entwickeln; bei Vernachlässigung der Glieder zweiter und höherer Ordnung finden wir

$$\delta f = \frac{\partial f}{\partial x}\,\delta x + \frac{\partial f}{\partial y}\,\delta y + \frac{\partial f}{\partial z}\,\delta z.$$

Folglich sind die Komponenten für das magnetische Moment des Moleküls nach dessen Verschiebung gegeben durch

$$m\,(\delta x + \varepsilon\,\delta f) = m\,\delta x + \varepsilon\,\frac{\partial f}{\partial x}\,m\,\delta x + \varepsilon\,\frac{\partial f}{\partial y}\,m\,\delta y + \varepsilon\,\frac{\partial f}{\partial z}\,m\,\delta z$$

und zwei andere, analoge Ausdrücke.

232. Wir wollen nun die Komponenten der Magnetisirung einführen. Es mögen A, B, C diese Komponenten im Punkte x, y, z sein, A′, B′, C′ deren neue Werthe, wenn dieser Punkt sich um εf, εg, εh verschoben hat; dann gilt:

$$\mathrm{A}\,d\tau = m\,\delta x\,; \qquad \mathrm{B}\,d\tau = m\,\delta y\,; \qquad \mathrm{C}\,d\tau = m\,\delta z$$

$$\mathrm{A}'\,d\tau = m\,(\delta x + \varepsilon\,\delta f)\,; \qquad \mathrm{B}'\,d\tau = m\,(\delta y + \varepsilon\,\delta g)\,; \qquad \mathrm{C}'\,d\tau = m\,(\delta z + \varepsilon\,\delta h),$$

wobei $d\tau$ das Volumen des magnetisirten Moleküls bedeutet. Hiernach lässt sich die letzte Gleichung des vorhergehenden Paragraphen schreiben:

$$\mathrm{A}' = \mathrm{A} + \varepsilon\left(\mathrm{A}\frac{\partial f}{\partial x} + \mathrm{B}\frac{\partial f}{\partial y} + \mathrm{C}\frac{\partial f}{\partial z}\right).$$

Nun sind aber die Komponenten der Magnetisirung mit den Komponenten der magnetischen Kraft durch die Beziehungen (cf. § 103)

$$\mathrm{A} = \varkappa\alpha\,; \qquad \mathrm{B} = \varkappa\beta\,; \qquad \mathrm{C} = \varkappa\gamma$$

verknüpft, wobei $\varkappa$ die Magnetisirungsfunktion bedeutet; hierdurch geht die obige Gleichung über in:

$$\mathrm{A}' = \varkappa\alpha + \varepsilon\varkappa\left(\alpha\frac{\partial f}{\partial x} + \beta\frac{\partial f}{\partial y} + \gamma\frac{\partial f}{\partial z}\right)$$

oder (cf. § 217)

$$\mathrm{A}' = \varkappa\alpha + \varepsilon\varkappa\frac{df}{d\nu}. \tag{1}$$

233. Andererseits sind die Komponenten der magnetischen Induktion

$$a = \alpha + 4\pi\mathrm{A}\,; \qquad b = \beta + 4\pi\mathrm{B}\,; \qquad c = \gamma + 4\pi\mathrm{C},$$

und nach der Verschiebung des Moleküls gehen dieselben über in:

$$a' = \alpha' + 4\pi\mathrm{A}'\,; \qquad b' = \beta' + 4\pi\mathrm{B}'\,; \qquad c' = \gamma' + 4\pi\mathrm{C}'.$$

Wir wollen nun nachweisen, dass die in diesen Gleichungen auftretenden Komponenten der magnetischen Kraft α', β', γ' gleich α, β, γ sind.

Durch Differentiation nach x geht die Gleichung (1) über in

$$\frac{\partial A'}{\partial x} = \varkappa \frac{\partial \alpha}{\partial x} + \varepsilon\varkappa \frac{d}{d\nu} \frac{\partial f}{\partial x}.$$

Differentiiren wir die analogen Ausdrücke für B′ nach y und für C′ nach z und addiren die so erhaltenen Werthe, so folgt:

$$\frac{\partial A'}{\partial x} + \frac{\partial B'}{\partial y} + \frac{\partial C'}{\partial z} = \varkappa \frac{\partial \alpha}{\partial x} + \varkappa \frac{\partial \beta}{\partial y} + \varkappa \frac{\partial \gamma}{\partial z} + \varepsilon \varkappa \frac{d}{d\nu} \left(\frac{\partial f}{\partial x} + \frac{\partial g}{\partial y} + \frac{\partial h}{\partial z} \right).$$

Nun ist aber wegen der Inkompressibilität der Elektricität der Klammerausdruck $\left(\frac{\partial f}{\partial x} + \frac{\partial g}{\partial y} + \frac{\partial h}{\partial z}\right)$ gleich Null, demnach reducirt sich die obige Gleichung auf:

$$\frac{\partial A'}{\partial x} + \frac{\partial B'}{\partial y} + \frac{\partial C'}{\partial z} = \frac{\partial A}{\partial x} + \frac{\partial B}{\partial y} + \frac{\partial C}{\partial z}.$$

Die linke Seite dieser Gleichung bedeutet bis auf das Vorzeichen die im Punkte $x + \varepsilon f$, $y + \varepsilon g$, $z + \varepsilon h$ vorhandene Dichtigkeit der fingirten magnetischen Vertheilung, welche ihrer Wirkung nach den unter dem Einflusse des magnetischen Feldes stehenden Körper ersetzen kann; die rechte Seite repräsentirt dieselbe Grösse für den Punkt x, y, z.

Es ergibt sich also, dass diese fingirte Vertheilung durch die Verschiebung der magnetisirten Moleküle nicht geändert wird. Die magnetische Kraft in einem Punkte muss also denselben Werth behalten, ob sich diese Moleküle im Gleichgewichtszustande befinden, oder nicht.

234. Da wir haben

$$a' = \alpha + 4\pi A',$$

so erhalten wir, wenn wir darin A′ durch seinen Werth (1) ersetzen:

$$a' = \alpha(1 + 4\pi\varkappa) + 4\pi\varkappa\varepsilon \frac{df}{d\nu}.$$

Nun ist bekanntlich (§ 103)

$$1 + 4\pi\varkappa = \mu$$

setzen wir noch

$$\varkappa \varepsilon = 8 \pi C,$$

(wobei C nicht die Komponente der Magnetisirung nach der Z-Axe bedeutet), so erhalten wir für die Komponenten der Induktion:

$$a' = \mu \alpha + 32 \pi^2 C \frac{df}{d\nu},$$

$$b' = \mu \beta + 32 \pi^2 C \frac{dg}{d\nu},$$

$$c' = \mu \gamma + 32 \pi^2 C \frac{dh}{d\nu}.$$

Die kinetische Energie des Medium

$$T = \int \frac{a' \alpha + b' \beta + c' \gamma}{8 \pi} d\tau$$

erhält also den Werth

$$T = \frac{\mu}{8 \pi} \int (\alpha^2 + \beta^2 + \gamma^2) \, d\tau + 4 \pi C \int \left(\alpha \frac{df}{d\nu} + \beta \frac{dg}{d\nu} + \gamma \frac{dh}{d\nu} \right) d\tau .$$

Wir finden also ganz denselben Werth wieder, den wir in der Maxwell'schen Theorie erhielten, da auch hier das Zusatzglied in der Gestalt des Ausdrucks (16) auftritt[1]).

---

[1]) Zu spät erst, nämlich zur Zeit, wo diese Vorlesungen nach mündlichen Andeutungen von Potier bereits gehalten waren, hat dieser Gelehrte seine Theorie der magnetischen Drehung der Polarisationsebene in zwei Aufsätzen auseinandergesetzt, deren einer in der französischen Uebersetzung des Maxwell'schen Werkes (Bd. II, p. 534), der andere in den Comptes rendues de l'Académie des Sciences (Bd. CVIII, p. 510) veröffentlicht ist. In diesen beiden Abhandlungen bestimmt Potier die Komponenten der elektromotorischen Kraft, welche durch die Verschiebung der magnetisirten Moleküle inducirt wird, und weist nach, dass diese elektromotorische Kraft in jedem Punkte des Medium auf der Richtung des Stromes, welcher durch das Element fliesst, senkrecht steht, dass sie in der Richtung der Wellenebene auftritt, und dass sie proportional dem Strome selbst und der Komponente der magnetischen Kraft nach der Richtung des Strahles ist. Indem er sodann die Komponenten dieser elektromotorischen

235. Theorie von Rowland[1]. Schon vor Potier hatte Rowland den Versuch gemacht, die Theorie der magnetischen Drehung mit der elektromagnetischen Lichttheorie in Uebereinstimmung zu bringen, und zwar durch Einführung einer Hypothese, welche der Erklärung einer kurz vorher durch Hall[2]) entdeckten Erscheinung ihr Entstehen verdankt.

Wir wollen zunächst kurz rekapituliren, worin das Hall'sche Phänomen besteht.

Es sei A B C D (Fig. 35) ein sehr dünner metallischer Leiter, der in Form eines Kreuzes geschnitten ist. Der Strom einer galvanischen Säule fliesst von A nach B, während die Enden C und D des Querstückes mit einem Galvanometer in Verbindung stehen.

Kraft in die Gleichungen des magnetischen Feldes einführt, erhält er die Differentialgleichungen, welche für jeden Augenblick die Komponenten der Störung liefern. Er gelangt so für eine Welle, deren Ebene parallel der XY-Ebene ist, sowohl zu den Gleichungen

$$\mathrm{K}\mu\frac{\partial^2 \mathrm{F}}{\partial t^2} + 2\,\mathrm{K}\mu\,\mathrm{C}\gamma\frac{\partial^3 \mathrm{G}}{\partial z^2 \partial t} = \frac{\partial^2 \mathrm{F}}{\partial z^2},$$

$$\mathrm{K}\mu\frac{\partial^2 \mathrm{G}}{\partial t^2} - 2\,\mathrm{K}\mu\,\mathrm{C}\gamma\frac{\partial^3 \mathrm{F}}{\partial z^2 \partial t} = \frac{\partial^2 \mathrm{G}}{\partial z^2},$$

welche die Komponenten der elektromagnetischen Kraft liefern, als auch zu den Gleichungen:

$$\varrho\frac{\partial^2 \xi}{\partial t^2} + 2\,\mathrm{C}\gamma\frac{\partial^3 \eta}{\partial z^2\,\partial t} = \mathrm{A}_0\frac{\partial^2 \xi}{\partial z^2},$$

$$\varrho\frac{\partial^2 \eta}{\partial t^2} - 2\,\mathrm{C}\gamma\frac{\partial^3 \xi}{\partial z^2\,\partial t} = \mathrm{A}_0\frac{\partial^2 \eta}{\partial z^2},$$

welche die Bewegung eines Aethermoleküls bestimmen. Da diese beiden Gruppen von Gleichungen Derivirte der dritten Ordnung enthalten, so führen sie, wie wir gesehen haben, auf die Drehung der Polarisationsebene.

Die Darstellungsart von Potier, die übrigens in beiden Aufsätzen auch nicht die gleiche ist, weicht stark von der hier gewählten ab; sie nähert sich dagegen derjenigen, welche wir in der Auseinandersetzung der Rowland'schen Theorie befolgen werden.

[1]) Philosophical Magazine, April 1881; Mascart und Joubert, Lehrbuch der Elektricität, Deutsch von Levy, Bd. I.

[2]) American Journal of Mathematics Bd. II, 1879.

Durch Verschiebung der Berührungspunkte der Galvanometerdrähte lässt es sich leicht erreichen, dass kein Zweigstrom das Galvanometer durchfliesst. Bringt man den derartig vorbereiteten Apparat in ein sehr starkes magnetisches Feld, und zwar so, dass die Ebene desselben zur Richtung des Feldes senkrecht steht, so sieht man die Galvanometernadel ausschlagen. Für die Mehrzahl der Metalle und bei einem magnetischen Felde, das die Ebene der Figur von vorn nach hinten durchsetzt, zeigt der Galvanometerausschlag an, dass der Strom, welcher hindurchgeht, in dem Querstücke des Leiters von C nach D verläuft: der Strom A B scheint also nach der Richtung der elektromagnetischen Kraft, welche auf den Leiter ausgeübt

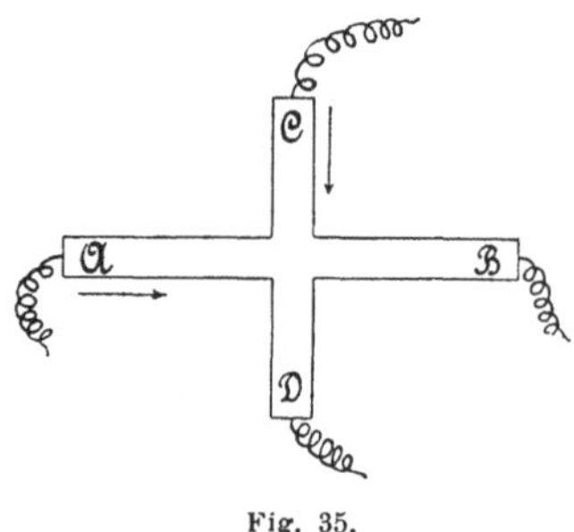

Fig. 35.

wird, mitgerissen zu werden. Ist der Leiter von Eisen, so hat die Abweichung der Galvanometernadel und somit auch die Richtung des Zweigstromes das entgegengesetzte Vorzeichen; nichts destoweniger kann man immer noch sagen, dass der Strom in der Richtung der magnetischen Kraft mitgerissen wird, da in Folge der Magnetisirung durch ein äusseres Feld die Richtung der Stromlinien und damit auch die der magnetischen Kraft im Innern einer Eisenplatte ihr Vorzeichen ändern.

Diese Thatsachen lassen sich übersichtlich erklären, wenn man annimmt, dass unter der Einwirkung eines magnetischen Feldes eine elektromotorische Kraft entsteht, welche dieselbe Richtung hat, wie die magnetische Kraft, die auf die ponderabele Materie des Leiters wirkt. Da die entstehende Kraft immer nur sehr gering ist, so darf man annehmen, dass sie in Bezug auf ihre Grösse der Stärke der magnetischen Kraft proportional sei. Immerhin ist diese Erklärung wenig befriedigend, denn sie sollte sich auf alle Leiter anwenden lassen, ganz abgesehen von deren Dimensionen, das Hall'sche Phänomen jedoch tritt nicht mehr auf, wenn die Dicke der Platte einige Zehntel Millimeter übersteigt. Ausserdem wurde sie durch die neueren Experimente, besonders von Righi und Leduc, wieder erschüttert, da diese Beobachter zeigten, dass eine unter der Wirkung des Feldes auftretende Inhomogenität des Leiters die beste Erklärung der Thatsachen liefern würde.

236. Wie dem auch sei, Rowland schliesst sich der Hypothese von dem Entstehen einer elektromotorischen Kraft an; er nimmt an, dass eine ebensolche in einem nichtleitenden Medium auftritt, welches sich in einem magnetischen Felde befindet, vorausgesetzt, dass dies Medium von Verschiebungsströmen durchflossen wird, die bei der Fortpflanzung des Lichtes entstehen. Es ist also dieselbe elektromotorische Kraft, wie sie Potier an der Hand von Hypothesen einführt, die jedenfalls einleuchtender sind, als diejenigen von Rowland.

Da diese elektromotorische Kraft der elektromagnetischen Kraft gleichgerichtet und ihr proportional ist, so erhalten wir als Komponenten derselben

$$(1) \qquad \begin{cases} P_1 = \varepsilon\,(cv - bw)\,, \\ Q_1 = \varepsilon\,(aw - cu)\,, \\ R_1 = \varepsilon\,(bu - av)\,. \end{cases}$$

Die magnetische Induktion setzt sich zusammen aus der Induktion des konstanten Feldes, welchem das Medium ausgesetzt ist, und der Induktion des periodischen Feldes, welche das Licht hervorbringt. Die Komponenten der ersteren sind $\mu\alpha_1$, $\mu\beta_1$, $\mu\gamma_1$, da die Komponenten der Intensität des Feldes konstant und $= \alpha_1$, β_1, γ_1 sind. Die Komponenten der zweiten Art liefert die Gleichung III des § 167. Wir erhalten also:

$$a = \frac{\partial H}{\partial y} - \frac{\partial G}{\partial z} + \mu\alpha_1,$$

$$b = \frac{\partial F}{\partial z} - \frac{\partial H}{\partial x} + \mu\beta_1,$$

$$c = \frac{\partial G}{\partial x} - \frac{\partial F}{\partial y} + \mu\gamma_1.$$

237. Fasst man eine ebene, zur XY-Ebene parallele Welle in's Auge, so hängen die Variabeln weder von x noch von y ab, und die vorhergehenden Gleichungen reduciren sich auf

$$(2)\quad \begin{cases} a = -\dfrac{\partial G}{\partial z} + \mu\alpha_1\,, \\[2ex] b = +\dfrac{\partial F}{\partial z} + \mu\beta_1\,, \\[2ex] c = \mu\gamma_1\,. \end{cases}$$

Die Gleichungen II des § 167, welche die Geschwindigkeitskomponenten u, v, w der elektrischen Verschiebung geben, werden zu

$$4\pi u = -\frac{\partial\beta}{\partial z} = -\frac{1}{\mu}\cdot\frac{\partial b}{\partial z}\,,$$

$$4\pi v = +\frac{\partial\alpha}{\partial z} = +\frac{1}{\mu}\cdot\frac{\partial a}{\partial z}\,,$$

$$4\pi w = 0\,.$$

Ersetzt man hierin die Differentialquotienten von a und b nach z durch ihre den Gleichungen (2) entnommenen Werthe, so erhalten wir, da α_1, β_1, γ_1 konstant sind:

$$(3)\quad \begin{cases} 4\pi u = -\dfrac{1}{\mu}\cdot\dfrac{\partial^2 F}{\partial z^2}\,, \\[2ex] 4\pi v = -\dfrac{1}{\mu}\cdot\dfrac{\partial^2 G}{\partial z^2}\,, \\[2ex] 4\pi w = 0\,. \end{cases}$$

Wir können also mit Hülfe der Beziehungen (2) und (3) die durch die Gleichungen (1) gegebenen Komponenten der elektromotorischen Kraft als Funktion des elektromagnetischen Moments ausdrücken; für die zur Wellenebene parallelen Komponenten finden wir:

$$P_1 = -\frac{\varepsilon\gamma_1}{4\pi}\cdot\frac{\partial^2 G}{\partial z^2}\,,$$

$$Q_1 = +\frac{\varepsilon\gamma_1}{4\pi}\cdot\frac{\partial^2 F}{\partial z^2}\,.$$

Die dritte Komponente braucht nicht berücksichtigt zu werden, denn sie steht senkrecht auf der Wellenebene und kann keinen

Einfluss auf die das Licht repräsentirende Störung haben. Da die aus dieser letzteren herrührenden Komponenten der elektromotorischen Kraft (cf. § 177) gegeben sind durch

$$P = -\frac{\partial F}{\partial t}, \qquad Q = -\frac{\partial G}{\partial t},$$

so finden wir für die der Wellenebene parallelen Komponenten der gesammten elektromotorischen Kraft:

$$P = -\frac{\partial F}{\partial t} - \frac{\varepsilon \gamma_1}{4\pi} \cdot \frac{\partial^2 G}{\partial z^2},$$

$$Q = -\frac{\partial G}{\partial t} + \frac{\varepsilon \gamma_1}{4\pi} \cdot \frac{\partial^2 F}{\partial z^2},$$

und in Folge der Gleichungen VIII des § 169

$$4\pi u = -K \frac{\partial^2 F}{\partial t^2} - \frac{K \varepsilon \gamma_1}{4\pi} \cdot \frac{\partial^3 G}{\partial z^2 \partial t},$$

$$4\pi v = -K \frac{\partial^2 G}{\partial t^2} + \frac{K \varepsilon \gamma_1}{4\pi} \cdot \frac{\partial^3 F}{\partial z^2 \partial t}.$$

Ersetzt man die linken Seiten dieser Gleichungen durch ihre Werthe (3), so erhält man schliesslich:

$$K \frac{\partial^2 F}{\partial t^2} + K \frac{\varepsilon \gamma_1}{4\pi} \cdot \frac{\partial^3 G}{\partial z^2 \partial t} = \frac{1}{\mu} \cdot \frac{\partial^2 F}{\partial z^2};$$

$$K \frac{\partial^2 G}{\partial t^2} - K \frac{\varepsilon \gamma_1}{4\pi} \cdot \frac{\partial^3 F}{\partial z^2 \partial t} = \frac{1}{\mu} \cdot \frac{\partial^2 G}{\partial z^2}.$$

Nach der Bemerkung im § 178 genügen α, β, γ ganz analogen Gleichungen; dasselbe gilt demnach für die Verschiebungskomponenten ξ, η, ζ eines Aethermoleküls. Wir finden also wieder dieselben Bewegungsgleichungen, welche Airy zu einem Ausdrucke für den Drehungswinkel θ der Polarisationsebene führten, der mit der Erfahrung im Einklange steht.

238. Kerr'sches Phänomen. Mit der magnetischen Drehung der Polarisationsebene berührt sich die im Jahre 1876 von Kerr[1]) entdeckte Thatsache, dass die Polarisationsebene eines polarisirten

[1]) Philosophical Magazine, 5. Serie Bd. III S. 321 (1877), Bd. V S. 161 (1878).

Strahles, welcher von einem Magnetpole reflektirt wird, eine Drehung erleidet.

Das durch einen Nikol polarisirte Licht einer Lampe wird von einer unter 45° geneigten Glasplatte reflektirt und fällt dann senkrecht auf den Magnetpol; von dort zurückgeworfen, durchsetzt es die Glasplatte und einen analysirenden Nikol und gelangt sodann in das Auge des Beobachters. Eine Eisenmasse, welche konisch durchbohrt ist, um die Lichtstrahlen durchzulassen, wird sehr nahe an der reflektirenden Oberfläche angebracht, damit die Magnetisirung dieser letzteren möglichst stark ausfällt.

Als Kerr den Polarisator so stellte, dass die auf die Pole fallenden Schwingungen parallel oder normal zur Einfallsebene gerichtet waren, und den Analysator drehte, bis die Helligkeit verschwand, sah er das Licht, wenn auch schwach, wieder aufleuchten, sobald der reflektirende Pol durch einen Strom magnetisirt wurde. Da nun Kerr nur über eine schwache magnetische Kraft verfügte, so drehte er, um die Erscheinung deutlicher zu machen, den Polarisator oder Analysator vorher so weit, bis die Dunkelheit nicht mehr vollkommen war. In dem Augenblick, wo er den Strom in einem bestimmten Sinne schloss, vermehrte sich die in's Auge gelangende Lichtmenge; floss der Strom in der entgegengesetzten Richtung, so verminderte sich dieselbe und es trat oft vollständige Dunkelheit ein. Dies letztere fand dann statt, wenn er, bevor der Strom geschlossen wurde, den Analysator in einem dem Magnetisirungsstrome entgegengesetzten Sinne drehte; hieraus schloss Kerr, dass in Folge der Magnetisirung eine Drehung der Polarisationsebene stattfand, welche den Ampère'schen Strömen entgegengesetzt gerichtet war.

Kerr beobachtete auch noch eine Drehung, wenn der Lichtstrahl schräg auffiel, doch kompliciren sich in diesem Falle die Erscheinungen wegen der elliptischen Polarisation, die in Folge der Reflexion an der Metalloberfläche auftritt, wenigstens wenn die Schwingungen des einfallenden Strahles entweder parallel oder normal zur Einfallsebene gerichtet sind.

239. Gordon[1]) und Fitzgerald[2]) wiederholten bald darauf diese Versuche mit sehr kräftigen magnetischen Feldern und bestätigten die Resultate von Kerr. Neuerdings ist die Untersuchung der Erscheinung von Righi[3]) wieder aufgenommen worden, der eine grössere Wirkung dadurch erzielte, dass er den Lichtstrahl von zwei

---

[1]) Philosophical Magazine, 5. Serie, Bd. IV, S. 104 (1877).

[2]) Philosophical Magazine, 5. Serie, Bd. III, S. 529 (1877).

[3]) Abhandlung der Königl. Akademie dei Lincei vom December 1884.

passend aufgestellten Magnetpolen mehrfach nach einander reflektiren liess und auf diese Weise die Drehung vergrösserte. Endlich beschäftigte sich auch Kundt[1]) mit dieser Frage und zeigte, dass auch die Reflexion an Nickel und Cobalt die Kerr'sche Erscheinung hervorbringt; weiter fand derselbe, dass bei senkrechter Incidenz die Drehung der Polarisationsebene, welche von der Farbe des Lichtes abhängt, grösser für die rothen Strahlen ist, als für die violetten; die Dispersion ist also anomal.

Aber trotz dieser zahlreichen Arbeiten und der theoretischen Untersuchungen von Righi[2]) fehlt noch immer eine vollständige Erklärung der Kerr'schen Erscheinung. Man kann nämlich noch nicht sagen, ob es sich hier um ein neues Phänomen handelt, oder ob dasselbe lediglich dem magnetischen Drehungsvermögen der Luft zuzuschreiben ist, welche die Pole umgibt. So wollen auch wir nicht länger bei diesem Gegenstande verweilen.

---

[1]) Wied. Ann. Oktober 1884.

[2]) Loco cit. und Annales de chimie et de physique Sept. 1886.

Kapitel XIII[1]).

Experimentelle Bestätigungen der Maxwell'schen Hypothesen.

240. Wir haben bis jetzt nur zwei Bestätigungen der Maxwell'schen Theorien angegeben: die Gleichheit der Fortpflanzungsgeschwindigkeiten des Lichts und der elektromagnetischen Störungen, und die Gültigkeit der Beziehung $K = n^2$. Aber abgesehen davon, dass diese Bestätigungen nur indirekte sind, wissen wir auch, dass die zweite derselben sehr viel zu wünschen übrig lässt. Es waren also neue Versuche nothwendig, um sich von der Richtigkeit der Maxwell'schen Hypothesen zu überzeugen.

Diese letzteren reduciren sich, im Grunde genommen, auf die beiden folgenden:

1. Die Verschiebungsströme üben, ebenso wie die Leiterströme, elektrodynamische oder elektromagnetische und Induktionswirkungen aus.

2. In einem elektrischen und in einem magnetischen Felde existiren Spannungen in der Richtung der Kraftlinien und Drucke in den zu diesen Richtungen senkrechten Linien.

Die Bestätigung der ersten Hypothese ist ganz neu, diejenige der zweiten um einige Jahre älter.

241. Elektrische Gestaltänderung der Dielektrika. Das Vorhandensein von Spannungen und Drucken in einem im elektrischen Felde befindlichen Dielektrikum hat nothwendig eine Gestaltänderung dieses Dielektrikum zur Folge.

Die Deformation des Glases einer Leydener Flasche scheint schon zur Zeit Volta's entdeckt worden zu sein. Nach einem Briefe dieses Physikers beobachtete der Abbé Fontanet, dass die Flüssigkeit im Innern einer Leydener Flasche, welche deren innere Be-

---

[1]) Dies ganze Kapitel ist das eigenste Werk von Herrn Blondin.

legung bildete, während des Ladens eine deutliche Volumenverminderung erfuhr. Volta schrieb diese Erscheinung der Volumenvergrösserung des Glases unter dem Einflusse des Druckes zu, welchen die den Belegungen mitgetheilten Ladungen ausüben.

Dies Phänomen und seine Erklärung waren völlig in Vergessenheit gerathen, bis Govi[1]) im Jahre 1877 von Neuem darauf hinwies. Er fand es bei verschiedenen Flüssigkeiten bestätigt, konnte es aber beim Quecksilber nicht beobachten; seine Entstehung schrieb er einer Volumenverringerung der Flüssigkeit zu.

242. Versuch von Duter. Zwei Jahre später zeigte Duter[2]), dass die Erscheinung bei jeder Flüssigkeit zu Stande kommt, und dass dieselbe nicht auf eine Zusammenziehung der Flüssigkeit zurückzuführen ist.

Der Apparat von Dutèr besteht aus zwei Cylindern A B und C D (Fig. 36), welche mit den Kapillarröhren *a b* und *c d* versehen

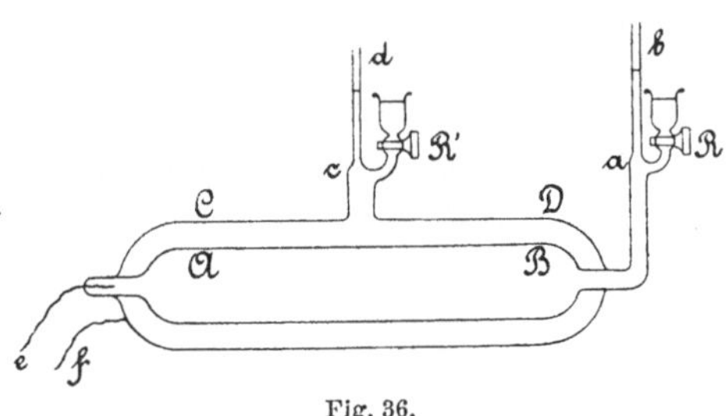

Fig. 36.

sind; zwei durch die Hähne R und R′ verschliessbare Trichter gestatten, beide Cylinder zu füllen. Man erhält auf diese Weise eine Leydener Flasche, deren durch die Flüssigkeiten gebildeten Belegungen mittels einer Elektrisirmaschine geladen werden können, indem man die Pole dieser Maschine mit den Platindrähten *e* und *f* in Verbindung setzt. Beim Laden der Flasche senkt sich das Niveau langsam im Rohre *a b* und steigt in *c d*, beim Entladen nehmen die Niveaus sehr nahezu ihre alte Lage wieder an. Die Hebung des Niveaus im Rohre *c d* während der Ladung zeigt deutlich, dass die Erscheinung auf eine Deformation des Cylinders A B zurückzuführen ist, welcher sein inneres Volumen vergrössert, und nicht auf eine Zusammenziehung der Flüssigkeit.

---

1) Nuovo Cimento XXI und XXII; Comptes rendus Bd. LXXVII, S. 857; 1878.

2) Comptes rendus 1879; Journ. de physique I. Serie, Bd. VIII, S. 82.

Duter fand, dass die Volumenänderungen proportional sind dem Quadrate der Potentialdifferenz der Belegungen und umgekehrt proportional der Dicke des Glascylinders A B.

243. Versuche von Righi. Righi[1]) wendet eine Glasröhre von 1 Meter Länge an, die auf der Innen- und Aussenseite mit Stanniol belegt ist. Ladet man diesen Kondensator, so verlängert sich die Glasröhre, und zwar wird die Verlängerung dadurch noch deutlicher sichtbar gemacht, dass der kurze Arm eines Hebels gegen das Ende der Röhre angedrückt ist, während der längere Arm einen Spiegel trägt. Die Verschiebung eines von diesem Spiegel reflektirten Lichtstrahles auf einer Skala gestattet, die Verlängerung der Röhre zu messen.

Righi fand, dass diese Verlängerung proportional dem Quadrate der Potentialdifferenz und umgekehrt proportional der Dicke der Glasröhre ist.

244. Versuche von Quincke. Quincke[2]) stellte nach beiden oben angegebenen Richtungen hin zahlreiche Versuche an. Wie Duter und Righi ermittelte er, dass die Volumen- und Längenänderungen proportional dem Quadrate der Potentialdifferenz waren, aber entgegen den Ergebnissen dieser Physiker glaubt er aus seinen Versuchen schliessen zu sollen, dass diese Aenderungen umgekehrt proportional dem Quadrate der Glasdicke seien.

Indem er die bei einem und demselben Glase auftretende Volumen- und Längenänderung verglich, fand er, dass die auf die Volumeneinheit bezogene Volumenveränderung das Dreifache der Aenderung der Längeneinheit beträgt.

245. Quincke zog auch flüssige Dielektrika in den Bereich seiner Untersuchungen[3]); es gelang ihm hierbei, die Grösse des Druckes zu messen, der normal zu den Kraftlinien ausgeübt wird.

Sein Apparat besteht aus einem ebenen Kondensator, dessen Belegungen A und B (Fig. 37) in einem Gefässe mit dielektrischer Flüssigkeit, beispielsweise Terpentinöl, aufgestellt sind. Die untere Platte ist auf einem isolirenden Fuss befestigt; vom Mittelpunkte der oberen Platte aus erhebt sich eine vertikale Röhre, welche einerseits mit einem Manometer M kommunicirt, das eine Flüssigkeit von ge-

---

[1]) Comptes rendus Bd. LXXXVIII, S. 1262, 1879. Journal de physique I. Serie, Bd. IX.

[2]) Sitzungsberichte der Königl. Preuss. Akad. der Wissenschaften zu Berlin 1880.

[3]) Wiedemann, Annalen Bd. XIX S. 705, 1883; Bd. XXVIII S. 529, 1886; Bd. XXXII S. 529, 1887.

ringem specifischem Gewicht enthält, andererseits mit einer Trockenröhre, welche mit Chlorcalcium gefüllt und mit einem Hahne R versehen ist.

Während die beiden Platten mit der Erde in Verbindung stehen, führt man durch R mittels eines Gummiballes trockene Luft in den Zwischenraum zwischen beiden Platten ein, so dass dort eine ebene Blase von 2—5 cm Durchmesser entsteht. Der Luftdruck in der Blase ist höher, als der Atmosphärendruck, und zwar hängt er sowohl von der Höhe des Niveaus F H über A, wie von der Kapillarkonstante der Flüssigkeit ab.

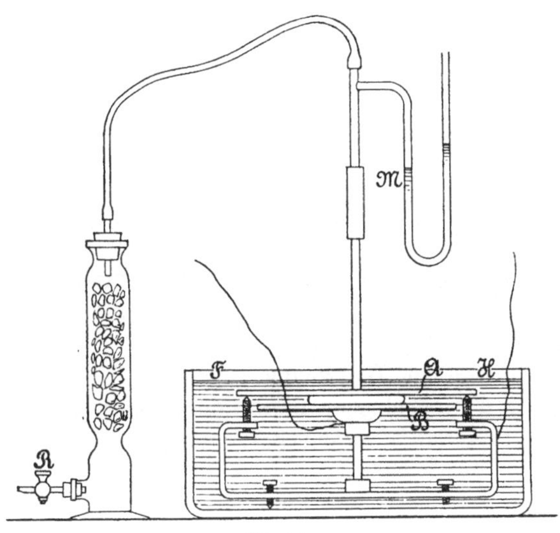

Fig. 37.

Ladet man hierauf den Kondensator, so überwiegt der senkrecht zu den Kraftlinien gerichtete Druck P der Flüssigkeit über den entsprechenden elektrischen Druck P′ der Luftblase, und die letztere zieht sich zusammen. Es muss also in dem Rohre eine Vergrösserung des Druckes um $P'' = P - P'$ entstehen, und dies wird in der That durch das Manometer angezeigt.

246. Nach Maxwell haben die Drucke P und P′ die Werthe (cf. § 81)

$$P = -\frac{K F^2}{8\pi}, \qquad P' = -\frac{K' F^2}{8\pi},$$

wobei K das Induktionsvermögen der Flüssigkeit, K' dasjenige der Luft und F die Intensität des Feldes zwischen den Belegungen des Kondensators bedeutet. Da K' nahezu = Eins ist, dürfen wir schreiben:

$$P'' = P - P' = -\frac{K-1}{8\pi} F^2.$$

Bezeichnen wir ferner mit e den Abstand der Belegungen und mit ψ_1 und ψ_2 ihre Potentiale, so hat man

$$F = \frac{\psi_1 - \psi_2}{e}$$

und demnach

$$P'' = -\frac{K-1}{8\pi} \cdot \frac{(\psi_1 - \psi_2)^2}{e^2}.$$

Diese Formel gibt an, dass die Aenderung des durch das Manometer angegebenen Druckes dem Quadrate der Potentialdifferenz der Belegungen direkt und dem Quadrate ihrer Entfernung umgekehrt proportional sein muss, und dies hat Quincke in der That bestätigt gefunden.

247. Versuche von Boltzmann. Aus den Untersuchungen von Boltzmann über das specifische Induktionsvermögen der Gase[1]) lässt sich, wie es Lippmann[2]) gethan hat, ableiten, dass ein Gas unter der Einwirkung eines elektrischen Feldes Volumenveränderungen erleidet, auch wenn der Druck konstant bleibt.

Der Apparat von Boltzmann besteht aus zwei Metallplatten A und B; dieselben befinden sich unter einer Glocke, welche man luftleer pumpen kann, und werden durch Metallschirme gegen jeden Einfluss von aussen her geschützt. Die Platte A wird dauernd mit dem positiven Pole einer aus dreihundert Daniell'schen Elementen bestehenden Batterie verbunden, deren anderer Pol zur Erde abgeleitet ist. Die Platte B steht mit dem einen Quadrantenpaare eines Mascart'schen Elektrometers in Verbindung, dessen Nadel elektrisirt ist und dessen anderes Quadrantenpaar mit der Erde kommunicirt.

Wenn der Apparat mit Gas gefüllt ist, verbindet man die Platte B für einen Augenblick mit dem Erdboden; die beiden Quadranten-

---

[1]) Wiener Sitzungsberichte Bd. XLIX, S. 795, 1874.

[2]) Annales de Chimie et de Physique, 5. Serie Bd. XXIV S. 45.

paare haben dann das Potential des Erdbodens und die Nadel stellt sich auf Null ein. Pumpt man sodann den Apparat luftleer, so ist die Wirkung der Platte A auf B nicht mehr die gleiche und die Nadel des Elektrometers gibt einen Ausschlag. Aus diesem Ausschlage lässt sich die Beziehung zwischen der Kapacität C_0 des Kondensators im leeren Raume und seine Kapacität C in einem Gase vom Drucke p berechnen. Boltzmann fand hierfür die Gleichung:

$$C = C_0 (1 + \gamma p),$$

wobei γ eine Konstante bedeutet, welche von der Natur des Gases abhängt.

248. Bezeichnen wir mit m die Ladung einer der Kondensatorplatten und mit ψ die Potentialdifferenz dieser Platten, dann erhalten wir:

$$m = C \psi = C_0 (1 + \gamma p) \psi. \tag{1}$$

Bei einer Zunahme der Potentialdifferenz und des Druckes um $d\psi$ resp. dp wird diese Ladung wachsen um:

$$dm = \frac{\partial m}{\partial \psi} d\psi + \frac{\partial m}{\partial p} dp$$

oder

$$dm = c\, d\psi + h\, dp, \tag{2}$$

wenn man unter c und h die partiellen Derivirten von m nach ψ resp. p versteht, deren Werthe sich aus (1) ergeben.

Nun muss nach dem Princip von der Erhaltung der Elektricitätsmenge der Ausdruck (2) ein vollständiges Differential vorstellen, wir finden also:

$$\frac{\partial c}{\partial p} = \frac{\partial h}{\partial \psi}. \tag{3}$$

Ferner wollen wir das Princip von der Erhaltung der Energie anwenden. Wenn dv die aus der Vermehrung des Druckes um dp sich ergebende Volumenzunahme bedeutet, dann erhöht sich die potentielle Energie des Systems in Folge dieser Volumenänderung um $-p\, dv$. Die Aenderung der elektrischen Energie des Kondensators, welche aus der Zunahme dm der Ladung der Belegungen folgt, ist $\psi\, dm$. In Folge dessen wird die gesammte Aenderung der potentiellen

Energie des Systems für eine gleichzeitige Zunahme von Druck und Potentialdifferenz:

$$dU = -p\,dv + \psi\,dm.$$

Ersetzt man in diesem Ausdrucke dm durch seinen aus (2) abgeleiteten Werth und berücksichtigt sodann, dass dU ein totales Differential ist, und dass $-p\,dv = +v\,dp$ ist, so muss zwischen den Koeffizienten von dp und $d\psi$ folgende Beziehung gelten:

$$h + \frac{\partial v}{\partial \psi} = \psi\left(\frac{\partial c}{\partial p} - \frac{\partial h}{\partial \psi}\right),$$

oder, unter Berücksichtigung der Gleichung (3)

$$\frac{\partial v}{\partial \psi} = -h.$$

249. Die Volumenänderung, welche bei einer Zunahme der Potentialdifferenz um $d\psi$ erfolgt, während der Druck konstant gehalten wird, ist also:

$$dv = -h\,d\psi,$$

oder, wenn man h durch seinen aus Gleichung (1) berechneten Werth ersetzt:

$$dv = -C_0\,\gamma\,\psi\,d\psi.$$

Wächst also die Potentialdifferenz plötzlich von Null bis ψ, so nimmt das Volumen zu um

$$\Delta v = -\frac{C_0\,\gamma}{2}\,\psi^2.$$

Bezeichnen wir mit S die Oberfläche der Platten, und mit e ihre Entfernung, so ist das Volumen des der elektrischen Einwirkung unterworfenen Gases gegeben durch

$$v = S\,e,$$

und die Kapacität C_0 des Kondensators im luftleeren Raume hat den Werth

$$C_0 = \frac{S}{4\pi e}.$$

Wenn wir diesen Ausdruck in die vorhergehende Gleichung für Δv setzen und durch v dividiren, dann erhalten wir für die Veränderung der Volumeneinheit

$$\frac{\Delta v}{v} = -\frac{\gamma}{8\pi} \cdot \frac{\psi^2}{e^2}.$$

Dieselbe ist also direkt proportional dem Quadrate der Potentialdifferenz und umgekehrt proportional dem Quadrate der Dicke der Gasschicht, welche der Wirkung des Feldes unterworfen ist.

Die von Boltzmann angegebenen Zahlen für den Werth des Produktes γp gestatten, diese Volumenänderung zu berechnen. Dieselbe ist ungemein gering, gleichwohl wurde sie von Quincke direkt experimentell nachgewiesen.

250. Diskussion der Resultate der oben beschriebenen Experimente. In allen oben erwähnten Experimenten waren die Aenderungen des Volumens oder der Länge stets proportional dem Quadrate der Potentialdifferenz. Bei den Gasen und Flüssigkeiten ergeben sie sich ausserdem als umgekehrt proportional dem Quadrate der Entfernung zwischen den Belegungen der angewendeten Kondensatoren; bei den festen Körpern ist diese letztere Eigenschaft noch nicht zweifellos nachgewiesen, scheint sich aber ebenfalls aus den Versuchen von Quincke zu ergeben. Nehmen wir auch dies als erwiesen an, dann stimmen die Ergebnisse der verschiedenen Versuche mit der Theorie der Dielektrika von Maxwell überein. Da nämlich nach dieser Theorie die Spannungen und Drucke dem Quadrate der Intensität F des Feldes proportional sind, so müssen auch die Volumen- und Längenänderungen eines Körpers, der diesen Drucken unterworfen ist, proportional F^2 sein, d. h. proportional $\frac{\psi^2}{e^2}$, da unter den Bedingungen des Experimentes die Intensität des Feldes den Werth $\frac{\psi}{e}$ besitzt.

Ausserdem zeigen die Versuche, welche Righi und Quincke mit Flüssigkeiten anstellten, deutlich, dass in den auf den Kraftlinien des Feldes senkrecht stehenden Richtungen Drucke auftreten, welche auf die Dielektrika wirken. Aber welche Schlüsse lassen sich in Betreff der Kräfte ziehen, welche in Richtung der Kraftlinien selbst wirken?

251. Aus seinen Versuchen über das Glas glaubte Quincke ableiten zu können, dass die Dielektrika, wenigstens die festen, Drucken nach jeder Richtung hin unterworfen seien.

Wie wir wissen, besteht eines seiner Versuchsergebnisse darin, dass für ein und dasselbe Glas die Aenderung der Volumeneinheit drei Mal so gross ist, als die Aenderung der Längeneinheit, d. h., wenn wir mit v das Volumen und mit l die Länge bezeichnen, so gilt

$$\frac{\Delta v}{v} = 3\,\frac{\Delta l}{l}\,.$$

Die Analogie dieser Beziehung mit derjenigen, welcher die linearen und kubischen Koefficienten der thermischen Ausdehnung verknüpft, veranlasste Quincke zu der Annahme, dass sich das Glas unter der Wirkung eines elektrischen Feldes gleichmässig nach allen Richtungen ausdehnt, und dass in Folge dessen ebensowohl in Richtung der Kraftlinien Drucke auftreten, wie senkrecht hierzu.

Aber wie J. Curie bemerkt, lässt sich diese Beziehung a priori aufstellen, und ihre Bestätigung durch das Experiment beweist keineswegs das Vorhandensein von Drucken in Richtung der Kraftlinien.

Wir nehmen an, ein Glasgefäss habe das Volumen v, und auf einer Seitenwand sei eine Länge l abgemessen. Nun möge das Gefäss, ohne seine Wanddicke zu ändern, eine gleichförmige Ausdehnung erleiden; dann bleibt die Oberfläche sich selbst ähnlich, und wir erhalten:

$$\frac{v + \Delta v}{v} = \left(\frac{l + \Delta l}{l}\right)^3$$

oder, mit Vernachlässigung der kleinen Grössen zweiter Ordnung,

$$\frac{\Delta v}{v} = \frac{3\,\Delta l}{l}\,.$$

Wir hatten vorausgesetzt, die Gefässdicke e bleibe konstant; aber auch in dem Falle, wo sich dieselbe unter dem Einflusse von Spannungen oder Drucken um Δe änderte, würde die vorhergehende Gleichung doch immer noch mit den Ergebnissen des Experiments übereinstimmen. Die aus dieser Dickenänderung sich ergebende Volumenänderung ist nämlich gleich dem Produkte $\frac{\Delta e}{e}$ in das Glasvolumen des Gefässes, während die aus der seitlichen Ausdehnung herrührende Volumenänderung gleich dem Produkte aus $\frac{3\,\Delta l}{l}$ in das innere Volumen des Gefässes ist. Wenn nun $\frac{\Delta e}{e}$ und $\frac{\Delta l}{l}$ von derselben Grössenordnung sind, wie dies bei den Werthen, welche die

Drucke und Spannungen besitzen, der Fall sein wird, so ist der durch die Aenderung der Wandstärke bedingte Betrag der Volumenänderung dem anderen Gliede gegenüber zu vernachlässigen, da natürlicher Weise das Volumen der Glaswände sehr viel kleiner ist, als das innere Volumen.

Kurz zusammengefasst beweist also das Experiment zweifellos das Vorhandensein von Drucken, welche normal zu den Kraftlinien gerichtet sind und bis jetzt hat es noch nicht das Vorhandensein von Zugkräften in der Richtung der Kraftlinien zu widerlegen vermocht; um diesen letzten Punkt völlig klar zu legen, würden noch neue Untersuchungen nöthig sein.

252. Elektrische Doppelbrechung. An die Erscheinungen der elektrischen Deformation reihen sich unmittelbar diejenigen der Doppelbrechung an, welche die homogenen Dielektrika unter der Einwirkung eines elektrischen Feldes aufweisen. Wir wissen ja, dass ein homogener, fester Körper, wie das Glas, doppelbrechend wird, wenn man ihn einem Zug oder Druck nach einer einzigen Richtung hin unterwirft.

Die elektrische Doppelbrechung wurde 1875 von Kerr[1]) entdeckt. Eine rechtwinkelige Glasplatte ist in Richtung ihrer grösseren Dicke mit zwei Bohrlöchern versehen, derart, dass die Axe des einen in der Verlängerung des anderen liegt, während ihre Endflächen einige Millimeter von einander entfernt sind. In diese Bohrungen bringt man zwei Kupferstäbe, welche mit den Polen eines Ruhmkorff'schen Induktionsapparates in Verbindung stehen; die Pole sind ausserdem mit den Armen eines Entladers verbunden, an dem die Funken überspringen.

Die so vorgerichtete Platte wird zwischen einen Polarisator und Analysator gebracht, so dass der Lichtstrahl dieselbe in der Richtung der geringeren Dicke durchsetzt. Man regulirt dann die Stellung des Polarisators so, dass die Polarisationsebene des auf die Platte fallenden Lichtes die Axe der beiden Bohrungen unter einem Winkel von 45° schneidet; hierauf dreht man den Analysator, bis Dunkelheit herrscht, wenn der Induktionsapparat nicht funktionirt.

Setzt man denselben dann in Thätigkeit, so erscheint das Licht langsam im Gesichtsfelde des Analysators wieder und erreicht ungefähr nach Verlauf einer halben Minute sein Maximum; durch Drehen des Analysators kann es nicht zum Verschwinden gebracht

---

[1]) Philosophical Magazine, 4. Serie, Bd. L, S. 337 und 446, 1875; 5. Serie, Bd. VIII, S. 85, 1879, Bd. IX, S. 157, 1880.

werden, wohl aber dadurch, dass man eine Glasplatte dazwischen setzt, welche man einem Zuge senkrecht zur Richtung der Konduktoren unterwirft. Die Glasplatte, welche der Wirkung der elektrischen Entladungen ausgesetzt ist, verhält sich also ebenso, als wenn sie einem Zuge in Richtung der Kraftlinien unterworfen wäre.

Beim Harze tritt eine ganz ähnliche Erscheinung auf.

253. Ebenso untersuchte Kerr verschiedene Flüssigkeiten. Ein kleiner, rechtwinkeliger Trog enthielt die Flüssigkeit, während die Konduktoren durch zwei in den gegenüberliegenden Wänden angebrachte Löcher eingeführt waren und sich innerhalb der Flüssigkeit bis auf einige Millimeter Entfernung gegenüberstanden. Den Abstand der Arme des Ausladers regelt man so, dass die Entladungen nicht durch die Flüssigkeit vor sich gehen. Die Erscheinungen unterscheiden sich von denen beim Glase nur dadurch, dass sie momentan eintreten und in dem Augenblicke verschwinden, wo die Entladungen zwischen den Armen des Ausladers vor sich gehen.

Durch Messung der Gangdifferenz beider Lichtstrahlen, welche sich durch Schwefelkohlenstoff fortpflanzen, mit einem Jamin'schen Kompensator, und durch Messung der entsprechenden Potentialdifferenz ψ mittels eines Thomson'schen Elektrometers mit langer Skala fand Kerr, dass die Gangdifferenz proportional $\frac{\psi^2}{e^2}$ ist, wobei e die Entfernung der Elektroden bezeichnet.

Die Untersuchungen von Kerr wurden von verschiedenen Physikern wiederholt, besonders von Quincke und Blondlot[1]). Ersterer bemühte sich, die Proportionalität zwischen der Gangdifferenz und dem Quadrate der Potentialdifferenz zu bestätigen, der zweite suchte nochmals nachzuweisen, dass bei flüssigen Dielektrika die Erscheinung der Doppelbrechung in dem gleichen Augenblicke mit der elektrischen Wirkung entsteht und vergeht[2]).

---

[1]) Comptes rendus Bd. CVI, S. 349, 1888.

[2]) Alle diese Bestätigungen, so interessant sie von gewissen Gesichtspunkten aus sind, scheinen mir doch keineswegs beweisend zu sein. Die beobachteten Drucke sind wohl, wie es die Theorie fordert, proportional dem Quadrate der Potentialdifferenz, aber der beobachtete Proportionalitätskoefficient, der mit dem Dielektrikum veränderlich ist, stimmt mit dem berechneten keineswegs überein. Vaschy (Comptes rendus Bd. CIV) suchte diese Thatsache auf folgende Weise zu erklären: Nennen wir F die elektrostatische Kraft, K das Induktionsvermögen des betreffenden Dielektrikum, K_1 dasjenige des leeren Raumes, dann ist der Druck im Dielektrikum $p = K\frac{F^2}{8\pi}$, während er im leeren Raume $p_1 = K_1\frac{F^2}{8\pi}$

254. Drucke in einem magnetischen Felde. Wir sahen (§ 207), dass in einem unmagnetischen Medium die Spannungen in Richtung der Kraftlinien des Feldes und die hierzu senkrechten Drucke die Grösse $\frac{\alpha^2}{8\pi}$ haben. Man kann sich leicht davon überzeugen, dass in einem Medium von dem magnetischen Induktionsvermögen μ diese Drucke und Spannungen durch den Ausdruck $\frac{\mu\alpha^2}{8\pi}$ dargestellt werden.

Es gelang Quincke[1]), die Drucke senkrecht zur Richtung der Kraftlinien mit Hülfe einer Anordnung zu messen, welche analog derjenigen war, die wir früher bereits beschrieben, als wir die Wirkung eines elektrischen Feldes auf dielektrische Flüssigkeiten besprachen.

Zwei cylindrische Polstücke sind an den Enden der Drahtspulen A und B (Fig. 38) eines senkrecht stehenden Ruhmkorff'schen Elektromagneten angeschraubt. Auf dem unteren Polstücke wird eine Eisenscheibe angebracht, auf welchem man mittels Siegellacks einen breiten Glasring von mehreren Centimetern Höhe festkittet. In diesen Glastrog bringt man eine mit Luft gefüllte Blase, welche mittels eines die obere Spule durchsetzenden Kupferrohres mit einem Schwefelkohlenstoffmanometer M und ausserdem mit einer bauchigen Chlorkalciumröhre kommunicirt, die durch einen Hahn R geschlossen ist. Man füllt nun den Trog mit einer magnetischen oder diamagnetischen Fiüssigkeit, z. B. mit Manganchlorür, und nähert die Polstücke bis zu einer passenden Entfernung. Endlich

---

sein würde. Vaschy nimmt an, dass der Aether den Druck p_1 erleidet, die ponderabele Materie dagegen den Druck $p - p_1$; dieser letztere wird beobachtet. So lange direkte Messungen diese Annahme von Vaschy nicht bestätigt haben, bleibt dieselbe sehr zweifelhaft. Die Vergleichung mit der optischen Erscheinung der Mitführung des Aethers (cf. Théorie mathématique de la lumière § 234) genügt nicht zum Beweise.

Ferner hat Helmholtz gezeigt, dass, welcher Theorie wir uns auch anschliessen mögen, das Princip von der Erhaltung der Energie die Existenz von Spannungen und Drucken im Innern der Dielektrika fordert; dieselben müssen proportional sein dem Quadrate der Potentialdifferenz, und ausserdem von dem specifischen Induktionsvermögen sowie von dessen Differentialquotienten nach der Dichtigkeit des Dielektrikum abhängen.

Was die Doppelbrechung betrifft, so ist es nichts weniger als sicher, dass sie sich durch eine einfache, mechanische Deformation erklären lässt. Sie ist wahrscheinlich viel beträchtlicher, als diejenige, welche von mechanischen Drucken hervorgebracht werden könnte, die den beobachteten elektrostatischen Drucken gleich sind. H. P.

[1]) Wiedemann, Annalen Bd. XXIV, S. 347, 1885.

führt man mit Hülfe eines Gummiballes Luft durch den Hahn R ein, so dass die Wände der Blase sich an die Polflächen anlegen; sodann schliesst man den Hahn R und liest das Manometer ab.

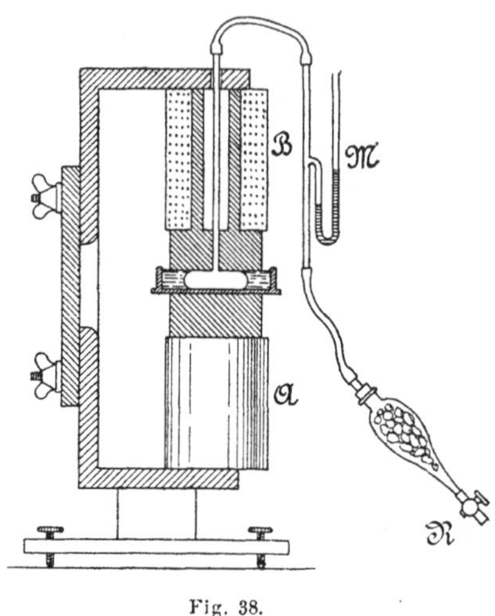

Fig. 38.

Lässt man nun einen Strom durch die Windungen des Elektromagneten fliessen, so erleidet die Flüssigkeit einen transversal gerichteten Druck

$$P = \frac{\mu \alpha^2}{8\pi},$$

die Luft in der Blase dagegen den Druck

$$P' = \frac{\alpha^2}{8\pi}.$$

Die Differenz beider Drucke

$$P'' = P - P' = \frac{\mu - 1}{8\pi} \alpha^2$$

wird durch die Niveauänderung der Flüssigkeit im Manometer angegeben.

Quincke mass die Intensität des Feldes durch die Elektricitätsmenge, welche in einer Spirale inducirt wurde, wenn er dieselbe sehr rasch aus dem Felde entfernte, und fand, dass das Gesetz von der Proportionalität (cf. oben) hinreichend bestätigt wurde. Da übrigens die Messungen des Druckes und der Intensität des Feldes nicht gleichzeitig vorgenommen werden können, so ist man nicht sicher, ob die letztere zu der Zeit, wo man den Druck beobachtet, auch wirklich den vorher gemessenen Werth besitzt; es ist nämlich bekannt, dass im Allgemeinen das Feld eines Elektromagneten bei zwei Versuchen verschiedene Werthe haben kann, trotzdem die Entfernung der Pole sowie die Stärke des erregenden Stromes ungeändert geblieben sind.

Ausserdem fand Quincke, dass die Pole in Folge der Magnetisirung ihre Gestalt ändern und sich einander nähern; hieraus aber folgt eine beträchtliche Volumenveränderung der Blase und in Folge dessen eine Aenderung des Druckes der in ihrem Innern befindlichen Luft. Aus diesen beiden Ursachen kann keine völlige Uebereinstimmung zwischen der theoretisch gefundenen Formel und dem Experimente herrschen.

255. Um die magnetischen Drucke nachzuweisen, kann man statt eines Manometers auch eine mit Flüssigkeit gefüllte U-Röhre verwenden. Man stellt dann den Elektromagnet so auf, dass seine Polflächen vertikal gerichtet sind und bringt zwischen die letzteren den einen Schenkel der Röhre. Der andere Schenkel, der sehr viel breiter ist, befindet sich ausserhalb des magnetischen Feldes. Wenn man den Elektromagnet in Thätigkeit setzt, steigt die Flüssigkeit in dem im elektrischen Felde befindlichen Schenkel, im anderen ist diese Veränderung in Folge der Grösse des Durchmessers unmerklich. Die auf diese Weise erhaltenen Resultate stimmen mit denjenigen überein, welche das Manometer liefert.

Mittels derselben Methode konnte Quincke untersuchen, ob in Richtung der Kraftlinien des Feldes Zug- oder Druckkräfte herrschten. Zu diesem Zwecke stellte er den Elektromagnet senkrecht und führte den dünnen Schenkel des U-Rohres in den Kanal der oberen Spule ein, so dass das Niveau der Flüssigkeit sich in der Mitte des magnetischen Feldes befand. Quincke fand auf diese Weise, dass die Flüssigkeit nach der Richtung der Kraftlinien einem Druck unterworfen ist. Dies der Theorie widersprechende Resultat müsste noch bestätigt werden.

256. Elektromagnetische Wirkungen der Verschiebungsströme. Die elektromagnetischen Wirkungen der Verschiebungsströme sind schwer sichtbar zu machen, denn abgesehen davon, dass diese Ströme nur einen Moment dauern, gestattet auch keinerlei Anordnung, ihre Wirkung auf die Magnetnadel zu vermehren, wie dies beim Galvanometer mit den Leiterströmen geschieht. Weiterhin kann man auch nicht die aus Verschiebungs- und Leiterströmen gemischten Ströme verwenden, denn die stets vorherrschende elektromagnetische Wirkung der letzteren würde diejenige der Verschiebungsströme vollständig verdecken. Im Jahre 1885 versuchte Roentgen[1]) das Vorhandensein der elektromagnetischen Wirkung von Verschiebungsströmen experimentell nachzuweisen.

Der Apparat von Roentgen besteht aus einer Ebonitscheibe A (Fig. 39) von 0,5 cm Dicke und 16 cm Durchmesser, die sich mit

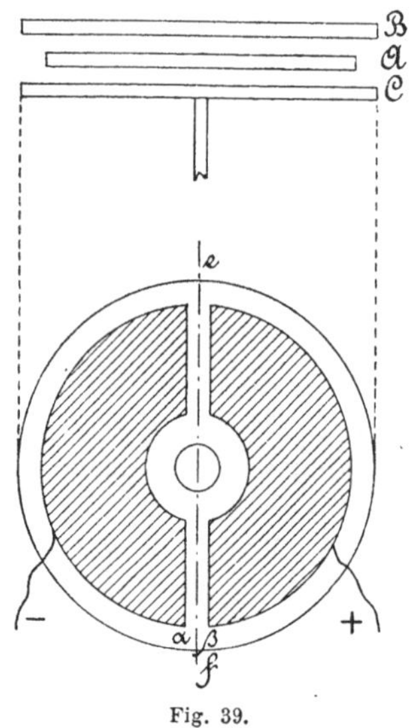

Fig. 39.

einer Geschwindigkeit von 120—150 Touren pro Sekunde um eine vertikale Axe drehen lässt; zwei Glasplatten B und C sind parallel zu dieser Scheibe ober- und unterhalb derselben in einer Entfernung von ca. 1 Millimeter angebracht und an ihren Innenseiten mit Stanniol überzogen. Die Belegung der unteren Platte besteht aus zwei Halbkreisen, die durch einen Zwischenraum von 1,4 cm getrennt sind, und zwar steht der eine Halbkreis mit der inneren, der andere mit der äusseren Belegung einer geladenen Batterie in Verbindung. Der metallische Theil der oberen Platte ist mit der Erde verbunden, in Folge dessen besitzt das elektrische Feld zwischen den Platten B

---

[1]) Sitzungsberichte der Berliner Akademie der Wissenschaften, 26. Febr. 1885; und Philosophical Magazine, Mai 1885.

und C auf beiden Seiten des Durchmessers $e\,f$ der unteren Platte entgegengesetzte Richtung. Demnach gehen an den Stellen, welche der durch diesen Durchmesser gelegten Vertikalebene benachbart sind, die Kraftlinien sehr rasch von einer Richtung zur entgegengesetzten über. Hier also entstehen, wenn man die Ebonitscheibe in Rotation versetzt, Verschiebungsströme, und zwar haben dieselben auf beiden Seiten vom Mittelpunkte dieser Scheibe verschiedene Richtung.

257. Es ist nun möglich, die Intensität dieser Ströme zu bestimmen. Bekanntlich wird die Verschiebung dargestellt durch

$$f = \frac{K}{4\pi} P,$$

wobei P die elektromotorische Kraft, bezogen auf die Längeneinheit, bedeutet. Wir erhalten also für die Intensität:

$$\frac{\partial f}{\partial t} = \frac{K}{4\pi} \cdot \frac{\partial P}{\partial t}.$$

Während die bewegliche Scheibe einen Bogen $\alpha\,\beta$ beschreibt, welcher die Enden der metallischen Halbkreise der unteren Platte trennt, geht P von einem gewissen Werthe F zum Werthe $-$ F über, wir können also $dP = 2\,F$ setzen. Die Zeit, welche dieser Aenderung entspricht, ist

$$\frac{1}{n} \cdot \frac{\alpha\beta}{2\pi r},$$

wobei n die Anzahl der Umdrehungen der Scheibe pro Sekunde bedeutet, und r den äusseren Radius der Halbkreise. Hieraus finden wir:

$$dt = \frac{1}{150} \cdot \frac{1{,}5}{2\pi \times 7} = \text{ca.} \frac{1}{4400}.$$

Wir erhalten also für die Intensität des Verschiebungsstromes

$$\frac{\partial f}{\partial t} = 4400 \, \frac{K}{4\pi} \, 2\,F \cdot$$

oder, wenn wir $K = 2$ annehmen:

$$\frac{\partial f}{\partial t} = 1400\,F.$$

Setzen wir nun für F die elektrostatische Einheit des Potentials = 300 Volt, so finden wir für die Intensität des Stromes in elektrostatischen Einheiten

$$1 \times 1400 .$$

Da ein Ampère gleich 3×10^9 elektrostatischen Einheiten ist, so wird diese Intensität geringer als $\frac{1}{10^6}$ Ampère.

Trotz der geringen Grösse dieser Intensität gelang es Roentgen doch, eine Ablenkung eines astatischen Nadelpaares zu erhalten, das über der Rotationsaxe der Scheibe aufgehängt war. Eine der Nadeln befand sich in sehr geringer Entfernung von der Scheibe, die andere stand um 22 cm von derselben ab, so dass diese letztere durch die Verschiebungsströme gar nicht mehr beeinflusst wurde, sondern einzig und allein die erstere.

Wie sich erwarten liess, änderte der Ausschlag des astatischen Systems das Vorzeichen, wenn man die Zeichen der Ladungen auf den halbkreisförmigen Belegungen vertauschte.

258. Induktionswirkungen der Verschiebungsströme. Den experimentellen Beweis von dem Vorhandensein dieser Wirkungen verdanken wir Hertz. Da diese Experimente in einem anderen, demnächst erscheinenden Bande besprochen werden sollen, wollen wir sie hier nur ankündigen.

Die Bemerkungen von Poincaré in den §§ 170—171 wurden durch eine gewisse Unvollständigkeit der Theorie von Maxwell veranlasst, welcher nur vollkommene Leiter und vollkommene Isolatoren in Betracht zog. Die neueren Untersuchungen von Hertz[1]), Cohn[2]), Heaviside[3]) etc. haben jedoch inzwischen den Beweis geliefert, dass für jeden Körper zwei unabhängige, bestimmbare Konstanten neben einander existiren, die Dielektricitätskonstante und das Leitungsvermögen.

Anm. der Uebersetzer.

---

[1]) Hertz, Göttinger Ber. 19. März 1890 S. 107.

[2]) Cohn, Sitzungsber. d. Berl. Akad. Bd. XXVI S. 405.

[3]) Heaviside. Phil. Mag. Febr. 1888.